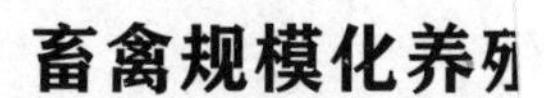

蛋鸭规模化养殖技术图册

范佳英　编著

河南科学技术出版社
·郑州·

图书在版编目（CIP）数据

蛋鸭规模化养殖技术图册/范佳英编著. —郑州：河南科学技术出版社，2021.1

（畜禽规模化养殖技术丛书）

ISBN 978-7-5349-9946-8

Ⅰ. ①蛋… Ⅱ. ①范… Ⅲ. ①蛋鸭–饲养管理–图集 Ⅳ. ①S834-64

中国版本图书馆CIP数据核字（2020）第227834号

出版发行：河南科学技术出版社

地址：郑州市郑东新区祥盛街27号　　邮编：450016

网址：www.hnstp.cn

策划编辑：陈淑芹

责任编辑：李振方

责任校对：黄亚萍

封面设计：张德琛

责任印制：朱　飞

印　　刷：河南省环发印务有限公司

经　　销：全国新华书店

开　　本：850 mm×1168 mm　　印张：9.5　　字数：236千字

版　　次：2021年1月第1版　　2021年1月第1次印刷

定　　价：45.00元

前 言

我国饲养蛋鸭的历史悠久，蛋鸭品种资源丰富，蛋鸭养殖业及鸭蛋加工业是我国传统优势畜牧产业。蛋鸭消费市场巨大，鸭蛋制品的年出口量居世界第一位。近十年来，蛋鸭产业发展稳中有升，已经成为畜牧业发展的热点。

随着人们生活水平的不断提高，人们对产品质量的要求也越来越高，禽产品质量安全已经成为现代畜牧业的核心要求。为适应市场要求，我国蛋鸭养殖已经逐渐由小规模、粗放式饲养向标准化、规模化养殖方向发展。

要想把蛋鸭养好，获得更高的经济效益，就要了解蛋鸭的生活习性，掌握蛋鸭养殖关键技术。本书共分九章，分别从基础知识、蛋鸭的优良品种与选育、鸭标准化规模养殖场的规划设计、鸭的饲养标准与饲料加工、鸭的孵化技术、蛋鸭的饲养管理、鸭场卫生防疫与保健、鸭常见病的防治及鸭的产品等方面做了较详细的阐述。

在编写过程中，我们以“少而精”为原则，力求做到内容丰富、语言朴实、图文并茂、通俗易懂、可操作性强，同时注重科学性和系统性，非常适合养殖生产场（户）使用。编写过程中，参考了大量文献，在此对本书参考的文献的作者一并致谢！

由于本人水平有限，书中不妥之处，敬请读者批评指正。

编者

2018年5月

目录

第一章 基础知识

一、我国蛋鸭产业发展现状

我国的养鸭业具有悠久的历史。早在约公元前500年，我国就有大群养鸭、食用鸭肉和鸭蛋的记载。进入20世纪80年代，养鸭业迅速发展，饲养量每年以5%~8%的速度递增。

（一）我国养鸭业发展现状

1.养殖量大，出口量大

我国是世界上最大的鸭蛋消费国和贸易国，生产总量和人均消费水平均居世界第一。国内鸭蛋价格一般比鸡蛋高20%左右，经济效益较高。养鸭业是我国农村经济的重要支柱之一。国家水禽产业技术体系对全国水禽主产省（区、市）水禽生产情况调查统计：我国2017年成年蛋鸭存栏1.89亿只，鸭蛋319.04万吨，蛋鸭总产值307.57亿元。鸭肉、鸭蛋、羽绒产品已经出口到欧盟、东南亚，以及日本、韩国等地。我国是世界上羽绒出口第一大国，2014年，我国鸭绒、鹅绒及其制品的贸易额约21.45亿美元，出口占总产量的89.60%。2017年我国出口原毛47.332吨，出口额达5.23亿美元；羽绒及其制品出口总额为32.91亿美元。中国羽绒主要出口对象是欧洲、美国、日本、韩国等，羽绒制品年出口额达到了18亿美元，约占世界羽绒出口量的55%。我国鸭蛋制品年出口量为5万吨左右，居世界首位。

2.品种资源丰富

我国蛋鸭品种资源丰富，被载入《中国家禽地方品种资源图谱》中的就有26个。目前，科研工作者又培育出了多个生产性能高、适应性强的蛋鸭品种，已在全国范围推广，养殖量较大的蛋鸭品种有绍兴鸭及其配套系（包括江南Ⅰ号、江南Ⅱ号、白壳Ⅰ号、青壳Ⅰ号、青壳Ⅱ号等）、莆田黑鸭、金定鸭、攸县麻鸭、连城白鸭、龙岩麻鸭、缙云麻鸭、恩施麻鸭等。

3.消费市场潜力巨大

中国地大物博，人口众多。目前鸭蛋及加工产品如无铅松花蛋(皮蛋)、咸鸭蛋、糟蛋等已成为我国居民家常食品之一。咸蛋黄更是每年中秋节用于生产月饼的上好原料。随着养鸭业的发展，鸭产品的加工方式会不断更新，鸭产品的消费市场会越来越大。

4.产业区域化格局明显

蛋鸭在我国各地区均有饲养，但各地区的发展不平衡。我国东南各地特别是华东地区饲养量最大，华中、华南、西南等地区养殖量也较大。目前，华北、东北和西北等地区利用饲料资源丰富的优势，以产品加工企业为龙头，带动农民饲养的外向型生产迅速发展，饲养量也突飞猛进。浙江、福建、广西、江西、湖南和广东的鸭蛋年产量分别约占当地禽蛋总产量的67%、48%、47%、45%、38%和32%。

（二）我国发展蛋鸭业的主要措施

1.建立并完善蛋鸭良种繁育体系

我国蛋鸭育种工作相对于蛋鸡是落后的，但要好于肉鸭育种。蛋鸭的育种工作要以地方品种为主，根据市场需求，进行遗传改良和杂交配套，加快蛋鸭新品种（系）的选育，尽快改变品种混乱、主导品种不突出的问题。同时，针对部分地方品种退化现象，积极筹建国家水禽基因库，在对我国现有地方品种资源进

行保护的基础上，有针对性地开展选育和开发利用。

2. 打造“产、学、研”相结合的技术团队

我国蛋鸭产业已经具备了较好的人才和技术条件：国内有30多所农业类大学、100多所农业技术学院和农校，每年为国家培养大批畜牧兽医专业人才，为养鸭业发展提供了有力的人才保障。

建议从事鸭业生产的企业从有关学校、科研单位引进专业人才，将科研单位、大学的技术、人才、信息优势与企业的技术、人才、信息需要紧密联系在一起，这样既能壮大企业的科技力量，加快技术创新和成果转化，促进产业升级，又能为科研教学单位提供资金支持。

3. 改变现有养殖模式，加快蛋鸭产业化进程

从全国的情况来看，我国的蛋鸭养殖一直沿用传统的水域放牧、半放牧饲养方式。水域及放牧地的条件对蛋鸭生产的影响极大。蛋鸭生产表现为千家万户散养、小规模经营、鸭舍简陋、畜鸭混养、人鸭混居、管理方式粗放。随着我国蛋鸭饲养集约化程度的提高，粗放式的饲养方式将对食品安全、水资源与环境构成威胁，并最终成为阻碍蛋鸭产业可持续发展的瓶颈。所以，改变传统的饲养方式迫在眉睫。蛋鸭笼养、室内散养等模式是极佳的饲养模式。

创新养殖模式，建设标准化规模养殖小区。大力发展生产、加工、销售的龙头企业，围绕龙头企业建立生产基地，积极推进贸、工、农一体化经营，带动规模养殖业的发展。在龙头企业的建立上，通过建立有关管理制度和签订合同等方式，广泛联合、扶持初级产品生产基地和适度规模专业生产户，形成稳定的、整体生产规模较大的产、销一体的生产企业。

4. 加快制定蛋鸭的营养标准

近年来，我国的鸭营养、饲料与养殖技术研究取得了一定进

展。四川农业大学在蛋鸭营养与养殖技术方面开展了研究工作，在鸭饲料配制技术、饲养方式改进方面取得了较大的技术进步。根据不同品种及饲养条件，通过试验研究，尽快制定出适合我国的不同品种、不同饲养阶段的营养标准，切实改变饲料营养学研究滞后与蛋鸭业快速发展相矛盾的局面。

5. 建立疫病防御体系

虽然蛋鸭的抗病力较强，与其他畜禽品种相比疫病较少。但在养殖户小规模、大群体的养殖模式下，饲养环境不能相对封闭隔离，缺乏完整的免疫、消毒、隔离、监测、无害化处理等标准化管理制度。同一水域可能承载多群来源不同的禽群，蛋鸭极易感染各种传染病。一旦发病，传播较快，损失严重。随着规模化养殖的扩大，又出现了新的疾病，这不但危害蛋鸭的健康，而且会给食品安全带来隐患。目前适合于基层使用的蛋鸭疾病检测技术比较落后，用于蛋鸭疾病预防的疫苗也少。因此必须做好蛋鸭病的疫苗预防、药物预防和疫病诊疗工作，同时做好引进与外销的检疫工作，既要防止病引进，也要防止病外散，以维护养殖大环境的安全。另外，还要加强检疫，参照国际水禽产品检疫标准建立健全我国的产品检疫标准，为产品出口打好基础。

6. 规范化生产技术和管理模式的应用

我国蛋鸭生产中存在养殖规范性差的问题，其中包括品种繁育、饲料配制与供应、饲料添加剂的生产与使用、卫生防疫制度、动物药品的生产与使用、发生疫情后紧急措施的实施、饲养管理规程、产品加工过程中的卫生等内容。我国加入WTO（世界贸易组织）后，生产和贸易要与国际市场接轨，这就要求生产者自觉提高素质，进行规范化生产。

7. 绿色产品的开发

随着我国经济水平的不断提高，消费者的科学意识也在不断增强，对食品的安全性会提出越来越高的要求。尤其是近年来先

后出现的二噁英污染、瘦肉精事件、疯牛病和禽流感病毒致人死亡等事件，使人们对食品安全更加重视。我国农业农村部于2001年在全国范围内启动了“无公害食品行动计划”，之后相继出台了《农业部关于加强农产品质量安全管理工作的意见》和《农业部关于加强绿色食品发展的意见》，并制订和实施了一系列措施。这对推动绿色食品的生产具有重要意义，也是促进我国畜禽产品出口必不可少的手段。

绿色产品生产包括生产环境的治理（环境条件控制、污物和污水的无害化处理、病死畜禽的无害化处理等）、饲料添加剂和药品的合理选择和使用、产品加工、包装过程的安全规范等环节。

8.加快产品深加工步伐

我国是蛋鸭生产大国，但目前国内市场上鸭蛋的加工产品相对较少，高级加工产品少，名牌产品少，产品包装工艺落后，影响了产品原有风味，缩短了产品保质期。这一点是制约蛋鸭生产的一个主要因素。

目前，国内正进行鸭蛋加工方法的研究。鸭蛋产品深加工，不但能增加产品品种，丰富我国鸭蛋食品的种类，还能延长产品保质期，提高产品的附加值，以扩大产品销售量，提高经济效益；深加工还可变废为宝，提高鸭初级产品利用率，充分挖掘蛋鸭的经济价值。

9.加强信息体系建设

信息也是生产力，充分发挥信息对蛋鸭生产经营管理的作用十分重要。在全国畜牧生产信息体系建设中，应将蛋鸭生产信息列入其中，实现资源共享和有效利用，增强宏观调控和规划的准确性。各地还要注重加强信息的收集与交流，为用户提供信息交流的平台，帮助生产者了解国内外鸭蛋产品的供求关系、贸易水平、价格变动趋势、产品品质要求、相关产业动态，以指导生产经营者制订生产计划，避免盲目生产造成损失。

二、蛋鸭的生物学特性和经济学特性

（一）蛋鸭的生物学特性

1.喜水喜干

“喜水”是指鸭喜爱在水中浮游、觅食和求偶交配，因此，在选择场地时必须考虑到有适当的水面供鸭活动，若无水面，则会因鸭的一些生活习性无法得到满足而影响生产。如鸭有喜爱干净的习性，如果缺水洗浴会使羽毛脏污，影响羽绒质量。种鸭在水中交配成功率高于陆地交配，缺水会影响种鸭的交配活动。

鸭的外貌结构特征也为鸭的喜水性提供了前提条件。如鸭有发达的尾脂腺分泌油脂，没有耳叶；耳孔被羽毛覆盖可以防止进水；趾蹼也具有特殊的结构等。

“喜干”是指在鸭休息和产蛋的场所必须保持干燥，否则，对其健康以及蛋壳质量都会产生不良影响。尤其是雏鸭，湿度对雏鸭的健康和生长发育有很大的影响。生产中，我们会发现，只要雏鸭身上沾水，就会发生啄毛现象。塑料大棚养鸭，经常见到浑身无毛，或浑身被啄破的雏鸭，就是湿度过大的缘故。

有的蛋鸭品种如康贝尔鸭、山麻鸭等对水体的依赖性较小，在没有河流、湖泊和池塘的地方只要能够保证充足的饮水供应同样也能高产。

研发“水禽旱养”技术是水禽产业专家的一个重要任务，对不同品种、不同地区多次实验论证，证明该技术不但能显著降低水禽的发病率和死亡率，减少用药成本，提高饲料报酬和产蛋、产肉等生产性能，而且能降低水禽养殖对水域的依赖程度，破解目前因水质下降、水域资源减少、水域禁限养等因素对水禽养殖业发展的制约。但针对不同区域和品种，旱养技术也有所不同，结合实际情况使技术更加细致化。王宝维教授指出，开放式旱养或密闭式旱养方式是水禽未来发展的新途径。

目前一些地方已经开展水禽旱养，例如，宁波市正在推广水禽旱养喷淋技术。为加强水禽旱养喷淋技术的推广力度，2010年3月19日，宁波市畜牧兽医局在余姚市召开了水禽喷淋技术推介现场会。该技术是浙江省水禽养殖技术和方式上的一次创新，推广应用后产生的效益会很大，是增加农民收入的有效途径。

2.耐寒性

鸭的羽绒厚密贴身，具有很强的隔热保温作用；鸭的皮下脂肪较厚，耐寒性强；羽毛上涂擦有尾脂腺分泌的油脂可以防止水的浸湿，所以比较耐寒，在气温0～4 ℃的寒冷地区也能正常繁殖和生长。冬季只要舍内温度不低于10 ℃，不让其吃雪水，就可以使产蛋率保持在较高的水平。因此，保暖设备要求也不高。

但是从另一方面来说，由于鸭体表大部分被羽毛覆盖，加上羽毛良好的隔热性能，其体热的散发受到阻止，所以鸭比较怕热。在夏季酷暑的气温条件下，鸭喜欢整天泡在水中，或在树荫下纳凉休息，如果无合适的降温散热条件则会出现明显的热应激，造成产蛋减少或停产。因此，在建筑鸭场时，运动场上要有遮阴的树木或遮阴棚。

3.耐粗饲

水禽比陆禽（鸡、火鸡、鹌鹑等）的食性更广，更耐粗饲。鸭的嗅觉、味觉不发达，对饲料要求不高，喜食多种水生动植物。不论精、粗饲料或青饲料，还是昆虫、蚯蚓、鱼虾等都可作为鸭的饲料，但是，在配制饲料时，必须添加动物性原料，否则会影响鸭的健康和生产。鸭还可进行生态养殖，如鱼鸭混养、稻田养鸭、果鸭共作、茶鸭共作等，生态养殖不仅维护了生态环境，提高了农牧产品档次，也提高了农业的经济效益、生态效益和社会效益。

4.生活规律性

鸭具有良好的条件反射能力，容易接受训练和调教，每日的生活表现出较明显的规律性。鸭群一日的饲养程序一经习惯之后就很难改变，如原来每天饲喂4次，突然改为3次，它们就会很不习惯，会在原来喂食的时候，自动集群鸣叫引起骚乱；再如产蛋窝被移动后，鸭会拒绝产蛋或随地产蛋。因此，一经实施的饲养管理日程就不要随意改变，特别在产蛋期中更要注意。

5.合群性好

鸭是最胆小的家禽之一，平时喜欢群居生活，极少单独离群。这种群居性使鸭适于大群放牧和圈养。

6.敏感性强

鸭富有神经质，反应敏捷，能较快地接受管理训练和调教。鸭胆小易受外界影响而受惊，在受到突然惊吓或不良应激时，容易导致产蛋减少甚至停产。因此，应尽可能保持鸭舍的安静，避免惊群的发生。人接近鸭群时，应事先发出鸭熟悉的声音，以免使其骤然受惊而影响采食或产蛋。同时，也要防止狗、猫和老鼠等兽害。

7.择偶性

无论是公鸭还是母鸭，都有择偶性，喜欢与相识者交配，在已经建立了群序的鸭群中放入新公鸭，母鸭会拒绝交配而影响受精率；公鸭间为争夺配偶会引起争斗，造成伤亡或使鸭失去竞配能力。配种季节应经常观察鸭群，并及时更换无配种力的公鸭。

8.就巢习性

鸟类的就巢性（俗称“抱窝”）是繁衍后代的生活习性。鸭经过人类长期驯养、驯化和选种配种，已经丧失了这种本能，这样就增长了鸭产蛋的时间，而种蛋的孵化和雏鸭的养护就由人们采用高效率的办法来完成。但生产实践中仍有一少部分鸭在日龄过大或气候炎热时出现就巢现象。

9.夜间产蛋性

禽类大多数是白天产蛋，而母鸭多是夜间产蛋，这一特性为

种鸭的白天放牧提供了方便。所以在产蛋集中的时间应增加收蛋次数，防止破蛋、吃蛋和冻破蛋现象。

10. 沉积脂肪能力强

鸭肝脏合成脂肪的能力远远超过其他家禽和哺乳动物，这是利用鸭来生产肥肝的重要依据，其他组织中合成脂肪的数量只占5%～10%，而肝脏中合成的脂肪却占90%～95%。

（二）蛋鸭的经济学特性

1. 繁殖力强，商品率高

蛋鸭繁殖力强，开产日龄约为120天，年产蛋量280～300枚，按蛋重70克计，总重量达到19.6~21千克。

2. 肉的品质好

鸭肉是红肉，具有良好的风味，尤其适合亚洲人的消费习惯。鸭肉性凉、味甘，具滋阴、补虚、养胃、利水的功效，鸭肉中的脂肪酸熔点低，易于消化。

鸭肉、蛋经烹饪或加工后制成的食品，别具风味，脍炙人口，是其他家禽食品难以替代的食品。

3. 蛋的品质优良

与鸭肉相似，鸭蛋味甘微温，有补中益气、滋阴清肺的作用，适于体虚、燥热咳嗽、咽干喉痛、高血压、腹泻痢疾等患者食用。

4. 羽绒价值高、销路好

水禽的羽绒具有良好的保暖效果，质地很轻，是重要的保暖服装材料。家禽的羽毛以鹅、鸭的羽绒品质最优，最具有利用价值。当今羽绒制品已向时装化、高档化方向发展，鹅、鸭羽绒供不应求，价格不断上升，大大促进了水禽业的发展。20世纪80年代以来，我国大力推广鹅、鸭活体拔羽绒技术，羽绒产量和质量都得到提高。中国的羽绒原料是国际市场的畅销货，每年出口约2000吨，占全世界出口总额的1/3左右。

5.肥肝经济效益好

肥肝是鹅、鸭的独特产品。由于其特殊风味和营养成分，成为西方消费者十分喜爱的高热能食品，肥肝被一些经济发达国家认为是“三大美味”(松茸蘑、鲜鱼籽酱、肥肝)之一，属高档营养食品。目前，我国有500多家鸭肥肝生产企业，肥肝生产的经济效益甚佳，在当今国际食品市场中颇具发展前景。

第二章　蛋鸭的优良品种与选育

一、蛋鸭良种及配套系

（一）绍兴麻鸭

绍兴麻鸭简称绍鸭，分布在浙江全省、上海各郊县及江苏南部的太湖流域，因原产地为旧绍兴府所属的绍兴、萧山、诸暨等县市而得名，是我国优良的蛋用鸭品种。绍兴麻鸭具有良好的适应性，目前在主产区建有该品种的保种区和保种场。

1. 外貌特征

绍鸭属小型麻鸭，结构紧凑，体躯狭长，头小，喙长，颈细长，前躯较窄，臀部丰满，腹略下垂，体态均匀，体形似琵琶，具有理想的蛋用鸭体形。站立或行走时，前躯高抬，体轴角为45°，雏鸭绒毛为乳黄色，成年后全身羽毛以褐色麻雀羽为主，喙、胫呈橘红色，皮肤呈黄色；颈羽、腹羽、翼羽有一定变化，后经系统选育，按其羽色培育出两个高产品系——带圈白翼梢（WH系）和红毛绿翼梢（RE系）。绍鸭的外貌特征如图2-1。

绍兴鸭（RE系）（♂♀）　绍兴鸭（WH系）（♂♀）

图2-1　绍鸭的外貌特征

（1）红毛绿翼梢（RE系）

该品系母鸭全身以红褐色的麻雀羽为主，并有大小不等的黑斑，不具有WH系的白颈圈、白主翼羽和白色腹部的“三白”特征，颈上部深褐色无黑斑，镜羽墨绿色，有光泽，腹部褐麻色。本系母鸭的羽毛总体比WH系的颜色深。公鸭全身羽毛以深褐色为主，从头至颈部均为墨绿色，镜羽和尾部性羽墨绿色，有光泽。喙灰黄色，胫、蹼橘红色，喙豆和爪黑色，虹彩褐色，皮肤黄色。

（2）带圈白翼梢（WH系）

该品系母鸭全身披覆浅褐色麻雀羽，并有大小不等的黑色斑点，但颈部羽毛的黑色斑点细小，颈中部有2~4厘米宽的白色羽圈，主翼羽白色，腹部中下部白色，故称为“带圈白翼梢”鸭或“三白”鸭。公鸭羽毛以深褐色为基色，颈圈、主翼羽、腹中下部羽毛为白色，头、颈上部及尾部性羽均呈墨绿色，性成熟后有光泽。虹彩灰蓝色，喙、胫、蹼橘红色，喙豆和爪白色，皮肤黄色。

红毛绿翼梢（RE系）和带圈白翼梢（WH系）鸭，除了外貌上的区别外，性情也不相同，带圈白翼梢鸭性情活泼好动，觅食力强，较适于放牧饲养。红毛绿翼梢鸭的体形略小，性情温和，较适于圈养。

2. 生产性能

绍鸭体形小，出生雏鸭一般为37~40克，30日龄体重450克，60日龄体重860克，90日龄体重1 120克，成年体重1 450克左右，且公、母鸭体重无明显差异。

产蛋性能：母鸭开产日龄为100~120天，个别的90日龄即可开产。在限制饲养的条件下，140~150日龄，群鸭产蛋率可达50%。带圈白翼梢母鸭年产蛋数为250~290枚，300日龄平均蛋重约为68克，蛋壳颜色以白色为主；红毛绿翼梢母鸭年产蛋数260~300枚，300日龄平均蛋重为67克，蛋壳颜色以青色为主。

绍鸭饲料利用率较高，产蛋期料蛋比为（2.7～2.9）：1。经过系统选育的群体生产性能更高些。

（二）江南Ⅰ号、江南Ⅱ号

江南Ⅰ号和江南Ⅱ号是由浙江省农业科学院畜牧研究所主持培育的配套杂交商品蛋鸭，以高产、低耗、抗病力强而著称，适合我国农村的圈养条件。其中江南Ⅰ号以蛋大为特点，江南Ⅱ号以高产为特点。在该鸭的培育过程中以绍鸭为基础，引进卡叽-康贝尔鸭进行杂交，经过反复选择而育成。

1. 外貌特征

江南Ⅰ号母鸭体躯近似长方形，站立时体长轴与地面的夹角较小。初生雏鸭绒毛黄褐色并有少量褐色花斑，成年后羽毛呈浅灰褐色（略有发白的颜色），并带有较小的黑色斑点，斑点数量也较少。喙、胫橘黄色。江南Ⅱ号母鸭体形与绍兴鸭相似，站立时前躯高抬，体长轴与地面的夹角较大。初生雏鸭绒毛黄褐色并有较多的褐色花斑，成年后全身羽毛深褐色，带有大而明显的黑色斑点。江南Ⅰ号、江南Ⅱ号外貌特征如图2-2。

图2-2　江南Ⅰ号、江南Ⅱ号外貌特征

2. 生产性能

江南Ⅰ号和江南Ⅱ号都具有产蛋率高、生产持续期长、成熟早、生活力强、饲料利用率高的特点，生产性能的各项指标见表2-1。

表2-1　江南Ⅰ号和江南Ⅱ号的生产性能

项目	江南Ⅰ号	江南Ⅱ号
成年体重／千克	1.67	1.66
产蛋率达5%的日龄／天	118	117
产蛋率达50%的日龄／天	158	146
产蛋率达90%的日龄／天	220	180
产蛋率达90%以上保持期／月	4	9
500日龄平均产蛋数／枚	306.9	327.9
平均蛋重／克	67.5	66.5
产蛋期料蛋比	2.84：1	2.76：1
产蛋期存活率／%	96	98

与绍鸭相比，这两个品系的鸭不仅产蛋数有所提高，公雏的生长速度也明显提高，育肥效果明显改善。

（三）青壳Ⅰ号、青壳Ⅱ号和白壳Ⅰ号

青壳Ⅰ号、青壳Ⅱ号和白壳Ⅰ号是由浙江省农业科学院畜牧兽医研究所科技人员以江南Ⅰ号和江南Ⅱ号为基础，进行了三元杂交配套系选育而成。

1. 青壳Ⅰ号的特点

抗寒抗旱能力特强，适应北方和西部地区的气候环境和对青壳蛋的需求。商品代的主要特点是早熟，蛋形较小，全部产青壳蛋，成年鸭羽毛大多呈黑色，体重1.4～1.5千克，500日龄产蛋数325枚，总蛋重21.87千克，料蛋比2.66∶1，产蛋期成活率97.99%。青壳Ⅰ号外貌特征如图2-3。

图2-3　青壳Ⅰ号外貌特征

2. 青壳Ⅱ号的特点

青壳Ⅱ号不仅适合于温暖潮湿的南方地区饲养，而且也适应

西部和北方气候寒冷干燥的环境，不仅可地面圈养和放牧，还可在寒冷干燥地区离地饲养和笼养；青壳率达92%以上；青壳蛋蛋壳厚度和强度优于白壳蛋，可减少加工及运输过程中的损失，受到绝大多数地区市场的欢迎。500日龄产蛋329枚，总蛋重22.1千克，料蛋比2.62∶1，产蛋高峰期长达300天；产蛋期成活率高达99%，培育期成活率达97.5%；青壳Ⅱ号的公鸭可作优质肉鸭，具有野鸭风味。青壳Ⅱ号的外貌特征如图2-4。

图2-4 青壳Ⅱ号的外貌特征

3. 白壳Ⅰ号的特点

白壳Ⅰ号适于南方温暖多水的环境，其生产性能为500日龄产蛋量320枚以上，总蛋重平均22千克，产蛋期料蛋比平均2.70∶1；产蛋期成活率97.99%。白壳Ⅰ号外貌特征如图2-5。

图2-5 白壳Ⅰ号外貌特征

（四）金定鸭

中心产区位于福建省龙海市紫泥乡金定村，厦门、龙海、同安、南安、晋江、惠安、漳州、漳浦等地均有分布。金定鸭是我国著名的蛋用鸭品种，该品种尤其适应海滩放牧饲养。目前在福建省建有该品种的原种场。

1. 外貌特征

金定鸭体形中等，体躯狭长，结构紧凑。母鸭体躯细长紧凑、后躯宽阔，站立时体长轴与地面呈45°，腹部丰满。全身羽毛呈赤褐色麻雀羽，背部羽毛从前向后逐渐加深，腹部羽毛颜色较淡，颈部羽毛无黑斑，翼羽深褐色，有镜羽。公鸭体躯较大，体长轴与地面平行，胸宽背阔，头部、颈上部羽毛翠绿有光泽，因此又有“绿头鸭”之称，背部灰褐色，前胸红褐色，腹部灰白带深色斑纹，翼羽深褐色，有镜羽，尾羽黑褐色，性羽黑色并略向上翘。公、母鸭喙呈古铜色，胫、蹼橘红色，爪黑色，虹彩褐色。金定鸭外貌特征如图2–6。

图2–6　金定鸭外貌特征

2. 生产性能

（1）产蛋性能

母鸭开产日龄为110 ~ 120天，公鸭性成熟日龄 110天左右。年产蛋数为270 ~ 300枚，一般为280枚。舍饲条件下，平均年产蛋数可达313枚，最高个体纪录为360枚。高产鸭在换羽期和冬

季持续产蛋而不休产。平均蛋重72克，蛋壳青色。

（2）生长速度与产肉性能

初生雏鸭，公雏体重约48克，母雏体重约47克；30日龄公鸭体重560克，母鸭550克；60日龄公鸭体重1 039克，母鸭1 037克；90日龄公母鸭体重1 470克；成年公母鸭体重相近，公鸭比母鸭略轻些，公鸭体重1 760克，母鸭体重1 780克。金定鸭虽属蛋用型鸭，但在产区一带，一直利用金定鸭为母本，以瘤头鸭为父本，进行杂交，生产半番鸭供肉用，其仔鸭生长迅速，产肉性能良好，一般饲养90天体重可达3 000克。

（五）高邮鸭

高邮鸭主产于江苏省的高邮、兴化、宝应等地，分布于江苏省苏北里下河地区。该品种潜水深，觅食力强，擅产双黄蛋，以前属于蛋肉兼用型麻鸭，近年来经系统选育，培育出了专门的蛋用型品系，其产蛋性能较以前有明显提高。

1. 外貌特征

公鸭体躯呈长方形，头颈部羽毛深绿色，背部、腰部羽毛棕褐色，胸部羽毛棕红色，腹部羽毛白色，尾部羽毛黑色，主翼羽蓝色，有镜羽，喙青绿色，胫、蹼橘黄色。母鸭颈细长，胸部宽深，臀部方形，全身为浅褐色麻雀羽毛，斑纹细小，主翼羽蓝黑色，镜羽蓝绿色，喙紫色，胫、蹼橘红色。高邮鸭外貌特征如图2-7。

图2-7　高邮鸭外貌特征（左边2只为公鸭，右边2只为母鸭）

2. 生产性能

经过系统选育的兼用型高邮鸭母鸭开产日龄120～140天，年平均产蛋数248枚左右，平均蛋重84克，双黄蛋占39%。蛋壳颜色有青、白两种，以白壳蛋居多，占83%左右。成年鸭体重，公鸭2～3千克，母鸭约2.6千克。

由高邮鸭研究所新育成的高产品系苏邮Ⅰ号（种用），成年鸭体重1.65~1.75千克，开产日龄110~125天，年产蛋数285枚，平均蛋重76.5克，料蛋比为2.7：1，蛋壳青绿色。苏邮Ⅱ号（商品用）成年体重1.5~1.6千克，开产日龄100~115天，年产蛋300枚，平均蛋重73.5克，料蛋比约为2.5：1，蛋壳青绿色。

（六）莆田黑鸭

莆田黑鸭是我国蛋用鸭品种中唯一的黑色羽品种，属小型蛋用鸭。中心产区位于福建省莆田市，该品种是在海滩放牧条件下发展起来的蛋用型鸭，具有较强的耐热性和耐盐性。

1. 外貌特征

莆田黑鸭体形轻巧紧凑，行动灵活迅速。公、母鸭外形差别不大，全身羽毛均为黑色，喙墨绿色，胫、蹼、爪黑色。公鸭头颈部羽毛有光泽，尾部有性羽，雄性特征明显。莆田黑鸭外貌特征如图2-8。

图2-8　莆田黑鸭外貌特征

2. 生产性能

莆田黑鸭母鸭开产日龄为120天，年产蛋270～290枚，平均蛋重73克，蛋壳颜色以白色居多，料蛋比为3.84：1。成年鸭平均体重：公鸭1340克，母鸭1630克。

（七）连城白鸭

连城白鸭主产于福建省连城县，分布于长汀、上杭、永安和清流等地。连城鸭是中国麻鸭中独具特色的小型白色变种，也称为“白鹜鸭”。民间将其作为小儿麻疹、肝炎、无名低热、高热和血痢的治疗和辅助治疗之药物广泛应用，因此被誉为“全国唯一药用鸭”。最近江苏省南京市培育的“金陵乌嘴鸭”也是以连城白鸭为基础而选育出的。

1. 外貌特征

连城白鸭体躯狭长，头清秀，颈细长，行动灵活，觅食能力较强。全身羽毛白色，紧密而丰满，喙呈暗绿色或黑色，因此又称其为“绿嘴白鸭”。胫、蹼均为青绿色。（这种羽白，喙、胫、蹼青绿色的鸭种在我国仅有一个，国外也极少见到。）成年公鸭尾部有3～5根性羽。连城白鸭外貌特征如图2-9。

图2-9　连城白鸭的外貌特征

2. 生产性能

母鸭开产日龄100～120天，母鸭年产蛋数为250～270枚，平均蛋重58克，白壳蛋占多数。成年鸭体重：公鸭1.4～1.5千克，母鸭1.3～1.4千克。公母鸭配种比率1:（20～25），种蛋受精率90%以上，母鸭利用年限为3年，公鸭利用年限为1年。

（八）山麻鸭

山麻鸭原产地为福建省龙岩市，中心产区在龙岩湖乡，属小型蛋鸭品种。

1.外貌特征

公鸭头中等大，颈秀长，眼圆大，躯干呈长方形；背部羽毛灰褐色，胸部羽毛红褐色，腹部白色，尾羽性羽为黑色，头部和颈部上段羽毛墨绿色，颈部有白项环。母鸭羽毛浅褐色，有黑色斑点，眼的上方有白色眉纹，喙青黄色，胫、蹼橘黄色，山麻鸭的外貌特征如图2-10。

图2-10　山麻鸭的外貌特征

2.生产性能

开产日龄约108天，年产蛋280～300枚，平均蛋重67克；成年体重：公鸭1 430克，母鸭1 550克。

（九）三穗鸭

三穗鸭中心产区是贵州省三穗县，在镇远、岑巩、天柱、台江、黄平、施秉等地也有较多分布。

1.外貌特征

三穗鸭体形近似船形，体躯较长，颈部较细，前胸突出并上抬。母鸭羽毛以深褐色为基调，散布有黑色条斑，有墨绿色镜

羽；公鸭头部和颈部上段羽毛深绿色，背部羽毛灰褐色，前胸羽毛红褐色，腹部羽毛浅褐色。胫、蹼橘红色，爪黑色。三穗鸭的外貌特征如图2-11。

图2-11 三穗鸭的外貌特征

2. 生产性能

三穗鸭开产日龄在120天前后，年产蛋240～260枚，平均蛋重65克，蛋壳以白色为主，少数为青色。成年鸭体重：公鸭1 690克，母鸭1 680克。

（十）淮南麻鸭

淮南麻鸭俗名扁嘴、爬山虎。淮南麻鸭属蛋肉兼用型鸭种，具有喜水耐旱、耐寒、群居性强、适应性强、耐粗饲、抗病力强等特点，适于放牧也可圈养。淮南麻鸭中心产区在淮河以南的光山、商城、罗山、平桥、固始、新县等地，信阳市周边地区也有少量分布。

1. 外貌特征

淮南麻鸭体躯呈狭长方形，尾上翘，虹彩灰色。成年鸭头部大小中等，眼睛突出，多数个体眼睛处有深褐色眉纹。雏鸭绒毛颜色有浅黄、灰花、黑黄、淡黄、灰褐等多种类型，羽速为快羽；雏鸭头部清秀，颈部细长，胫部、蹼趾橘红色。成年母鸭全身多为麻色，其中浅麻较多，部分为褐麻色，颈部大部分有白颈圈。公鸭黑头白颈圈，褐白花背，颈和尾羽黑色，白胸腹，少数全身褐麻色，翅尖白色。成年公鸭镜羽墨绿色，有明显光泽，尾部有2~3根黑色上翘、卷曲的性羽。部分母鸭有镜羽，颜色稍浅。成年淮南麻鸭胫、蹼颜色为橘红色；绝大多数鸭的喙为橘黄色，少数个体喙为青色；喙豆多数为褐色。皮肤粉白色，肉呈红色。淮南麻鸭的外貌特征如图2-12。

图2-12　淮南麻鸭的外貌特征

2. 生产性能

淮南麻鸭蛋具有蛋重较大、壳厚、蛋白浓稠、蛋黄含量大、蛋黄色泽好、血斑率低等特点。在传统原粮、放牧饲养管理条件下，通常5月龄达性成熟，6月龄开始产蛋，每年春、秋两季为产蛋期，全年产蛋期7个月左右，全年产蛋135枚左右，其中春季产蛋占全年产蛋量的60%~70%，平均蛋重61克。在全价配合饲料及专业饲养管理条件下性成熟与开产日龄提前15~20天，母鸭开产日龄在150~170天，全年产蛋期也延长一个多月，全年产蛋170~190枚，平均蛋重63克。母鸭就巢性差，雏鸭以人工孵化或电机孵化为主。种蛋平均受精率88%；专业饲养条件下，种蛋的受精率为90%~95%。受精蛋孵化率为90%~97%，健雏率达96%，初生雏鸭体重均匀，差异很小。专业养殖场育雏、育成成活率分别能达95%和98%以上。

（十一）四川麻鸭

四川麻鸭产于四川绵阳、温江、乐山、宜宾、内江、涪陵和

永川等地，属小型蛋肉兼用型鸭种。

1.外貌特征

四川麻鸭体格较小，体质坚实紧凑。喙呈橙黄色，喙豆多为黑色，胫、蹼橘红色。公鸭按毛色不同，分青头公鸭和沙头公鸭两种。青头公鸭的头颈部羽毛为翠绿色，腹部为白色羽毛，前胸红棕色，性羽为灰色。沙头公鸭的头颈羽毛为黑白相间的青色，不带翠绿色。母鸭羽色以麻褐色居多，体躯、臀部的羽毛均以浅褐色为主并带有黑色斑点。颈部有白色颈圈。四川麻鸭的外貌特征如图2-13。

图2-13　四川麻鸭的外貌特征

2.生产性能

母鸭开产日龄为150天，年产蛋量150枚，平均蛋重73克，蛋壳多为白色，少数为青色。

（十二）攸县麻鸭

攸县麻鸭产于湖南省攸县和沙河一带，以网岭、鸭塘浦、丫江桥、大同桥、新市、高和、石羊塘等地为中心产区，曾销往广东、贵州、湖北、江西等地。攸县麻鸭是湖南著名的蛋鸭型地方品种。攸县麻鸭具有体形小、生长快、成熟早、产蛋多的优点，是一个适应于稻田放牧饲养的蛋鸭品种。

1. 外貌特征

攸县麻鸭体形狭长、呈船形，羽毛紧凑。公鸭颈上部羽毛呈翠绿色，颈中部有白环，颈下部和前胸羽毛赤褐色；翼羽灰褐色；尾羽和性羽黑绿色。母鸭全身羽毛呈黄褐色麻雀羽。胫、蹼橙黄色，爪黑色。攸县麻鸭的外貌特征如图2-14。

图2-14　攸县麻鸭的外貌特征

2. 生产性能

攸县麻鸭初生重为38克，成年公鸭体重为1 170克，成年母鸭体重为1230克。90日龄公鸭半净膛为84.85%，全净膛为70.66%；85日龄母鸭半净膛率为82.8%，全净膛率为71.6%。开产日龄母鸭100～110天，年产蛋200～250枚，蛋重为62克，年产蛋重为10～12千克，蛋壳白色居多，占90%。公鸭性成熟为100天左右，公母配种比例1∶25，种蛋受精率为94%左右。每年3～5月为产蛋盛期，占全年产蛋量的51.5%。秋季为产蛋次盛期，占全年产蛋量的22%。

（十三）. 荆江麻鸭

荆江麻鸭主产地在我国长江中游地区，因产于西起江陵、东到监利的荆江两岸而得名，其中心产区为江陵、监利和仙桃，毗邻的洪湖、石首、公安、潜江和荆门等地亦有分布，是我国著名的蛋鸭品种。

1. 外貌特征

荆江麻鸭头清秀、颈细长、肩较狭、背平直、体躯稍长而向上抬起，喙石青色，胫、蹼橙黄色。全身羽毛紧密，眼上方有眉状白毛。公鸭头、颈部羽毛具翠绿色光泽，前胸、背腰部羽毛褐色，尾部淡灰色；母鸭头颈部羽毛多为泥黄色，背腰部羽毛以泥黄为底色上缀黑色条斑，浅褐色底色上缀黑色条斑，群体中以浅麻雀色者居多。荆江麻鸭的外貌特征如图2–15。

图2–15 荆江麻鸭的外貌特征

2. 生产性能

初生鸭重39克，成年公鸭体重为1 340克，成年母鸭体重为1 440克。公鸭半净膛为79.6%，全净膛为72%；母鸭半净膛率为79.9%，全净膛率为72.3%。开产日龄100天左右，年平均产蛋量为214枚，年平均产蛋率58%，最高产蛋率在90%左右，白壳蛋平均蛋重63.5克，青壳蛋平均蛋重60.6克；在2～3岁，产蛋量达最高峰，可利用5年。公母鸭配种比例为1∶（20～25），种蛋受精率93.1%，受精蛋孵化率93.24%。

（十四）大余鸭

大余鸭主产于江西省南部的大余县，分布于江西西南的遂州、崇义、赣县、永新等地和广东省的南雄市。大余古称南安，以大余鸭腌制的南安板鸭，具有皮薄肉嫩、骨脆可嚼、腊味香浓等特点。在我国穗、港、澳和东南亚地区久负盛名。

1. 外貌特征

大余鸭无白色颈圈，翼部有墨绿色镜羽。喙青色，胫、蹼青黄色，皮肤白色。公鸭头、颈、背部羽毛红褐色，少数个体头部有墨绿色羽毛。母鸭全身羽毛褐色，有较大的黑色雀斑。大余鸭的外貌特征如图2-16。

图2-16 大余鸭的外貌特征

3. 生产性能

成年公鸭体重2147克，成年母鸭2 108克。公鸭半净膛率为84.1%，母鸭为84.5%；公鸭全净膛率为74.9%，母鸭为75.3%。开产日龄为180～200天，年产蛋180～220枚，平均蛋重70克左右，蛋壳白色。公母配种比例1∶10，种蛋受精率约83%。

（十五）巢湖鸭

巢湖鸭主要产于安徽省巢湖周围的庐江、居巢、肥西、肥东等地。该品种具有体质健壮、行动敏捷、抗逆性和觅食性能强等特点，是制作无为熏鸭和南京板鸭的良好材料。

1. 外貌特征

巢湖鸭属中型蛋肉兼用鸭种。体形中等大小，体躯长方形，匀称紧凑。公鸭的头和颈上部羽毛墨绿，有光泽，前胸和背腰部羽毛褐色，缀有黑色条斑，腹部白色，尾部黑色。喙黄绿色，虹

彩褐色，胫、蹼橘红色，爪黑色。母鸭全身羽毛浅褐色，缀黑色细花纹，翼部有蓝绿色镜羽，眼上方有白色或浅黄色的眉纹。巢湖鸭的外貌特征如图2-17。

图2-17　巢湖鸭的外貌特征

2. 生产性能

成年公鸭体重2 420克，成年母鸭2 130克。半净膛率为83%，全净膛率为72%以上。开产日龄为140～160天，年产蛋量160～180枚，平均蛋重为70克左右，壳色白色居多，青色少。公母鸭配比早春为1∶25，清明后为1∶33，种蛋受精率90%以上。利用年限：公鸭1年，母鸭3～4年。

（十六）微山麻鸭

微山麻鸭是全国四大名鸭之一，主要分布于山东省四湖（南阳湖、独山湖、昭阳湖、微山湖）及泗河、汶河、赵玉河、老运河流域，是微山湖区长期培育的优质鸭种，年产量达千万只。

1. 外貌特征

微山麻鸭属小型蛋用麻鸭。体形适中，轻巧灵活，眼大有神。后躯丰满，体躯似船形。羽毛颜色有红麻和青麻两种。母鸭毛色以红麻为多，颈羽及背部羽毛颜色相同，喙豆青色最多，黑灰色次之。公鸭红麻色最多，头颈乌绿色，发蓝色光泽，俗称“亮头”，少数颈带白羽圈。尾部有4～6根羽毛上翘，极为美观。

胫趾以橘红色为多，少数为橘黄色，爪黑色。微山麻鸭的外貌特征如图2-18。

图2-18　微山麻鸭的外貌特征

2. 生产性能

初生重为42.3克，成年公鸭体重为2千克，成年母鸭为1.9千克。成年公鸭半净膛率为83.87%，全净膛率为70.97%；母鸭半净膛率为82.29%，全净膛为69.14%。微山麻鸭性成熟为150~180天，早熟个体120天。在良好的饲管条件下，年产蛋量达180~200枚，最高可产280枚，蛋重平均为80克。蛋壳颜色分青绿色和白色两种，以青绿色为多。公母配种比例1：（25~30），种蛋受精率可达95%。

（十七）文登黑鸭

文登黑鸭主产地在山东省文登市，乳山、牟平也有分布。

1. 外貌特征

文登黑鸭全身羽毛以黑色为主，有“白嗉”“白翅膀尖”等特征，头方圆型，颈细中等长，全身皮肤浅黄色。公鸭头颈羽毛青绿色，尾部有3~4根性羽。蹼黑色或蜡黄色。文登黑鸭的外貌特征如图2-19。

图2-19　文登黑鸭的外貌特征

2. 生产性能

文登黑鸭成年体重：公鸭为1.9千克，母鸭为1.8千克。公鸭半净膛率为77.02%，全净膛率为71.82%；母鸭半净膛率为72.85%，全净膛为66%。开产日龄为140天，年产蛋203～282枚，蛋重为80克，蛋壳颜色多为淡绿色，约占67%，还有淡棕色和白色的蛋。

二、蛋鸭的引种

（一）蛋鸭引种的目的

引种即引入优良蛋鸭品种，是发展蛋鸭业的重要措施之一。到目前为止，我国已引进过许多国际标准蛋鸭品种或知名育种公司培育的高产配套系，如卡叽-康贝尔鸭、樱桃谷鸭等。引入良种蛋鸭的目的主要是：

1. 引入的良种蛋鸭主要用来商品生产

把引来的良种蛋鸭直接用来扩繁、制种，以引种基地为中心向周边大面积推广生产，以获得较高的经济效益和社会效益，并且在一定程度上可以提高该地区水禽的生产力水平。例如，我国先后引入卡叽-康贝尔鸭、樱桃谷鸭等，目的主要是用来生产。

2. 引入良种蛋鸭用来作育种素材

引入的良种蛋鸭不是用来简单地再生产，而是作为育种素材来培育新的品种、品系，或者用来改良某些地方品种。例如引入法国番鸭良种的目的主要是作育种材料，改良提高地方蛋鸭的生产性能。

3.引入良种用来杂交，利用杂种优势。

我国先后从国外引入许多优良蛋鸭品种、品系，并进行大面积推广，丰富了我国水禽的基因资源，提高了蛋鸭的生产力水平，有些品种与当地品种进行杂交，有效地提高了地方品种的生产性能，同时也取得了良好的经济效益。

（二）蛋鸭引种的要求

1.根据生产需要选择合适品种

在引入良种之前，要进行项目论证，明确生产方向，全面了解拟引进品种的生产性能，以确保引入良种与生产方向一致。可以通过厂家的生产记录、近期测定站公布的测定结果以及有关专家或权威机构的认可程度，对其生产性能进行全面了解。同时要根据本身的级别（品种场、育种场、原种场、商品生产场）选择相应层次的良种，如有的地区引进纯系原种，其主要目的是改良地方品种，培育新品种、品系或利用杂交优势进行商品蛋鸭生产；而有的鸭场直接引进育种公司的配套商品系生产蛋鸭产品；也有的厂家引进祖代或父母代种鸭繁殖制种。总之，花了大量的财力、物力引入的良种要物尽其用，各级单位要充分考虑到引入品种的社会、经济和生态效益，做好原种保存、制种繁殖和选育提高的育种计划。

2.选择市场有需求的品种

根据市场调研结果，确定能满足市场需要的品种后再引入。蛋鸭的主产品是鸭蛋、鸭肉制品，我国部分地区地区的人们喜食鸭蛋，绍鸭、金定鸭、江南Ⅰ号、江南Ⅱ号、卡叽-康贝尔鸭、樱桃谷蛋鸭等都是国际著名的高产蛋鸭品种，可根据生产需要、自然生态环境选择合适的品种引进。

（三）蛋鸭引种的注意事项

1.从国外引种时首先要考虑的是引进的品种和代次

我国对从国外引进畜禽品种有严格的规定，除科研及育种材料外，引种应根据生产或育种工作的需要，国内已有的畜禽品种及代次，禁止从国外引进。引种时要确定品种类型，同时要考察所引品种的经济价值。引种前必须先了解引入品种的技术资料，对引入品种的生产性能、饲料营养要求要有足够的了解，如是纯种，应有外貌特征、育成历史、遗传稳定性，以及饲养管理特点和抗病力等资料，以便引种后参考。

在确定引进品种和供种公司后，要与其签订正式合同，标明所引进品种应具有的优良性能及所选购鸭苗个体健康无病。

2.从国外引进鸭种时，注意审批程序和做好隔离工作

引种前应向所在地省级畜牧主管部门报农业农村部种畜禽管理部门审批，要求说明引进的品种、数量、引进地、引种目的和引进品种的生产性能等。根据《中华人民共和国动物防疫法》，供种公司要有所在国或地区权威农业部门出具的检疫证明，引种后还要经过我国权威部门检疫，合格后才可入境。入境后还要在专门的隔离场所隔离观察15～30天，确定健康合格后才能使用。

3.引种渠道要正规

不管是在国外引种还是在国内引种都应该到知名的大型育种公司引种。大型的育种公司一般技术力量雄厚，质量可靠，信誉好，售后服务体系完善。一般能够获得较翔实的被引品种的资料，如系谱资料、生产性能鉴定结果、饲管条件等。一旦出现质量或技术问题，可以得到及时解决。

4.注意引进品种的适应性

选定的引进品种要能适应当地的气候及环境条件。每个品种都是在特定的环境条件下形成的，对原产地有特殊的适应能力。当被引进到新的地区后，如果新地区的环境条件与原产地差异过

大，引种就不易成功，所以引种时首先要考虑当地条件与原产地条件的差异状况。如水源不是很充足的地区，最好引进森林禽种（瘤头鸭），而炎热或寒冷的地区则应该选择抗热或抗寒能力强的品种。

5. 注意公母鸭比例适当

不同蛋鸭品种采用自然交配或人工授精的公母比例不一样，所以应根据实际生产需要确定公母鸭的数量搭配。

6. 引种时要加强检疫工作

应将检疫结果作为引种的决定条件，确认输出地无重大疫情。不要到疫区引种，以免引起传染病的流行和蔓延。输出场必须具有种畜禽生产经营许可证。引种时还要有当地兽医部门开具的畜禽检疫合格证。

7. 做好引种前的准备工作

引种前要准备好圈舍、饲养设备、饲料及用具等，对饲养人员要进行相应的技术培训。

（四）蛋鸭引种的方法

1. 确定引进数量

首次引入品种数量不宜过多，引入后要先进行1~2个生产周期的性能观察，确认引种效果良好时，再适当增加引种数量，扩大繁殖。

2. 挑选引进个体

引种时应引进体质健康、发育正常、无遗传疾病、未成年的幼鸭，因为这样的个体可塑性强，容易适应环境。

3. 选择合适的引种季节

引种最好选择在两地气候差别不大的季节进行，以便使引入的个体逐渐适应气候的变化。从寒冷地带向热带地区引种，以秋季引种最好，而从热带地区向寒冷地区引种则以春末夏初引种较为适宜。

4.做好运输组织工作安排

引种时运输时间不宜过长，尽量缩短运输时间。如运输时间过长，就要做好途中饮水、喂食的准备，以减少途中损失。在运输路线的选择上，尽量选择较近的路线，道路交通运输情况良好，同时要注意避开疫区。

第三章　鸭标准化规模养殖场的规划设计

一、鸭场场址的选择与规划

（一）选择场址首先要考虑到场区周围的社会环境条件

1.场区与外界要相对隔离

在选择场址时，首先要考虑远离其他畜禽饲养场和各种污染源。各种畜禽都是活的生物体，是各种病原体的携带者，相互之间能够传播疫病。尤其是有病的家禽(包括处于潜伏期的和隐性带菌带毒者)所排泄出的病原微生物(通过粪便、呼吸道分泌物、毛屑等排放到外界)可以通过空气流动、人员来往、其他动物进行传播。因此，选择场址时要尽量远离其他畜禽饲养场，相互距离保持在500米以上，如图3-1。

图3-1　场址要远离其他畜禽饲养场

某些地方沿河两岸或在湖周围连片建造鸭舍，虽然这样容易形成水禽贸易市场，便于水禽产品的销售，但是这样的不良后果是水质容易受到污染，疾病容易相互传播，尤其是在水流缓慢、水量较小的河流旁就会表现得更为明显。对卫生防疫来说是十分不利的，经过几年后这一问题会更为突出。饲养种鸭更要注意隔离饲养。

鸭场要距居民区和化工厂、屠宰场等2千米以上，并在居民区和食品厂的下风处。地势低于居民区和食品厂，但必须在化工厂、屠宰场的上游地区。既要防止鸭场对周围居民生活和食品生产造成影响，又要防止化工厂或屠宰场污染鸭场。

远离人员来往频繁的地方是鸭场搞好隔离的重要保证。鸭场与国道、省际公路要保持500米以上距离，与主要公路保持300米以上距离。否则，不利于卫生防疫，而且环境杂乱，容易引起鸭群的应激。

2.交通条件要便利

规模化蛋鸭饲养场运输任务繁重（运输饲料、其他产品等）。因此，鸭场要修建专用道路与公路相连，道路应该较为坚实、平坦。在采用放牧饲养方式时，通向放牧地和水源的道路不应与主要交通线交叉。

3.电力供应能满足鸭场的需要

蛋鸭的饲养管理对电的依赖性较大。照明、孵化、饲料加工、供水都离不开电。因此，在蛋鸭场选址时必须考虑保证正常的电力供应，尽量靠近输电线路，减少供电投资，集约化饲养场一定要有备用电源。

4.适宜的气候条件及广泛的种植基础

广泛的种植基础不但为鸭提供了可靠的饲料保证，也为鸭产生的大量粪便和污水提供了用途，从而实现了种养结合，实现产业的可持续发展。

5.地方治安情况

鸭场在选址时必须考虑所在地的社会治安情况，要求该地治安情况良好。如果鸭场附近治安状况不好，会严重影响鸭场的生产安全和秩序。

6.选择适宜的鸭品种

要根据种鸭的原产地气候条件来选择适宜的鸭品种，特别是从国外引入的品种和国内南北对调的品种，一定要考虑饲养条件的适宜性，以保证成活率。

（二）选择场址要考虑到自然环境条件是否适宜

1.要邻近水源，水量充足，保证水质清洁

可供鸭场选择的水源以地表水和地下水为主。

（1）地表水

地表水存在于江、河、湖、塘等之中。地表水来源广，水量足，具有较好的自净能力，所以是养鸭最广泛使用的水源。鸭具有喜水的天性，保证每天在水中有一定的活动时间是维持鸭群健康和高产的重要条件。鸭舍一般应建在河流、沟渠、水塘和湖泊的附近，水面尽量宽阔，水深1～2米为佳，水体清洁，水质优良。水岸不应过于陡峭，以免坡度过大，鸭群上岸、下水都有困难。流动的水源较好，但水流不能太急，浪花要小。水源附近应无屠宰场和排放污水的工厂。

饲养的种鸭需要在水中完成自然交配，所以必须有干净的水源。用于活体拔毛的鸭必须经常下水洗浴，以保证羽毛的清洁和生长。不要在河流的主航道建场，以免航运船只干扰鸭群，引起应激。水体中的微生物、有毒有害物质含量应尽可能低，以保证鸭群的健康和鸭蛋中不含对人有害的物质。供饮用的地表水一般应进行人工净化和消毒处理。

（2）地下水

地下水受污染的概率较小，通常比较洁净，但要注意水中的

矿物质含量，防止有害矿物质含量超标。

无论是地表水还是地下水，首先都要保证水量充足，不能因为处于旱季而出现干涸的现象。既要能满足鸭场内生活、生产用水，也要能满足鸭场内其他生产。其次，水质要好，没有经处理的水源，稍加处理即可符合饮用水的标准，这样的水源最为理想，不能因为水质的原因而使鸭群出现疾病。另外，水源要便于保护，保证水源经常处于清洁状态，不受环境污染。最后，要取用方便，所需设备尽可能少。

2.要有适宜的地形、地势和适宜的土壤

鸭场应建在地势高燥、背风向阳、排水良好的沙质场地上。高燥的地势可减少鸭体内寄生虫和蚊虻数量。在河堤、水库、湖泊边建场时，地基要高出历史洪水的最高线，以避免在雨季舍内进水、潮湿。山区鸭场场地应高出当地最高水位1~2米，以防涨水时鸭场被水淹没，但不宜选在昼夜温差过大的山顶。平原地区建舍应特别注意，地下水位应低于建筑物地基1米以下，鸭舍地面要高出舍外地面20~30厘米。对采用水陆结合饲养的鸭场，陆上运动场与水上运动场的地面要有一定的坡度，以利排水，但坡度不能过陡，以免鸭入水时相互挤压。地形要求有一定的坡度，坡面向阳，开阔整齐，如图3-2。

图3-2　在背风向阳的沙质土地建场

我国北方鸭场的方位以朝南或略偏东南较为理想，背风向阳，可使鸭舍冬暖夏凉，一般在河、渠水源的北坡建场。为了使场内布局合理，便于卫生防疫，场地不要过于狭长或边角太多。背风向阳的鸭场可保持小区小气候状况的相对稳定，减少冬春季节风雪的侵袭，充足的阳光照射可杀死病原微生物，减少鸭患病的机会。沙壤土质是最理想的，适于鸭地面平养。雨后的沙壤土质运动场不会出现泥泞，可防止场区内潮湿，便于保持干燥，还可以防止病原菌、寄生虫卵、蚊蝇等繁殖和生存。

不宜在黏性太大的重黏土上建造鸭场，否则容易造成雨后泥泞积水。如必须在黏土上建场，可以在上面铺20～30厘米厚的沙壤土。膨胀土的土层不能作为鸭舍的基础土层，否则易导致基础断裂崩塌。

（三）鸭场的场地规划

1.鸭场场地规划的基本原则

鸭场的规划以不增加基建投资，便于组织生产，利于经营管理和提高劳动生产效率，而又不影响场区小气候状况和兽医卫生水平为基本原则。因此，在所选定的场地上进行分区与在一定历史条件下各区建筑的合理布局，是建立良好的鸭场环境、组织高效率生产的基础工作。鸭场的分区规划应做到：一是节约用地；二是全面考虑鸭粪的处理和利用；三是应因地制宜，合理利用地形地势；四是应充分考虑未来的发展。在进行鸭场规划时，同场址选择一样，首先应从人、鸭健康的角度出发，建立最佳生产联系和卫生防疫条件，合理安排各区位置。职工生活区应占据全场上风和地势较高的地段，然后依次为管理区、鸭生产区（含粪便及病鸭处理区）。

2.鸭场的功能区的划分

大型鸭场通常分4个功能区，各功能区之间应有围墙，并用绿化带隔开，如图3-3。

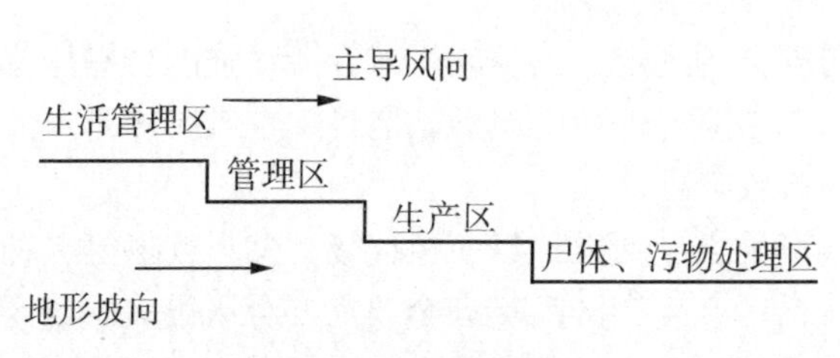

图3-3　鸭场功能分区

（1）生产区

生产区包括消毒间、更衣室、洗澡间、各种类型的鸭舍（育雏舍、育成舍、成年种鸭舍、商品蛋鸭舍等）、种蛋库、孵化室、饲养员休息室以及兽医室。在生产区中各种类型房舍间应分区设置，并且保持一定距离。种鸭舍应该与商品鸭舍保持较大的距离（300米以上）。其他各类不同的鸭舍也应有30米以上的距离，同类鸭舍之间应有20米以上的距离。生产区内的主干道与各种鸭舍之间应有5米以上的距离，并有专用道路连接。生产区内应搞好绿化，房舍之间设置绿化隔离带，可有效调节舍内小气候，减少传染病的发生。

（2）管理区（包括与经营管理有关的建筑物）

管理区包括接待室、办公室、资料室、会议室、发（供）电房、锅炉房、水塔、车库等。

（3）生活区

生活区包括职工宿舍、食堂及职工生活福利建筑与设施等。

（4）尸体、污物处理区

尸体、污物处理区包括焚尸炉、粪便烘干区、粪污处理池等。该区设在下风头，与生产区的排污道相连，避免交叉污染。

（四）鸭场建筑布局要合理

建筑物布局合理与否，对场区环境状况、卫生防疫条件、生产组织、劳动生产率等有直接影响。布局原则：一是应根据生产环节的作业流程顺序确定建筑物之间的联系；二是应遵守兽医卫生和消防安全的规定；三是应为减轻劳动强度、提高劳动效率创造条件；四是应合理利用地形、地势、主风向和光照。

1. 种鸭场布局

种鸭场种类包括原种场、祖代场、父母代场等，种鸭场内行政区、生活区、生产区门类齐全，需要分区设立。场区大门口要设置车辆消毒池和人员消毒通道。车辆消毒池的长度应为一般车辆车轮周长的1.5倍以上。人员消毒通道采用紫外线灯、消毒液喷雾、地面消毒池等方法消毒。行政区要靠近种鸭场大门，以便于人员、车辆进出。生活区设在比较安静的地方，一般在行政区的背后。行政区和生活区要求设在生产区的上风向，避免生产区空气对生活区造成污染。饲料库应选在离每栋鸭舍的位置都较近的位置，一般位于生产区和管理区之间，这样既有利于向料库贮料，又利于成品料向各鸭舍运输，而且位置稍高，干燥通风。兽医室、病鸭隔离室应设在相对偏僻的一角，以便于隔离，减少对空气和水的污染传播。办公室和职工宿舍设在鸭场生产区之外、地势较高、与生产区风向平行稍上的位置，以防鸭舍产生的空气、废水污染环境和传播疫病。生活区的生活污水不应排向鸭场，以免影响鸭的生产。

种鸭场生产区内包括育雏舍、育成舍、种鸭舍及水面。根据风向和地势高低，依次为育雏舍、育成舍、种鸭舍。各栋鸭舍之间要有绿化带隔离，父母代鸭舍之间距离为10~15米，祖代场之间距离为25~30米，原种场之间距离为50米。

2. 商品场布局

商品蛋鸭场行政区和生活区可以合并，设置较为简单，尽量减少非生产性基建投资。

二、鸭舍的建造

（一）蛋鸭舍的类型

鸭舍建筑应根据饲养鸭种的不同年龄、不同饲养方式、不同气候条件来建造，一般可有以下几种类型：

1.简易棚舍

在我国南方地区和长江流域，为节省开支，可以修建简易棚舍饲养各种类型的鸭群，最常见的有南方的拱形鸭棚和长江流域的塑料大棚形式的鸭舍，与现代化种鸭舍形状、结构相似。简易棚舍为拱形，就地取材，用竹木搭建，也有的用旧房舍改造而成。棚高度为1.8～2.5米，便于饲养者出入，宽度为3～4.5米，便于搭建，长度可根据地形和饲养数量而定，但中间要用栅栏或低墙隔开，分栏饲养。棚顶用芦苇席覆盖，上面再盖上油毛毡或塑料布，以防雨水渗漏。夏季开放式饲养，棚舍离地面1米以上改为敞开式，以增加通风量。冬季要加上尼龙编织布、草帘等防风保暖材料遮挡寒风。为了防止舍内潮湿，在棚舍的两侧设排水沟，水槽或饮水器放置在排水沟上的网面上。棚内除养鸭外，还

图3-4　简易棚舍

可供饲养人员食宿、堆放饲料及存蛋。平时用竹栅将鸭群围在鸭棚外的朝南方向。这种鸭棚也可根据放牧鸭群的需要而搬运到别的地方，主要用于仔鸭和后备种鸭及放牧蛋鸭的饲养，如图3-4。

北方地区的草场、林地、滩涂边，在温暖的季节，可建简易棚舍，主要用来饲养种鸭和商品鸭，结合放牧饲养，节省房舍开支和饲料成本，提高饲养效益。棚舍可适当建大一点，以增加饲养数量。

2. 小规模蛋鸭舍

这种鸭舍适合北方冬季寒冷地区的小型饲养场和专业户，饲养种鸭和商品鸭均可。房舍为砖木结构，要求防寒保暖，舍内地面要高出运动场25~30厘米，舍内为水泥地面、砖地或三合土地面，如图3-5。作为育雏室，一般采用地下火道供暖，供暖效果好，运行成本低。房舍高度2~2.5米，跨度4.5~5米，单列式饲养，排水沟设在房舍一侧，单间隔开（低墙或栅栏），每间3.5~4米，饲养种鸭60只。运动场上的三合土要打实压平，面积为舍内面积的2~3倍。连接运动场和水面的为一斜坡式鸭滩，坡度为30°较好，为了防止鸭滑倒，可以在上面铺设草垫。

图3-5 小规模蛋鸭舍

3. 集约化蛋鸭舍

集约化蛋鸭舍适合大型饲养场，便于进行规模饲养和现代化管理。集约化蛋鸭舍包括各种类型的房舍，为框架结构，水泥地

面便于消毒，经久耐用，投资较大，环境控制较好。集约化蛋鸭舍包括育雏舍、育成舍、种鸭舍等。鸭舍高度一般为3～3.5米，跨度6～8米，双列式饲养，排水沟设在房舍中央。育雏期可以进行笼养或网上平养，如图3–6。

图3–6　集约化鸭舍

（二）蛋鸭舍的基本结构

鸭舍建筑结构应根据当地资源和饲养者的投资能力等具体情况而定，但内部结构必须合理，这样才能使饲养管理方便、节省人力和减轻劳动强度。鸭舍按建筑式样分单列式、双列式、密闭式、开放式、半开放式、平养鸭舍、网上饲养鸭舍、半网上饲养鸭舍等；按用途分育雏鸭舍、育成鸭舍、成鸭舍等。无论建成何种类型的鸭舍，必须注意以下几点：

1. 房舍高度要适宜

北方寒冷地区，为利于保温和节省材料，鸭舍高度可以低些，一般檐口离地面高2米左右；长江流域屋檐离地面距离2.2～2.8米，以利夏季通风。如按饲养鸭群类型来划分：雏鸭舍檐口可适当低些，种鸭舍可适当高些；采用网上饲养的檐口可适当高些，采用地面饲养的檐口可适当低些。

2. 鸭舍跨度要适宜

由于鸭舍跨度直接影响着内部小气候，太窄虽方便通风换气，但不易保温，受外界气候变化的影响大；太宽则造价高，舍内虽易保温，但不易通风换气。所以，为了免受或者少受外界影响，达到冬暖夏凉、通风干燥、形成舍内良好的小气候的目的，就必须设计合理的鸭舍跨度。一般来说，北方养鸭区鸭舍跨度可适当宽些；南方养鸭区和种鸭舍，房屋跨度可窄些。种鸭舍跨度以5~5.5米为宜，走道宽1米以上，通常建成单列式且分成小间为佳，大小应视鸭舍每间的宽度而定。一般仔鸭每群100只左右，7米跨度的鸭舍用1间，每间宽约3.5米，饲养面积约20平方米；种鸭群每群30只，5米跨度的鸭舍用1间，每间宽约3.5米，尽量少用尼龙网分隔，以免鸭头伸入网眼内被套住。

3.育雏舍的结构

在雏鸭20日龄前要求舍内温暖干燥，所以育雏舍保温性能要好，空气流通而无贼风。每幢育雏舍以容纳1 000只雏鸭为宜，檐高2米，窗与地面比例为1:（10~15），舍内分为10个小间，每间的面积为20平方米，可容纳20日龄以内雏鸭200只，20日龄后的仔鸭100只。舍内地面应比舍外高25~30厘米。地面可用黏土铺平打实或用粗沙铺地压实，亦可用方砖铺地，使地面保持干燥。鸭舍前设运动场，场地宜平坦，缓缓向水面倾斜，以便于排水。如凹凸不平，则易于积水，尤其在雨天，一经鸭群践踏则遍地泥泞，造成鸭群行动不便，容易引起跌伤，也影响清洁卫生和饲喂。运动场与水面的距离应在7~8米，其中平地4~5米，连接水面的斜坡长3~4米，不宜过于倾斜。运动场的平坡区也可设置喂料区，用于外界气温较高、气候良好时雏鸭在外喂料饮水。在雏鸭早期，应在舍内靠走道一侧设置水槽和料槽，这样既便于饲喂，又可防止早期在室外饲喂不利于雏鸭的保温问题。当将雏鸭饲养至20多日龄可脱温时，可将雏鸭的饲养密度减少1/2，将生长较快的一半转入另一幢仔鸭舍，留下的另一半在育雏舍饲养。

4.蛋、种鸭舍结构

种鸭舍每幢容量以不超过400只为宜，鸭舍檐高2.5米左右。

气候温和地区的鸭舍朝南边可以无墙，为全敞开式。舍内地面比舍外高10~15厘米，每平方米可养3只种鸭或6只蛋鸭。一般鸭场在鸭舍一角设产蛋间，用高60厘米的竹竿围成，设有2~3个小门，产蛋窝内的地面铺以黄沙，其上垫柔软的稻草。鸭舍外有陆上运动场，场上应搭建遮阴棚，以供种鸭雨天活动和采食饮水之用，也可作夏天乘凉之用。同时，鸭场需设置水上运动场，以供种鸭沐浴和交配之用。陆上运动场的宽度应略大于鸭舍宽度。

（三）不同鸭舍的要求

蛋鸭舍结构要求是可以遮阴防晒，挡风遮雨，防止兽害。鸭舍的面积视鸭群的大小而定。通常鸭舍宽8~10米，为方便操作，鸭舍的长度不宜超过100米。分间时，每一小间形状以正方形或近似正方形为好，便于鸭群在室内转圈运动，但决不能把鸭舍分隔成狭窄的长方形，窄长的鸭舍极易造成拥挤踩踏。

1.鸭舍建筑的基本要求

（1）能防寒保暖

鸭舍的屋顶，除瓦片或油毛毡外，还需有一个隔热保温层。北墙要厚实，以防冬季西北风渗透，如图3-7。

图3-7　屋顶隔热保温设计

（2）要通风良好

鸭舍与主导风向要有一定角度，使舍内气流均匀，无风的滞流区相应缩小，当风向角达到45°时，通风效果最佳，如图3-8。

图3-8　屋顶通风和侧窗通风

（3）要有一定的密闭性，防止鼠、犬、狼、蛇等的侵害。

（4）要便于清洗消毒，排水良好。

（5）要能保持安静，减少应激。

（6）要降低成本，节约投资。

2. 育雏鸭舍建筑的基本要求

育雏鸭舍分平养雏鸭舍和网上饲养雏鸭舍。

（1）平养雏鸭舍

雏鸭直接生活在地面上，舍内隔成若干小区，一般在南墙设供温设施，北墙设置宽1米左右的工作道，工作道与雏鸭区用围篱隔开。靠走道一侧有一条排水沟，沟上盖铁丝网，网上放饮水器，使雏鸭饮水时溅出的水，通过铁丝网漏到沟中，再排出舍外，以保持育雏舍的干燥。

（2）网上饲养雏鸭舍

网上饲养雏鸭舍以平地或凹坑的房舍为基础，舍内建造架空的金属网或漏缝的竹、木条地板作为鸭床，网眼或板条缝隙的宽

度为13毫米左右。地面必须是水泥的。网养雏鸭舍比平养雏鸭舍卫生条件好，易保持干燥，节约垫草和能源，雏鸭生长好，但投资费用较大。

3. 育成鸭舍建筑的基本要求

育成鸭阶段鸭生长快，生活力强，对温度的要求不像雏鸭那样严格。所以育成鸭舍的建筑比较简单，简易建筑只要能遮挡风雨、室内干燥、冬季可以保温、夏季通风良好，均可用来饲养育成鸭。一般育成鸭舍的地面都是泥地，不浇水泥，但要有一定的倾斜度，在较低的一边做一条排水沟，沟上铺铁丝网或木条，上置饮水器，使饮水时溅出的水和舍内渗出的水，都能流到沟中，排出舍外，以保持舍内干燥。

4. 种鸭舍和产蛋鸭舍建筑的基本要求

目前，我国各地饲养种鸭，尚未达到机械化、自动化作业，一般都是平面饲养，手工操作。鸭舍有单列式和双列式两种。种鸭舍一般要有水上运动场。

种鸭舍的防寒隔热性能要优良，房顶要有天花板或加装隔热装置，北墙不能漏风，屋檐高2.6~2.8米，南窗的面积可比北窗大1倍，南窗离地高0.6~0.7米，北窗离地高1~1.2米，并设气窗。为使夏季通风良好，北边可开设地脚窗，但不用玻璃，只安装铁条或铁丝网，以防兽害，寒冷季节用油布或塑料布封住，以防漏风。

种鸭舍除设置排水沟外（要求与雏鸭相同），还要有供种鸭晚间产蛋的处所。单列式种鸭舍，走道在北边，排水沟紧靠走道旁，上盖铁丝网或木条，饮水器放在铁丝网上，南边靠墙的一侧，地势略高，可放置产蛋箱。产蛋箱宽30厘米，长40厘米，用木板钉成，无底，前面较低（高12~15厘米），供鸭子进出，其他面高35厘米，箱底垫木屑或切短的干净垫草。每只箱子可供3只蛋用型种鸭使用。我国东南沿海各省市饲养蛋鸭，都不用产蛋箱，直接在鸭舍内靠墙壁的各侧，把干草垫宽（40~50厘米），供种鸭夜间产蛋之用。垫草必须保持干净，而且要高于舍内的地面。双列式种鸭舍，走道在中间，排水沟分别紧靠走道的两侧，在排水沟对面靠墙的一侧，地势稍高，放置产蛋箱或厚垫干草，供种鸭夜间产蛋用。

种鸭舍配套的水面供种鸭交配、洗澡之用。如果不具备水面条件，夏季气温又特别高，鸭舍旁一边是河道（或湖泊），另一边是旱地。在这种条件下，需要挖一个人工的洗浴池，大小和深度根据鸭群数量而定。一般洗浴池宽2.5~3米，深0.5~0.8米，用水泥砌成，不能漏水。水池的水应经常更换，保持水质良好，否则很容易相互传播疾病。洗浴池挖在运动场最低处，以利于排水。洗浴池和下水道连接处，要修一个沉淀井，在排水时，可将泥沙、粪便等沉淀下来，免得堵塞排水道。

运动场是鸭群活动的场所，应该安排在鸭舍靠水面的一侧，以方便鸭群下水活动及从水中出来后晾晒羽毛，从卫生和管理角度看，每个鸭舍都有各自的运动场。运动场的面积一般为鸭舍内面积的1.5 ~ 2.5倍，场地的地面要平整，可以在朝向水面的方向稍留有斜坡，以便于雨后及时排出积水。修整时要注意清除尖锐的物体以防止刺伤鸭的脚蹼。

运动场的两侧应砌0.8 ~ 1米高的隔墙用于防止鸭群外逃和阻挡外来人员及其他动物接近鸭群。靠近侧墙处可以搭设几个凉棚，一方面可以供鸭群遮阳避雨，另一方面也可以把在舍外饲喂的料槽放在凉棚下，以防饲料雨天被淋。从夏季遮阴避暑考虑，在运动场内及其周围应该栽植一些阔叶乔木。运动场的两侧可以砌设一两个砖池，里面放置一些干净的沙粒，让鸭自由采食，以帮助其消化。种鸭的运动场，如尚未种植遮阴的树木，应搭建凉棚，与鸭舍面积差不多大。

(四) 水面的基本要求

1. 水面大小

种鸭场在进行场址选择时，水面越大越好，从长远来看，有利于扩大饲养规模。对于一般商品蛋鸭场，要因地制宜，合理利用各种不同大小的水面，提高养殖效益。通常来说，流动的水面和深水面单位面积的载鸭量大于死水和浅水面。水库放养需要有小船用于收拢鸭群，因为水库离岸较远的地方野生饲料资源缺乏，鸭群长时间在水中活动既消耗体能又不能充分觅食。湖泊放养要设置水围，限制鸭群在一定区域活动。一般来说，每1 000只蛋鸭所需的水面，池塘应有2亩（1亩=667平方米）以上，水库应有15亩左右，河渠应有1亩以上。种鸭需要更大的水面，分别是商品蛋鸭的1.5倍和2倍，如图3-9。

图3-9　水面放鸭

2. 水深

水深与水的自净能力和清洁度有关，水越深，越能保持清洁。但太深的水库、湖泊不利于鸭群在水中觅食。一般1米左右的水池对鸭最为适宜，有利于采食和完成交配。对于河流来说，由于流动性大，水质好，30厘米以上就可放养，但种鸭必须在深水区域完成交配。

3. 鸭坡

鸭坡是连接陆上运动场和水上运动场的通道，鸭群通过鸭坡完成下水前的准备工作和上岸后的梳理工作。鸭坡一般用砖块或水泥铺设，要防滑，便于行走。鸭坡要有合适的坡度，坡度太大，鸭子很难上岸；坡度太小，加大鸭坡长度，而且不利于从身上抖落水流入水面。鸭坡的坡度根据场地大小，一般角度为10°~30°。鸭坡延伸到水上运动场的水面下10厘米即可。如图3-10。

图3-10　陆地运动场、水上运动场及鸭坡

（五）水面的类型和管理

合适的水面是养好蛋鸭，特别是种鸭的重要条件。生产上可利用的水面有以下几种：

1. 池塘

池塘以较大面积为宜，这样由于水体大，消纳能力强，水质不容易变质，对保持鸭群的健康有益。利用鱼塘进行鱼鸭混养，如果处理得当，可以通过鸭粪肥塘，为鱼提供充足的食物，减少鱼的饲养成本。但是，如果塘小鸭多且在水中活动时间长则容易造成水质过肥，溶氧减少，甚至塘水变质而导致鱼的死亡。

2. 河流

流动的水体不容易出现腐败变质问题，有利于保持蛋鸭的健康。但是，利用河流时必须考虑让鸭群在水流缓慢的区段游水、觅食，这些区段中，水生动物和水草较多，可以充足采食，而且

体力消耗较少。利用河流时还必须考虑雨季洪水的危害问题，以免造成损失。

3.湖泊及水库

在湖泊及水库放养蛋鸭需要配备小船，以便收拢鸭群，并尽可能让鸭群在靠近岸边处活动。如果有条件，可以在距岸边附近的浅水中设置围网，以固定蛋鸭的活动区域。

三、鸭场常用养殖设备

（一）喂料设备

喂料设备主要有塑料布、开食盘、料槽、料桶和料盆等。

1.塑料布和开食盘

塑料布和开食盘用于雏鸭开食。塑料布反光性弱，易于使雏鸭发现饲料。开食盘为浅的塑料盘，一般用雏鸡开食盘代替，如图3-11。

图3-11　圆形开食盘和方形开食盘

2.料槽

料槽由木板或塑料制成。其长度可以根据需要确定，常用的有1米、1.5米和2米的，也可以将几个料槽连接起来以增加其长度。农户使用的多是用木板钉制而成的。不同种类、不同日龄由于体形大小有所差异，料槽的深度和宽度应有区别，料槽太浅容易造成饲料浪费，太深影响采食。蛋鸭育雏期料槽的深度一般为

5厘米左右，青年鸭和成年鸭料槽深度分别约为8厘米和12厘米。各种类型料槽底部宽度为12～20厘米，上口宽度比底部宽10～15厘米，如图3–12。

图3–12　料槽

3.料桶

料桶主要用于育雏期蛋鸭的饲养，如图3–13。

图3–13　料桶

4.料盆

料盆口宽大，适合蛋鸭采食，是使用较普遍的喂料设备。一般都使用塑料盆，塑料盆价格低，便于冲洗消毒。育雏期料盆直径30～35厘米，高度8～10厘米，四周加竹围，防止雏鸭进入料盆。40日龄以后可不用竹围，盆直径40～45厘米，盆高度10～

12厘米，盆底可适当垫高15～20厘米，以防止饲料浪费。成年蛋鸭料盆直径55～60厘米，盆高15～20厘米，离地高度25～30厘米，如图3-14。

图3-14　料盆

5.盘式螺旋输料系统

盘式螺旋输料系统是一种自动喂料设备，规模化养鸡场常用的喂料系统，也可用在蛋鸭生产中。该设备由料绞龙、料塔、V形料斗、料盘、防栖线、带限料传感器的输送减速电机、悬挂系统与升降绞车组成。料塔容积可根据养殖数量具体设置，输料系统能迅速将饲料送至每个料盘中，料盘的高度可根据鸭不同日龄升降，清洗方便，拆下来也可作为育雏开食盘使用，如图3-15。

图3-15　盘式螺旋输料系统

（二）饮水设备

蛋鸭常用饮水设备有水槽、水盆、真空饮水器和吊塔式饮水器。

1.水槽

水槽是成年鸭阶段常用的一种喂水设备，多是用砖和水泥砌成的，设在鸭舍内的一侧。水槽底部宽度约20厘米，深度约15厘米，水槽底部纵轴要有2°左右的坡度，以便于水从一端流向另一端。为了防止蛋鸭进入水槽，也可以在水槽的侧壁安装金属或竹制的栏栅，高度约50厘米，栅距约6厘米。

2.水盆

水盆适合缺水地区使用，其规格大小可根据蛋鸭日龄而定，具体大小见料盆规格。为了防止蛋鸭跳入水盆，可在盆外罩上栅栏，设置成上小下大的圆形栅栏。

3.真空饮水器

真空饮水器（图3-16）为塑料制品，有多种规格，使用起来方便、卫生，还可以防止饮水器洒水将垫料弄湿。真空饮水器由水罐（饮水器）和饮水盘两部分组成，饮水盘上开有一个出水槽。使用时，先将水罐装满水，然后将饮水盘与水罐底部扣扭紧，再一起翻转180°即可，使用时水从小孔处流出，直到将小孔淹没。当雏鸭从水盘饮去一部分水使水面下降到出水孔时，外界空气进入水罐，水又流出，直至再次将孔淹没。这样，水盘内总是保持一定的水位。这种饮水器价格便宜，便于洗刷和更换，但贮水

图3-16　真空饮水器

量有限，需要经常添水。

4.吊塔式饮水器

吊塔式饮水器是一种自动供水的饮水设备，使用时，将其悬吊于房顶，与自来水管相连，就能自动保持饮水盘中有一定的水量，不妨碍鸭的自由活动，同时可防止鸭在饮水时踩入水盘以及鸭粪落入水中，防疫性能好。随着蛋鸭日龄的增加，可以逐渐提升高度，如图3-17。

图3-17 吊塔式饮水器

（三）育雏供温设备

1.地下火道加温

地下火道加温适合我国北方寒冷地区使用。其原理是通过火道对地面和鸭舍空间进行加热，以提高舍内温度。方法是与北墙联体修筑一条火道，贯通东西，在一端修建炉灶，炉灶燃烧产生的烟火随火道流过，热量随火道散发在室内，余烟从另一端的烟筒冒出。这种加热方式，没有煤炉加温时的煤烟味，室内空气较为新鲜，热量散发较为均匀，地面和垫料暖和，尤其适合平养育雏。

2.育雏保温伞

育雏保温伞是一种用于雏鸭地面和网上平养育雏的机具。育雏保温伞按加热源可分为电热式、燃气式和火炉式。鸭场可根据自身条件，合理选用，如图3-18。

图3-18 电热式育雏伞

3. 热风炉

热风炉供暖系统主要由热风炉、送风风机、风机支架、电控箱、连接弯管、有孔风管等组成（图3-19）。热风炉有卧式和立式两种，是供暖系统中的主要设备。热风出口温度为80~120 ℃，热效率达70%以上，比锅炉供热成本降低50%左右，使用方便、安全，是目前推广使用的一种采暖设备。可根据鸭舍供热面积选用不同功率的热风炉。立式热风炉顶部的水套还能利用烟气余热提供热水，如图3-20。

图3-19 热风炉

图3-20 红外线灯加热

4.红外线灯

红外线灯泡规格为250瓦，有发光和不发光两种，悬挂于离地面40~60厘米的高处，随所需温度进行调节。用红外线灯育雏，温度稳定，垫料干燥，效果好，但耗电多，灯泡寿命不长，增加饲养成本，如图3-20。

5.煤火炉

煤火炉供热是很经济的一种供暖设备，耗煤量不大，温度上升快，热损失少，可根据鸭舍温度调节火势的大小，但卫生条件差。在日常使用中要掌握煤炉的性能，根据室温及时添加煤炭和调节通风量，确保温度恒定。在安装过程中，炉管由炉子到室外要逐步向上倾斜，漏烟的地方要封住，以利于煤气排出。安装不当，煤气往往会倒流，造成室内煤气浓度大，甚至导致鸭群煤气中毒，如图3-21。这种供暖方式大小鸭场均可使用。

图3-21 煤火炉加热

6.自温育雏栏(箱)

自温育雏栏(箱)适合气温比较温暖的地区或季节，依靠雏鸭自身产热，加上保温措施，可满足雏鸭发育所需温度。自温育雏栏需要的物品有围栏、草席、垫草、被单、棉被等覆盖保温物品，每栏容纳15~20只雏鸭。自温育雏箱可用纸箱、木箱、箩筐来维持所需温度。自温育雏可以节省燃料，但费工费时，不便于粪便清理，育雏效果差，仅适合小规模育雏，如图3-22。

图3-22　自温育雏栏

（四）通风设施

通风的主要目的是调节舍内空气环境质量，即用舍外的清新空气更换舍内的污浊空气，降低舍内空气湿度，夏季也可以起缓解热应激的作用。

通风方式可分为自然通风和机械通风。自然通风是靠空气的温度差、风压通过鸭舍的进风口和排风口进行空气交换的。机械通风有进风口和排风扇组成，也有使用吊扇的。

排风扇的类型很多，目前在鸭舍的建造上使用的主要是低压大流量轴流风机，国内不少企业都可以生产。

低压轴流风机所吸入的和送出的空气流向与风机叶片轴的方向平行。其优点主要有：动压较小，静压适中，噪声较低，流量大，耗能少，风机之间气流分布均匀。在大、中型鸭舍的建造中多数都使用了这种风机。

吊扇的主要用途是促进鸭舍内空气的流动，饲养规模较小的鸭舍在夏季可以考虑安装使用。

湿帘风机降温系统主要由纸质(或陶瓷)波纹多孔湿垫、湿垫冷风机、水循环系统及自动控制装置组成。在炎热的夏季，当进入鸭舍的空气通过湿垫后，可使空气的温度降低5～8 ℃，防暑降温效果显著，如图3-23。

图3-23　湿帘风机降温系统

（五）照明设备

蛋鸭生产中照明的目的在不同的生长阶段是不一样的，雏鸭阶段是为了方便采食、饮水、活动和休息；青年期主要是控制性成熟期；成年阶段则主要是刺激生殖激素的合成和分泌，提高繁殖性能。在自然光照的基础上，有的时期需要延长照明时间，有的时期需要限制照明时间。

1.灯泡

生产上使用的主要是白炽灯泡，个别有使用日光灯的。日光灯的发光效率比白炽灯高，40瓦的日光灯所发出的光的亮度相当于80瓦的白炽灯。但是，日光灯的价格较高，低温时启动受影响。

2.光照自动控制仪

也称24小时可编程序控制器，根据需要可以人为设定灯泡的开启和关闭时间，免去了人工开关灯所带来的时间误差及人员劳动量大的问题。如果配备光敏元件，在鸭舍需要光照的期间自动开灯，还可以在自然光照强度足够的情况下自动关灯，节约电力。

（六）围栏

围栏是蛋鸭大群饲养必需的设备，用来控制鸭的活动范围，便于分栏、小群饲养，提高生长的一致性。育雏阶段围栏可以用纤维板，有利于保温。青年期、成年期围栏一般用竹篱、铁丝网做成，有利于透气通风。另外在水库、湖泊中放养的蛋鸭，要设置水围，限制其在水面上的活动范围。水围用尼龙网做成，要深入水面1米以下，水面以上高度为0.6～1米。

（七）卫生防疫设备

1.喷雾器

喷雾器有多种类型，一般有农用喷雾器和畜禽舍专用消毒喷雾器等。农用喷雾器是一种背负式的小型喷雾器，机体为高强度工程塑料，抗腐蚀能力强，一次充气可将药液喷尽，配备安全阀起超压保险作用。在小规模蛋鸭场（户）使用较多，通常在对鸭舍内外环境消毒时使用。此外，在大型水禽场生产区入口处的人员或车辆消毒室内多位点安装雾化喷头，当人员和车辆出入时可以对其表面进行较为全面的消毒，如图3-24。

图3-24　喷雾器

2.紫外线灯

紫外线灯用于人及其他物品的照射消毒，功率为40～90瓦。一般安装在生产区入口处的消毒室内，也可以安装在鸭舍的进口处。它所发出的紫外线可以杀灭空气中及物体表面的微生物。

3. 高压喷枪

高压喷枪用于房舍墙壁、地面和设备的冲洗消毒。由小车、药桶、加压泵、水管和高压喷头等组成。这种设备与普通水泵原理相似。高压喷头喷出的水压大，可将消毒部位的灰尘、粪便等冲掉，若加上消毒药物则还可起到消毒作用。

4. 火焰消毒器

火焰消毒器用于对地面、墙壁、铁丝围网进行消毒。

5. 免疫接种用品

在蛋鸭生产中，使用的主要是连续注射器和普通注射器，用于皮下或肌内注射接种疫苗。

6. 卫生用品

卫生用品主要有清理粪便、垫草及打扫卫生用的铁锹、扫帚、推车；清洗料盆、水盆、水槽用的刷子等。

（八）饲养管理用具

饲养管理用具包括蛋筐、蛋箱、蛋托，饲养雏鸭用的浅水盘、竹篮(筐)；运动场及水面分隔用的围网，捕捉使用的竹围，禽群周转及运输用的周转笼等，如图3-25。

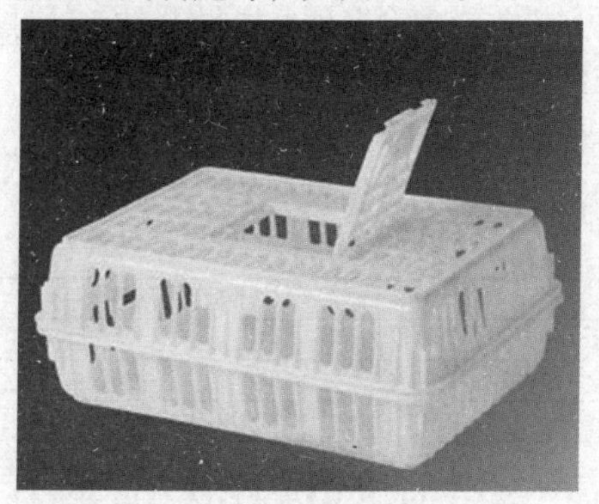

图3-25　禽群周转笼

第四章　鸭的饲养标准与饲料加工

一、鸭的饲养标准

饲养标准是家禽育种公司或科研机构在特定条件下，为发挥家禽最佳生产性能而探索制定的各种营养素的日需要量，或推算出每单位重量的配合饲料中各种营养成分所占的比例。

饲养标准是配制饲料的科学依据。但是，在实际应用时需要根据家禽的饲养季节、发育情况、饲料原料特点、生产水平等具体情况进行适当调整。

由于动物营养科学、饲料加工技术、家禽育种技术、环境控制技术的不断进步，家禽的饲养标准也在不断改进。因此，许多国家的相关研究机构或大型育种公司每隔一定时期就会发布新的家禽饲养标准供生产者参考。

1.绍兴麻鸭营养需要量

绍兴麻鸭的营养需要量见表4-1。

表4-1　绍兴麻鸭的营养需要量

项目	0~4周龄	5周龄~开产	产蛋期
代谢能/（兆焦/千克）	11.7	10	11.4
粗蛋白质/ %	19.5	14	18
甲硫氨酸+胱氨酸/%	0.7	0.6	0.7
赖氨酸 /%	1	0.7	0.9
钙/ %	0.9	0.8	3
磷 /%	0.5	0.5	0.5
NaCl/%	0.3	0.3	0.3~0.4

2.蛋鸭维生素需要推荐量

蛋鸭维生素需要推荐量见表4–2。

表4–2　蛋鸭维生素需要推荐量

营养成分	0~6周龄	7周龄至开产	产蛋期
维生素A/IU	8 250	8 250	11 250
维生素D/IU	600	600	1 200
维生素E/IU	15	15	37.5
维生素K/毫克	3	3	3
维生素B_1/毫克	3.9	3.9	2.6
维生素B_2/毫克	6	6	6.5
泛酸/毫克	9.6	9.6	13
烟酸/毫克	60	60	52
吡哆酸/毫克	2.9	2.9	2.9
维生素B_{12}/毫克	0.02	0.02	0.013
胆碱 / 毫克	1 690	1430	1 690
生物素/毫克	0.1	0.1	0.1
叶酸/毫克	1.3	1.3	0.65

3. 蛋鸭微量元素推荐量

蛋鸭微量元素推荐量见表4–3。

表4–3　蛋鸭微量元素推荐量

营养成分	0~6周龄	7周龄至开产	产蛋期
锰/（毫克/千克）	47	47	60
锌/（毫克/千克）	62	62	72
铁/（毫克/千克）	96	96	72
铜/（毫克/千克）	12	12	10
碘/（毫克/千克）	0.48	0.48	0.48
硒/（毫克/千克）	0.15	0.12	0.12

4.中国台湾畜牧部门(1993)建议的产蛋鸭对能量、蛋白质和氨基酸的需要量

中国台湾畜牧部门(1993)建议的产蛋鸭对能量、蛋白质和氨基酸的需要量见表4–4。

表4-4　中国台湾畜牧部门(1993)建议的产蛋鸭对能量、蛋白质和氨基酸的需要量

营养成分	育雏期（0~4周龄）		生长期（4~9周龄）		育成期（9~14周龄）		产蛋期（14周龄后）	
	最低需要量	推荐量	最低需要量	推荐量	最低需要量	推荐量	最低需要量	推荐量
能量/(兆焦/千克)	11.51	12.09	10.88	11.42	10.35	10.88	10.88	11.42
粗蛋白质/%	17	18.7	14	15.4	12	12	17	18.7
精氨酸/%	1.02	1.12	0.84	0.95	0.72	0.79	1.04	1.14
异亮氨酸/%	0.6	0.66	0.49	0.54	0.52	0.57	0.73	0.8
亮氨酸/%	1.19	1.31	0.98	1.08	1	1.09	1.41	1.55
赖氨酸/%	1	1.1	0.82	0.9	0.55	0.61	0.89	1
蛋氨酸+胱氨酸/%	0.63	0.69	0.52	0.57	0.47	0.52	0.67	0.74
苯丙氨酸+酪氨酸/%	1.31	1.44	1.08	1.19	0.95	1.04	1.34	1.47
羟丁氨酸/%	0.63	0.69	0.52	0.57	0.45	0.49	0.64	0.7
色氨酸/%	0.22	0.24	0.18	0.2	0.14	0.16	0.2	0.22
缬氨酸/%	0.73	0.8	0.6	0.66	0.55	0.61	0.78	0.86

二、鸭的常用饲料

（一）能量饲料

1. 玉米

玉米是畜禽生产中使用最广泛、用量最大的饲料粮，世界上70%~75%的玉米作为饲料，因而玉米被称为“饲料之王”。

玉米可利用能值在谷实类作物中居首位，在蛋鸭生产中其代谢能值达到14兆焦/千克；粗纤维含量少，仅有2%左右，而无氮浸出物高达72%，而且主要是淀粉，消化率高；脂肪含量高达3.5%~4.5%；其中亚油酸（必需脂肪酸）含量高达2%，在谷类籽实中属于最高者，在配合饲料中使用50%的玉米就能够满足鸭对亚油酸的需要。

玉米籽实外壳有一层釉质，可防止籽实内水分的散失，因而很难干燥。入仓的玉米含水量应小于14%。随贮存期延长，玉米的品质相应变差，特别是脂溶性维生素A、维生素E和色素含量下降，有效能值降低。如果同时滋生霉菌等，则品质进一步恶化，如图4-1。

图4-1　玉米

2. 稻谷、糙米及碎米

稻谷为带外壳的水稻籽实。以稻谷加工程序而言，稻谷去壳后为糙米，糙米去米糠为大米，留存在0.2毫米及0.1毫米圆孔筛下的米粒分别为大碎米和小碎米。

除了用稻谷加工副产品如碎米、米糠作为饲料外，一般稻、米不作为饲料，但食用品质较差的稻米也可用作配制鸭饲料。

稻谷由于有一层坚硬的外壳，因而其所含粗蛋白质和限制性氨基酸均较低，粗纤维含量高，有效能值在各种谷实饲料中也是较低的一种，与燕麦相似。鸭对稻谷的消化率较高，这主要是因为鸭肌胃的收缩力大、内压高，破碎稻壳的能力强。但是糙米及碎米是脱去外壳的，故有效能值比稻谷高，稻谷的矿物质中含有较多的硅酸盐。

3. 次粉

次粉通常是指小麦加工中没有食用价值的面粉，也有将在精制面粉中出麸率很高的细麦麸称之为次粉，细麦麸中含有较多的面粉，有效能值及粗蛋白质介于小麦与麦麸之间。

次粉同样有与大麦、小麦相似的缺陷。目前我国不少养鸭户习惯于用次粉配制产蛋鸭配合饲料，觉得这是一种比较廉价的原料。事实上，次粉除了易形成黏性食糜，影响消化外，另外还有因加工原因，成分变异较大，用以配制饲料易造成鸭生产性能不稳定等问题。次粉在鸭饲料中的用量一般为15%~35%。

4. 小麦

在大多数情况下，不用小麦作饲料，但如果小麦的价格低于玉米，也可用小麦作饲料，而且在鸭生产中适当使用一些小麦或其加工副产品也是有利的。与玉米相比，小麦中脂肪含量较低，粗纤维含量较高，因而其能值较低；小麦的蛋白质含量比玉米高，氨基酸的组成也优于玉米。

小麦等量取代玉米时，饲喂效果不如玉米，仅及玉米的90%

左右，并容易产生饲料转化率下降，垫料过湿，氨气过多，鸭排黏粪、生长受抑制、跗关节损伤和胸部水泡发病率增加、宰后等级下降、产脏蛋、蛋黄颜色浅等问题。其原因在于小麦中含有一定量的非淀粉多糖。目前，提高小麦饲喂效果的有效措施是：在小麦日粮中添加特异性的木聚糖酶，以降低食糜黏度，提高养分利用率和生产性能，如图4-2。

图4-2　小麦

5. 小麦麸

小麦麸俗称麸皮，是以小麦籽实为原料加工制粉后的副产品之一。若生产精白面粉，则出麸率高，其麸的营养价值也高；若生产标准面粉，出麸率较低，这种麸的营养价值也较低。出麸率高则其中所含的淀粉和蛋白质等易消化物的含量也高，粗纤维的含量则相应降低。目前面粉业小麦的出麸率约在15%。

麦麸的粗纤维含量较高，有效能值较低，属于低能饲料。麦麸中含有丰富的铁、锌、锰等微量元素，也富含维生素E、维生素B_3和胆碱。麦麸中磷含量虽然高，但其质量不高，大部分是植酸磷，不能被鸭有效利用，而且还会妨碍其他矿物质元素（如锌、钙等）的吸收。在饲料中添加适量的植酸酶则可以降解植酸以释放出其中的磷，供鸭利用。

由于小麦麸有效能值较低，在雏鸭饲料中不宜使用太多。

6. 油脂

配合饲料中添加的油脂主要是植物油，也有少量的猪、牛、禽、羊脂和鱼油等。油脂中的不饱和脂肪酸在饲料加工或贮藏过程中，因高温、紫外线、酶或其他氧化因素影响或催化，同空气中的氧作用，易发生自动氧化，生成过氧化物，它导致脂肪酸的酸败，使营养价值下降，甚至引起动物腹泻、肝病或大脑炎等毒性反应。通常氧化变质的油脂有刺鼻的气味，在配制饲料时，应注意鉴别。这也要求在饲料油脂的保存过程中要注意保持良好的密封性。

（1）植物性油脂

植物性油脂是萃取自植物种子或果实的油脂，植物油脂精制程度高，品质较好，也是当前饲料加工中使用最为广泛的油脂。总脂肪酸含量一般不低于90%，不皂化物不超过2%，非可溶物不高于1%。

（2）动物性油脂

动物性油脂主要是在肉类加工厂用不适宜食用的屠体经过高温提炼（熬取或萃取）成的，其成分以甘油三酯为主，总脂肪酸含量一般不低于90%，不皂化物不高于2.5%，不可溶物不超过1%。

（3）水产动物油

水产动物油主要有鱼油和鱼肝油。鱼油为制造鱼粉的副产品，含有高度不饱和脂肪酸，不饱和度比植物油更高，故更容易酸败变质。鱼油是鸭良好的热能和脂肪来源及维生素A、维生素E、维生素D_3之天然来源，但用量过高会使肉、蛋产品带鱼腥味，降低产品食用价值。

（二）蛋白质饲料

1. 大豆

大豆是蛋白质含量和能量水平都比较高的一种豆类籽实，其

中粗蛋白质的含量约35%，脂肪含量约17%。但是，生大豆含有一些抗营养因子，如脲酶、胰蛋白酶抑制因子等。生大豆中的脲酶，会引起雏鸭下痢，蛋鸭产蛋率下降，形成氨中毒，胰蛋白酶抑制因子会妨碍蛋白质的消化。可对生大豆进行热处理，使有害物质活性降低。豆科籽实不宜整粒饲喂，否则消化率低，有的甚至不能消化。若经粉碎或压扁，消化率则可显著提高。但粉碎后易氧化酸败，应及时饲喂，不宜久存。优质大豆呈黄色，粒为圆形或椭圆形，表面光滑有光泽，如图4-3。

图4-3　大豆和膨化大豆

目前，饲料生产中将大豆经过加热挤压、膨化处理后用于饲料配制，取得了良好的使用效果。

2. 大豆饼、粕

大豆饼、粕是大豆榨油后的副产品，也是当前蛋鸭生产中最常用的一种优质的植物性蛋白质饲料。豆饼和豆粕中赖氨酸含量可达2.41%~2.9%，色氨酸含量为0.55%~0.64%，蛋氨酸含量为0.37%~0.7%，胱氨酸含量为0.4%；富含铁、锌，其总磷中约有一半是植酸磷。豆粕的品质受加热程度的影响，如果加热不足则因其中的抗营养因子的活性不能有效降低，影响鸭对营养物质的消化吸收；但是若加热过度而使豆粕呈褐色时，则会降低其中赖氨酸等必需氨基酸的利用率，如图4-4。

图4-4　豆粕

熟化程度适当的大豆饼、粕在雏鸭饲料中用量可高达35%，是各种饼、粕类用量上限最大的蛋白质饲料，在配合饲料中可提供绝大部分的蛋白质，但因其含蛋氨酸较低。所以，以大豆饼（粕）为主要蛋白源的配合饲料应添加蛋氨酸以补充含硫氨基酸的不足。

大豆加工之前可以进行脱皮处理，脱皮豆粕的蛋白质含量和能值都比非脱皮豆粕高，在高产蛋鸭的饲料配合中应用效果更好。

3. 棉籽饼、粕

棉籽饼、粕是棉籽制取油脂后的副产品，螺旋机榨与预压浸提棉籽饼、粕的氨基酸含量无显著性的差异。棉籽粕中总的蛋白质或氨基酸含量有差异，主要受饼、粕中壳、绒含量的影响。从营养价值看，棉籽饼、粕与豆饼相比较低，其代谢能为豆粕的77.9%，粗蛋白质约为豆粕的80%。棉籽饼、粕中精氨酸含量很高，达4.3%左右；赖氨酸含量为1.3%~1.38%；蛋氨酸含量为0.4%~0.44%；色氨酸含量为0.29%~0.33%；磷含量较丰富，但植酸磷含量也较高。

棉仁中一般含有大量的色素、腺体，这些色素、腺体里含有对动物有害的棉酚，棉籽油中含有的环丙烯也是一种有毒物质。考虑到棉仁饼、粕的毒性问题，在鸭配合料中棉仁饼、粕的用量不要超过5%，在种鸭配合料中尽量不使用棉粕，如果使用，则用量不得超过2%，并且最好是使用一段时间后再停用一段时间。

4. 菜籽饼、粕

油菜是我国主要油料作物之一，产量占世界第2位。菜籽饼、粕是油菜籽提取油脂后的副产品。压榨法制油得到的是菜籽饼，其残油含量为8%；浸提法的副产品为菜籽粕，其中残油率为1%~3%。菜籽饼和菜籽粕的粗纤维素含量相似，为10%~11%，在饼、粕类中是粗纤维含量较高的一种。代谢能水平相对较低，为8.45~7.99兆焦/千克。由于菜籽的质量差异，粗蛋白质含量变化较大，为30%~38%；赖氨酸为1.0%~1.8%；色氨酸含量较高，为0.3%~0.5%；蛋氨酸达0.5%~0.9%，稍高于豆饼与棉籽饼等。国外开发的脱壳加工工艺生产的菜籽粕的蛋白质、能值都显著提高，如图4–5。

图4–5　菜籽粕

菜籽饼、粕中由于含有有毒有害物质而限制了其在鸭饲料中的大量利用。菜籽中含硫葡萄苷酯类，在榨油压饼时经芥子酶水解生成噁唑烷硫酮、异硫氰酸酯、腈腈及丙烯腈等有毒物质。噁唑烷硫酮又称致甲状腺肿素，它在动物体内可阻碍甲状腺激素的合成，引起甲状腺肿大；异硫氰酸酯又称芥子油，具有挥发性的辛辣味，虽然影响饲料的适口性，却不会导致生理障碍，但由于其含量与硫葡萄苷成正比，因而也常可作为衡量菜籽饼、粕中毒素含量的间接依据；氰能形成有害的胺类。此外，菜籽中还含有单宁、芥子碱，在体内可形成三甲胺，若在鸭蛋中其量超过1微克/千克时，即可尝到腥味、皂角苦味；在蛋鸭饲料中其含量达到0.4%以上时，则影响采食量、增重、蛋重及产蛋率。另一方面，菜籽油中还有芥子酸，对动物心脏有不良影响，所以菜籽饼中残油过多是不适宜用作饲料的。

未去毒菜籽饼的喂量必须控制。一般认为鸭饲料可以配到8%，而雏鸭以不用为好，如果使用则控制在4%以下。

菜籽饼脱毒方法有：坑埋法、水浸法、加热钝化酶法、氨碱处理法、有机溶剂浸提法、微生物发酵法、铁盐处理法等。但这些方法都是在严格控制原料、生产工艺的特定条件下取得的效果。解决菜籽中的毒性问题，根本途径是培育低毒或无毒油菜品种，如加拿大已培育出低硫葡萄糖苷和低芥子酸的“双低”品种——托尔(Tower)；近年又育成了堪多乐（Candle）、卡奴拉等油菜新品种，它们除具有“双低”特性外，粗纤维含量也较低，这便从根本上摆脱了菜籽饼、粕有效能值低、毒害成分很难解决的困难。我国西北等地已引种“双低”油菜品种，并逐步扩大试种，在畜禽饲养中的应用效果比较好。

5. 花生饼、粕

花生饼、粕是花生制油所得的副产品，其营养价值受花生的品种、制油方法和脱壳程度等因素的影响，如图4–6。

图4-6　花生饼

花生制油加工过程中，一般是将花生脱壳后榨油，脱壳通常分为全部脱壳或部分脱壳。美国规定粗纤维含量低于7%的称为脱壳花生饼。国内制油方法有机械压榨和预压浸提法。一般每100千克花生仁可出花生饼65千克。未去壳的花生饼中残脂为7%~8%，花生粕残脂为0.5%~2%，粗蛋白质含量为44%~48%，代谢能花生饼为10.88兆焦/千克、花生粕为11.6兆焦/千克，蛋白质的能值在所有饼、粕类均属最高的一种。带壳花生饼粗纤维含量在20%左右，粗蛋白质和有效能的含量均较少，在鸭饲养中的应用价值较低。花生壳粗纤维含量高达59%以上，对蛋鸭没有实际营养价值。

花生饼中必需氨基酸的含量比较低，赖氨酸含量为1.3%~2%，蛋氨酸为0.4%~0.5%，色氨酸为0.3%~0.5%，其利用率为84%~88%。花生饼是优质蛋白质饲料，但因其赖氨酸和蛋氨酸含量不足，饲喂蛋鸭应补充动物性蛋白质饲料或氨基酸添加剂。花生饼、粕对鸭有很好的适口性。

花生饼容易被黄曲霉菌污染，尤其是在含水量较高或环境潮湿的情况下更突出。其所产生的黄曲霉素，对人、畜和家禽均有强烈毒性，主要损害肝组织，并具有致癌作用。一般加热煮熟不能使毒素分解，故在贮藏时切忌发霉。已经被霉菌污染的花生饼不能再用作动物饲料。

6. 向日葵饼、粕

向日葵又称葵花、向阳花等，在我国的产区主要是内蒙古、辽宁、吉林、黑龙江和新疆等省区，其制油的副产品为向日葵饼、粕。在榨油前需去部分壳，每100千克去掉部分壳的向日葵仁榨油后可得饼、粕30~45千克。纯向日葵仁含油约50%，含粗纤维约3%；向日葵壳仅含油4%，而粗纤维高达52%。因此，向日葵饼、粕的质量主要受脱壳及榨油等工艺的影响。国内一般脱壳率为80%~90%，其仁出油率一般为20%~25%。

向日葵仁饼蛋白质平均含量为22%，干物质中粗纤维含量为18.6%；向日葵仁粕的粗蛋白质为24.5%，干物质中粗纤维为19.9%，有效能值均为10.46兆焦/千克，此外，各种限制性氨基酸含量也属中等水平。因此，在榨油工艺上必须充分脱壳，降低粗纤维含量，提高蛋白质和有效能值，以发挥作为蛋白质饲料的作用。向日葵饼含有较高的铁、铜、锰、锌，B族维生素含量也较多。

7. 亚麻饼、粕

亚麻俗称胡麻，在我国油用型约占90%，其籽制油的副产品为亚麻饼、粕。亚麻饼含脂肪约为8%，粗蛋白质含量约32%。有效能值较高，消化能为12.13兆焦/千克，仅次于花生饼和豆饼。亚麻粕的残脂率为2%~3%，粗蛋白质含量为34%，有效能值偏低。

亚麻饼、粕含粗纤维偏高，而含硫氨基酸、赖氨酸等含量属于中等水平，作为蛋白质补充饲料应合理搭配，补充动物性蛋白质饲料及添加赖氨酸等，可显著提高饲用效果。

8. 鱼粉

鱼粉是由整鱼或鱼的下脚料加工制成，如图4-7。鱼粉生产

有干法、湿法等两种。目前我国鱼粉多是用干法生产的，其粗蛋白质含量为40%~50%，粗脂肪为8%~17%，水分为10%，食盐4%，沙4%以下。这种鱼粉经过高温消毒，符合卫生标准，品质较好。用湿法生产的鱼粉质量最好，一般含粗蛋白质在60%以上，符合卫生标准。从国外（如秘鲁、智利等）进口的鱼粉质量比较好，其粗蛋白质的含量能够达到60%以上，杂质含量很低，其能值高达12.38兆焦/千克。

图4-7　鱼粉

由于鱼粉的价格比较高，一些不法商贩往往采取各种手法进行掺杂造假，掺入的杂物类型很多，如尿素、血粉、羽毛粉等。在选择时需要仔细辨别。

鱼粉是优质的蛋白质饲料，不仅蛋白质含量高，而且赖氨酸、含硫氨基酸和色氨酸等含量均很丰富。鱼粉不仅富含B族维生素，特别是维生素B_{12}的含量很高，核黄素、烟酸也多。鱼肝和鱼油中富含维生素A、维生素D。鸭饲粮中加入适量的鱼粉，能显著地提高饲料利用效率。

9. 肉骨粉和肉粉

肉骨粉和肉粉是不能用作食品的畜禽尸体及各种废弃物，经高温、高压灭菌处理后脱脂干燥制成。含磷量小于4.4%的称为肉粉，大于4.4%的称为肉骨粉，其营养价值随骨的比例提高而降低。一般肉骨粉含粗蛋白质为35%~40%，含有一定量的钙、磷和维生素B_{12}。肉粉的粗蛋白质含量为50%~60%，牛肉粉达

70%以上。肉骨粉和肉粉主要用作猪禽的饲料，其赖氨酸含量高，而蛋氨酸较鱼粉少，在鸭饲料中较常使用。新鲜肉粉和肉骨粉色黄，有香味，发黑而有臭味的不应作饲料用。

肉粉及肉骨粉的品质变异较大，安全性较差，使用时应注意鉴别。优质肉粉在鸭配合料中可用到5%或更多。

10. 饲料酵母

饲料酵母蛋白质含量高（通常在45%左右），脂肪低，纤维和灰分含量取决于酵母来源，氨基酸中赖氨酸含量高，蛋氨酸低。酵母粉中B族维生素含量丰富，烟酸、胆碱、维生素B_2、泛酸、叶酸等含量均高，酵母的维生素B_1也高。矿物质中，钙低而磷、钾含量高。由于使用的培养基不同、培养方法不同，导致酵母粉的质量也有较大差异。

（三）青绿饲料

青绿饲料在鸭饲养中是一类非常重要的饲料，它包括野草、人工栽培牧草、青嫩树叶、蔬菜叶类及水生叶类饲料等。青绿饲料的适口性较好，青绿饲料不仅含有丰富的胡萝卜素等维生素，还含有叶黄素。自由采食青绿饲料的产蛋鸭，其蛋黄颜色深黄，孵化效果也好。喂饲青绿饲料对于鸭的羽毛生长、防止啄癖的发生都有好处。

1. 串叶松香草

串叶松香草为菊科多年生草本植物，株高2~3.5米，可利用10年以上。串叶松香草喜温耐寒，也耐热，在年降水量450毫米以上的微酸性至中性沙壤土和壤土中生长良好，抗盐性和耐瘠性较差。因此，要获得高产，必须施以足量的水肥。串叶松香草的产量相当高，种植当年每亩可收鲜草3 000千克，我国南方种植的，一年可刈割5次，亩产鲜草15 000千克。串叶松香草不仅产量高，品质也好。抽茎期干物质含量为88.1%，粗蛋白质含量高达20.6%，如图4-8。

图4-8　串叶松香草

2.象草

象草又名紫狼尾草。原产于非洲，是热带和亚热带地区广泛栽培的一种多年生高产牧草，喜欢温暖湿润气候。除四季给畜禽提供青饲料外，也可调制成干草或青贮，如图4-9。

图4-9　象草

象草具有较高的营养价值，蛋白质含量和消化率均较高。每公顷年产鲜草75~150吨，高者可达450吨。每年可刈割6~8次，生长旺季每隔25~30天即可刈割1次，不仅产量高，而且利用年限长，一般为4~6年，如果栽培管理和利用得当，可延长到7年，甚至10年。象草株高100~130厘米时即可刈割头茬草，留茬5~6

厘米为宜。割倒的草稍等萎蔫后切碎或整株饲喂畜禽，可提高适口性。

3. 紫花苜蓿

紫花苜蓿又名紫苜蓿、苜蓿、苜蓿草，为苜蓿属多年生草本植物，如图4-10。根系发达，种植当年可达1米以上。茎秆斜上或直立，株高60~100厘米。小3叶，花呈簇状，荚果呈螺旋形。紫花苜蓿适应性较广，它抗寒、抗旱性强，能耐零下20 ℃低温，有雪覆盖的话，-40 ℃也能越冬。因根系强大、入土深，对干旱的忍耐性很强。但高温或降雨过多（100厘米以上）对其生长不利，持续燥热潮湿会引起烂根死亡。它富含蛋白质和矿物质，胡萝卜素和维生素K的含量较高。蛋白质含量是干物质的17%~23%。

图4-10　紫花苜蓿

4. 苦荬菜

苦荬菜为菊科莴苣属一年或越年生草本植物，又称苦麻菜、鹅菜等，具有较强的适应性，但是怕涝。苦荬菜生长快，再生力强，株高30厘米左右即可刈割，北方地区每月可以刈割一次，亩产鲜菜5 000~7 000千克。其叶及嫩茎鲜嫩多汁，适口性好，粗蛋白质含量较高，粗纤维较少，营养价值较高，是鸭饲养中应用效果良好的青饲料，如图4-11。

图4-11　苦荬菜

5. 聚合草

聚合草又称俄罗斯饲料菜、饲用紫草等。为多年生草本植物，丛生型，利用年限可达10年。聚合草产量高，适应强，利用期长，营养丰富，世界各地均可栽培，是鸭的优质青饲作物。聚合草株大叶密，再生性也很强，南方一年可刈割5~6次，北方3~4次，一年亩产可达5 000千克以上。营养价值高，按干物质计算，粗蛋白质含量接近苜蓿，粗纤维则比苜蓿低，如图4-12。

图4-12　聚合草

聚合草长有较粗硬短毛，蛋鸭不太喜食，饲喂以前可先经切碎或打浆后与粉状精料拌和，以提高其适口性。也可调制青贮或干草，若晒制干草，宜晴天薄层晾晒，尽快制干，以免日久颜色变黑，品质下降。

6. 白三叶

白三叶属多年生草本植物，利用时间可达10年以上，喜欢温暖湿润气候，耐酸性土壤，种子细小，播前应精细整地，施用有机肥和磷肥作底肥，可春播（4月）、秋播（8~9月）。每亩用种量0.4~0.5千克，初花期刈割，每年可刈割3~4次。亩产青草2 500~4 000千克，营养价值高。干物质中含粗蛋白质24.7%，如图4–13。

图4–13　白三叶

7. 冬牧–70黑麦草

冬牧–70黑麦草为一年生禾本科牧草，在我国长江、黄河流域都能够良好生长，具有良好的适应性。在温度不低于8 ℃的情况下就可以生长，1年中的利用时期比较长，在株高25厘米以上时就可以刈割利用，全年可刈割4~6次，每次可产鲜草4 000~6 000千克。晒干的黑麦草中粗蛋白质含量达28%左右，粗脂肪约为6%，赖氨酸为1.5%，并有良好的适口性。

8. 紫云英

紫云英为豆科一年生或越年生草本植物，喜欢温暖潮湿气候，在我国淮河流域以南地区种植较多，生长适温为15~20 ℃。作为饲料使用应在初花期刈割，盛花期之后其营养价值降低。初

花期刈割晒干的干草中粗蛋白质含量为25.81%，粗脂肪为4.61%，粗纤维11.81%，如图4–14。

图4–14　紫云英

9. 菊苣

菊苣属菊科多年生草本植物。不择土壤，具有抗寒、抗热、抗旱性强等特点。四季产草，养分含量高，粗蛋白质含量14%~22%。可采用春播（4月）、秋播（7~8月），播种前用厩肥加过磷酸钙撒于地面作底肥，精细整地，亩用种量200 ~ 250克，采用穴播，行穴距40厘米×20厘米，每穴撒入4~7粒种子，用细土覆盖2厘米，育苗移栽效果更佳。每年可刈割青草15 000千克左右，可使用5~8年，如图4–15。

图4–15　菊苣

10. 墨西哥玉米草

墨西哥玉米草是一年生的优质牧草，再生能力强，年可刈割7~9次，每亩产青草20 000千克以上。营养丰富，粗蛋白质含量为13.68%，赖氨酸含量0.42%。在我国凡是能种玉米的地区均可种植墨西哥玉米草。茎叶直接饲喂，也可青贮，消化率较高。播种季节与玉米近似，可育苗移栽，也可直播。苗高50厘米可第一次刈割，每一次留茬比原留茬稍高1~1.5厘米，注意不能割掉生长点，以利再生，如图4-16。

图4-16　墨西哥玉米草

11. 水生植物

水生植物可作饲料的也有很多，常用的有水花生、水浮莲、水葫芦等，它们都生长在水中或水边，茎叶中水分含量比较高。应用时需要将水草去根、去杂打浆后拌料，是鸭良好的维生素补充饲料。使用时应注意寄生虫的问题，如图4-17。

水花生

水葫芦

图4-17　水花生和水葫芦

12.野草

在每年4月气温回暖以后，田间地头、渠边沟畔、荒滩荒坡到处都生长有各种类型的野草，将这些野草收集后用于养鸭是非常好的办法。绝大多数类型的野草都能够被鸭很好地利用，但要注意防止农药中毒，如图4-18。

图4-18　野草

13.青菜

在冬季和早春气温比较低的时节，野生的青草很少，是鸭缺少青绿饲料的时期。在这个阶段可以考虑种植一些冬季生长的青菜用于补充青绿饲料，也可以收集贮存一些蔬菜在冬季和早春使用。常用的有小白菜、油菜、上海青、大白菜、小油菜、莲花白等，如图4-19。

图4-19　青菜

（四）矿物质饲料

矿物质是鸭生命活动及生产过程中不可缺少的一类营养物质，它们的主要作用是保证鸭的骨骼、羽毛、软组织、血液、细胞的生长和产蛋需要。一般把在动物体内含量超过0.01%的称为常量元素，如钙、磷、钾、钠、氯、硫、镁等。常用的矿物质饲料以补充钙、磷、钠、氯等常量元素为主。把在动物体内含量低于0.01%的称为微量元素，如铁、锌、锰、铜、碘、硒、钴等，常用的微量元素一般是以复合添加剂的形式补充。

1. 钙源饲料

这些饲料中的主要成分是碳酸钙，在配合饲料中主要提供钙，常用的有以下几种：

（1）石粉

石粉也称石灰石粉、钙粉，是用天然石灰石经过粉碎而成的，其主要成分是碳酸钙，其中钙的含量为34%~38%。在鸭配合饲料中，通常使用石粉，而在产蛋期的鸭饲料中石粉和小的石灰石粒应各占一半，这样有利于形成良好的蛋壳。另外，还要注意石粉中杂质的含量，石粉常见的问题是其中的镁、氟含量过高，它容易造成鸭群生产水平下降、腹泻、蛋壳变脆、抗病力下降甚至中毒。

（2）贝壳粉和蛋壳粉

贝壳粉是牡蛎等的贝壳经粉碎后制成的产品，呈灰白色粉末状或碎粒状。蛋壳粉是新鲜蛋壳烘干后粉碎制成的。二者的主要成分也是碳酸钙，它们的含钙量为24.4%~36.5%。优质的贝壳粉钙含量与石粉相当，因其溶解度适中，有利于形成致密的蛋壳，因而在产蛋期鸭饲料中较常使用。贝壳粉的常见问题是夹杂沙石，使用时应予以检查。对用蛋品加工或孵化的鲜蛋壳为原料制成的蛋壳粉，在加工之前应消毒，以防蛋白质腐败变质而影响鸭群的健康。

2.磷源饲料

常用的补磷矿物质饲料，除含有丰富的磷外，多数还含有大量的钙。

（1）骨粉

骨粉是由家畜骨骼加工而成的，其主要成分是磷酸钙。因制法不同而成分各异。

1）蒸制骨粉：蒸制骨粉是在高压下用蒸汽加热，除去大部分蛋白质及脂肪后，压榨干燥而成，其钙含量约为24%，磷含量为10%，粗蛋白质含量为10%。

2）脱胶骨粉：脱胶骨粉是在高压处理下，骨髓和脂肪几乎都已除去，故无异臭，其外观一般为白色粉末，含磷量可达12%以上。

骨粉的含氟量低，只要杀菌消毒彻底，便可以安全使用。但因成分变化大，来源不稳定，且常有异臭，在国外使用量已逐渐减少。我国配合饲料生产中常用骨粉作磷源，品质好的，含磷量可达12%~16%。在含动物性饲料较少的配合料中，骨粉的用量为1.5%~2.5%。需要注意的是，有些收购站在动物骨骼存放过程中会喷洒一些农药用于防止腐败，农药残留有可能危害鸭群健康。

（2）磷酸氢钙

磷酸氢钙为白色粉末。饲料级磷酸氢钙，要求经脱氟处理后氟含量 $<0.2\%$，磷含量 $>16\%$，钙含量在23%左右，其钙、磷比例为3∶2，接近于动物需要的平衡比例。在饲料中补充磷酸氢钙应注意含氟量，因为这一项目容易超标。磷酸氢钙在鸭配合料中用量一般为1%~1.5%。

3.其他矿物质饲料

（1）食盐

一般植物性饲料中含钠和氯较少，因此常以食盐的形式补充。另外，食盐还可以提高饲料的适口性，增加蛋鸭的食欲。食盐中钠含量为38%，氯为59%左右，在鸭配合饲料中食盐的添加量为0.3%~0.35%。

（2）碳酸氢钠

碳酸氢钠也称小苏打，一般在夏天高温情况下使用，按0.2%添加于饲料或饮水中可以缓解热应激。

（3）麦饭石

麦饭石是一种天然矿石，除含氧化硅和氧化铝较多外，还含有动物所需的常量元素和微量元素，如钙、磷、镁、钠、钾、锰、铁、钴、锌、铜、硒、钼等达18种以上，在鸭的饲料中添加1.5%~3%的麦饭石，可提高产蛋率，减少蛋的破损，提高饲料报酬。

（4）沸石

天然沸石是碱金属和碱土金属的含水铝硅酸盐类，含有硅、铝、钠、钾、钙、镁、锶、钡、铁、铜、锰、锌等25种矿物元素。天然沸石的特征是具有较高的分子孔隙度，有良好的吸附、离子交换和催化性能，能够增加蛋鸭的体重，改善肉质，提高饲料利用率，防病治病，减少死亡，促进营养物质的吸收，改善环境，保证配合饲料的松散性。使用天然沸石作蛋鸭矿物质饲料，应注意沸石粒度，添加在鸭饲粮中粒度以1~3毫米的颗粒为好。颗粒大，雏鸭难以吞食；粉末状不仅加工费用大，而且使用效果差。

沸石用量：在鸭饲粮中用量为1%~5%。饲粮中加入沸石后，最好测算一下钙、磷含量，如发现数量不足或比例不当，要进行适当调整。

（五）饲料添加剂

饲料添加剂是指为了某些特殊需要而在配合饲料中加入的具有各种生物活性特殊物质的总称。这些物质的添加量虽然极少，

一般占饲料成分的百万分之几到百分之几，但作用极为显著。饲料添加剂主要用于补充饲料营养组分的不足，防止饲料品质恶化，改善饲料适口性，提高饲料利用率，促进动物生长发育，增强抗病力，提高畜禽产品的产量和质量。目前关于饲料添加剂的分类方法有很多种，根据饲料添加剂的作用可以把它简单地分为两种，即营养性添加剂和非营养性添加剂。

1.营养性添加剂

营养性添加剂主要有三种，它们的作用分别是补充天然饲料中的氨基酸、维生素及微量元素等营养成分，平衡和完善日粮，提高饲料的利用率。营养性添加剂是配合饲料生产中最常用的一类添加剂。

（1）复合维生素添加剂

复合维生素一般不含有维生素C和胆碱（维生素C呈较强的酸性，胆碱呈较强的碱性，它们会影响其他维生素的稳定性，且胆碱吸湿性比较强），所以在配制鸭配合饲料时，一般还要在饲料中另外加入氯化胆碱。如鸭群患病、转群、运输及其他应激时，需要在饲料中加入维生素C。

使用过程中复合维生素在配合料中的添加量应比产品说明书推荐的添加量略高一些。一般在冬春两季，商品复合多维的添加量为每吨200克，夏季可提高至300克，种鸭产蛋期为400克。如果在鸭饲养过程中使用较多的青绿饲料则可以适当减少复合维生素的添加量。

虽然添加剂中的维生素多数都是经过包被处理，对不良环境具有一定的耐受性。但是，如果受到阳光照射、与空气接触、吸收水分同样会加快其分解过程，因此在保存期间要置于阴凉干燥处，同时要注意密封。

（2）复合微量元素添加剂

复合微量元素添加剂是由硫酸亚铁、硫酸铜、硫酸锰、硫酸锌、碘化钾等化学物质按照一定的比例搭配而成的。由于在加工过程中载体使用量不同，其在配合饲料中的添加量也有较大差异，生产中常用的添加量有0.1%、0.5%、1%和2%等多种类型。一般来说，在选用时应考虑使用添加量为0.1%或0.5%的产品。复合微量元素添加剂的保存与复合维生素添加剂要求相同。

（3）氨基酸添加剂

氨基酸添加剂主要是单项的限制性氨基酸，主要作用是平衡饲料中氨基酸的比例，提高饲料蛋白质的利用率和充分利用饲料蛋白质资源。在天然的不同饲料原料中氨基酸的种类、数量差异很大，因此，氨基酸之间的比例只有通过另外添加来进行平衡。氨基酸添加剂由人工合成或通过生物发酵生产。鸭配合饲料中常用的氨基酸有以下几种：

①赖氨酸添加剂：赖氨酸是蛋鸭饲料中最易缺乏的氨基酸之一，在常规饲料中赖氨酸是第二限制性氨基酸。饲料中的天然赖氨酸是L型，具有生物活性（合成赖氨酸中D型不能为鸭所利用）。其特点是性质不稳定，不易保存，呈碱性，吸湿性强等。因此，商品添加剂一般以赖氨酸盐的形式出售。市售的98%赖氨酸盐酸盐中赖氨酸的实际含量为78%左右，在添加时应加以注意。其外观颜色为褐色。

②蛋氨酸及其类似物：蛋氨酸在动物体内基本被用于体蛋白质的合成，蛋氨酸是产蛋期种鸭的第一限制性氨基酸。蛋氨酸有D型和L型两种，二者对蛋鸭具有同等的生物学活性。工业生产的是DL-蛋氨酸，外观一般为白色至淡黄色结晶或结晶性粉末，水溶性差，燃烧后有烧鸡毛的味道。另一种是蛋氨酸类似物，它不含氨基，但有转化为蛋氨酸所特有的碳链，其生物活性相当于蛋氨酸的70%~80%。蛋氨酸类似物主要有蛋氨酸羟基类似物及甜菜碱等。蛋氨酸羟基类似物为液体，但是其商品添加剂常为钙盐形式，外观为浅褐色粉末或颗粒，有含硫基的特殊气味，可溶

于水。甜菜碱即三甲基甘氨酸，为类氨基酸，是一种高效甲基供体，在动物体内参与蛋白质的合成和脂肪的代谢。因此，能够取代部分蛋氨酸和氯化胆碱的作用。另外，甜菜碱在动物体内能提高细胞对渗透压变化的应激能力，是一种生物体细胞渗透保护剂。但是，甜菜碱不能完全取代蛋氨酸。蛋氨酸是种鸭配合饲料中的第一限制性氨基酸，一般在配合饲料中的添加量为0.1%~0.2%。

③苏氨酸添加剂：常用的是L-苏氨酸，其外观为无色结晶，易溶于水。在以小麦、大麦等谷物为主的饲料中，苏氨酸的含量往往不能满足需要，要另外添加。

④色氨酸添加剂：色氨酸是白色或类白色结晶，一般有L-色氨酸和DL-色氨酸两种，DL-色氨酸的有效部分为L-色氨酸的60%~80%。目前，全球每年作为饲料添加剂使用的色氨酸量仅有几百吨。色氨酸也是重要的氨基酸添加剂之一，但由于其价格较高，目前还没有广泛应用。

2. 非营养性饲料添加剂

非营养性饲料添加剂是在正常饲养管理条件下，为提高鸭群健康，节约饲料，提高生产能力，保持或改善饲料品质或产品外观质量而在饲料中加入的一些成分，这些成分通常对鸭本身并没有太大的营养价值。

（1）抗生素添加剂

抗生素添加剂包括金霉素、黄霉素等。其作用是保持鸭群的健康，防止疾病，促进生长，节约饲料。抗生素在饲料中的添加比例一般比较低，以有效成分计，每吨的添加量为金霉素10~100克，黄霉素3~5克。抗生素添加剂一般只用于抗病能力较差阶段，如在雏鸭阶段、细菌性疾病流行阶段、发生管理应激（如运输、分群、高温）等情况下使用。据报道，在鸭饲料中添加4~5毫克/千克的黄霉素，不仅能提高肉鸭的生长速度，提高种鸭

的产蛋率，还能提高蛋黄颜色，提高蛋品等级。必须注意的是，尽管许多抗生素都具有上述作用，但是有的容易在鸭体内蓄积或转运到蛋内，会影响消费者的健康，必须禁止使用。

（2）品质保持添加剂

品质保持添加剂包括抗氧化剂、防霉剂等。在高温环境中，配合饲料中的维生素及不饱和脂肪酸容易与空气中的氧气发生氧化作用，而失去活性或变质，抗氧化剂可以保护维生素及不饱和脂肪酸不被氧化。在潮湿季节或饲料中水分含量较高时，为了防止饲料发霉变质，可加入防霉制剂。常用的防霉剂有丙酸钙（露保细盐）、柠檬酸及柠檬酸盐、苯甲酸及苯甲酸盐等。如果是在气候干燥的季节生产的饲料，饲料或在生产后很短时间内即被使用，则可以不加入品质保持剂。

（3）酶制剂

酶制剂是利用微生物发酵后生产的，其中含有蛋白质酶、淀粉酶、脂肪酶、纤维素酶、植酸酶等。可以提高鸭群对饲料的消化率，也可以减少粪便中营养物质残留量而缓解环境污染问题。对于雏鸭和处于应激状态的鸭群来说，各种酶制剂都有效果。

（4）产品品质改良剂

产品品质改良剂主要是天然或合成的色素类物质，用于增加鸭皮肤或蛋黄的颜色，主要商品如加丽素黄、加丽素红等。

（5）其他

非营养性饲料添加剂还包括其他改善饲料适口性的添加剂，如香味素、益生素等。

三、鸭饲料配制的要求

（一）饲料配方设计注意事项

1. 注意科学性

要以饲养标准为依据，选择适当的饲养标准，满足鸭对营养

的需要，以免引起鸭营养缺乏或过多，从而造成某些营养缺乏症的发生或经济损失。

鸭的饲养标准虽然不多，但现有的也具有相当的参考价值。有些指标，一时没有，还可借鉴鸡的标准，在生产实际中验证。如果受条件限制，饲养标准中规定的各项营养指标不能全部达到时，也必须满足其对能量、蛋白质、钙、磷、食盐等主要营养的需要。需要强调的是，饲养标准中的指标，并非生产实际中动物发挥最佳水平的需要量，如微量元素和维生素，必需根据生产实际，适当添加。

2. 注意营养完善平衡

饲料要力求多样化，不同种类的饲料营养成分不同，多种饲料可起到营养互补的作用，以提高饲料的利用率。不仅要考虑能量、蛋白质、矿物质和维生素等营养含量是否达到饲养标准，同时还必须看营养物质的质量好坏，还要尽量做到原料多样化，彼此取长补短，以达到营养平衡。例如，为满足鸭对能量的需要，饲料中能量饲料的比例就应多一些。但是，一般说来，能量饲料中蛋白质含量较少(如玉米)，而且蛋白质的质量也较差，特别是缺少蛋氨酸和赖氨酸，钙、磷和维生素也不足，因此，在制定饲料配方时，要考虑补充蛋白质，还必须注意补充蛋氨酸，科学搭配鱼粉等动物性蛋白饲料或添加氨基酸添加剂、微量元素与维生素添加剂。

3. 要注意饲料配方中能量与蛋白质的比例和钙与磷的比例

不同品种的鸭，同一品种的不同生长阶段，其生产性能和生理状态的不同，对饲料中能量与蛋白质的比例、钙磷比要求也不同。如育成期对蛋白质的比重要求较高，育肥期对能量要求较高。产蛋期则对钙、磷以及维生素要求较高且平衡。

鸭采食量应先满足能量需要，一般来说，鸭对能量的摄入量有保持比较恒定水平的能力，当日粮含能量水平较高时，鸭采食量会减少，当日粮中含能量降低时，鸭采食量会增加。所以，考虑日粮蛋白质水平时，必须配合代谢能的含量才会有良好的饲养成绩。为了满足动物对蛋白质的需求，必须掌握其适宜的蛋能比，以蛋能比作为蛋白质的营养指标要比用日粮粗蛋白水平具有更确切和更广泛的意义。

4.根据鸭的消化生理特点，选用适宜的饲料

鸭是杂食动物，食性较广，但是高产蛋鸭对粗饲料的利用率较低。雏鸭和成鸭高产时期应少喂糠麸等粗饲料或加强饲料的调制。

5.注意日粮的容积

日粮的容积应与鸭消化道相适应，如果容积过大，鸭虽有饱感，但各种营养成分仍不能满足要求；如容积过小，虽满足了营养成分的需要，但因饥饿感而导致不安，不利于正常生长。鸭虽有根据日粮能量水平调整采食量的能力，但这种能力也是有限的，日粮营养浓度太低，采食不到足够的营养物质，特别是在育成期和产蛋期，要控制粗纤维的含量。

6.注意饲料的适口性

饲料的适口性直接影响鸭的采食量，适口性不好，鸭不爱吃，采食量小，不能满足营养需要。另外，还应注意到饲料对鸭产品品质的影响。

7.不得使用发霉变质饲料

饲料中的有毒物质要控制在允许范围以内，如毒麦、黑穗病菌麦不得超过0.25%。

8.配合的全价饲粮必须混合均匀

配合的全价饲粮如果混合不均匀就达不到预期目的，造成浪费，甚至会造成某些微量元素和防治药物食量过多，引起中毒。

9.经济实用

从经济观点出发，充分利用本地资源，就地取材，加工生

产，降低饲料成本。尽量采用最低成本配方，同时根据市场原料价格的变化，对饲料配方进行相应的调整。

10. 日粮配方灵活调整

日粮配方可根据饲养效果、饲养管理经验、生产季节和饲养户的生产水平进行适当的调整，但调整的幅度不宜过大，一般控制在10%以下。

11. 饲料原料应保持相对稳定

饲料原料的改变不可避免地会影响到鸭的消化过程，进而影响生产。如因需要而变动时，必须注意要逐渐改变，使鸭有逐步适应的过程。饲粮配方的突然改变会造成消化不良，影响鸭的生长和产蛋。

（二）饲料配合方法

1. 确定需要量

根据前期的准备工作，在综合考虑各种因素的情况下，可以确定日粮的需要量。但参考某一标准时，必须根据当地的实际情况进行调整，必要时进行饲养试验。

2. 选择饲料原料

饲料原料的选择，决定着饲料成品的质量和成本价格。如果选用常规的、量大的、养分含量比较稳定的原料，则这一工作很容易完成。但有时为了降低饲料成本，我们必须考虑一些当地比较多、养分含量不太稳定和清楚的原料，如农作物副产品、糟渣类产品等，这时做一些养分分析是必要的。配方饲料生产出来后，还可进行小规模的饲养试验。

3. 制定饲料配方

利用确定的需要量、选择原料的养分含量等，利用手工或专门的配方软件进行配制。由于现代计算机科学的高度发展，手工计算已经很少，而计算机计算则操作简单。这里就不进行详细阐述。

配合饲料生产是鸭饲养业规模化、集约化生产发展的必然需要。饲料配方设计一般采用计算机计算，人为调整的方法和借鉴典型配方再调整的方法。

（1）雏鸭的饲料配方示例

雏鸭的饲料配方示例见表4-5。

表4-5　雏鸭的饲料配方示例

配方组成	配方1	配方2	配方3	配方4	配方5	配方6
玉米	56.5	57.1	56.7	56.6	26.5	52
麸皮	9.9	13.9	11.9	10.2	10.1	10.4
豆粕	29.8	21.7	25.8	24.6	24.8	24
鱼粉	—	4	2	2	2	2
菜粕	—	—	—	3	—	—
花生粕	—	—	—	—	—	3
葵粕	—	—	—	—	3	—
碎米	—	—	—	—	—	5
石粉	0.7	0.8	0.7	0.8	0.8	0.7
磷酸氢钙	1.8	1.3	1.6	1.5	1.5	1.6
食盐	0.3	0.2	0.3	0.3	0.3	0.3
1%预混料	1	1	1	1	1	1
粗蛋白质	19	19	19	19	19	19

（2）生长鸭饲料配方，见表4-6。

表4-6　生长鸭典型饲料配方（适用阶段 5周~5%产蛋率）

配方组成	配方1	配方2	配方3	配方4	配方5	配方6
玉米	66.2	65.4	65.3	65.7	65.5	61.5
麸皮	9.5	14	12.3	10.7	10.4	11.3
豆粕	20.6	13.4	17	14.2	14.7	12.7
鱼粉	—	4	2	2	2	2

续表

配方组成	配方1	配方2	配方3	配方4	配方5	配方6
菜粕	—	—	—	4	—	—
花生粕	—	—	—	—	—	4
葵粕	—	—	—	—	4	—
碎米	—	—	—	—	5	
石粉	0.9	1	0.9	0.9	0.9	1
磷酸氢钙	1.5	0.9	1.2	1.2	1.2	1.2
食盐	0.3	0.3	0.3	0.3	0.3	0.3
1%预混料	1	1	1	1	1	1
粗蛋白质	16	16	16	16	16	16

（3）产蛋鸭饲料配方，见表4–7。

表4–7　产蛋鸭典型饲料配方

配方组成	配方1	配方2	配方3	配方4	配方5	配方6
玉米	52.4	52.4	52.4	52.9	52.7	48.8
麸皮	6.7	10.2	8.5	6.8	6.5	7.4
豆粕	31	23.9	27.5	24.7	25.2	23.2
鱼粉	—	4	2	2	2	2
菜粕	—	—	—	—	—	4
花生粕	—	—	—	—	—	4
葵粕	—	—	—	—	—	4
碎米	—	—	—	—	5	
石粉	7.1	7.3	7.1	7.1	7.1	7.1
磷酸氢钙	1.5	0.6	1.2	1.2	1.2	1.2
食盐	0.3	0.3	0.3	0.3	0.3	0.3
1%预混料	1	1	1	1	1.0	1
粗蛋白质	19	19	19	19	19	19

四、鸭配合饲料的种类

配合饲料指用两种或两种以上的饲料原料，根据畜禽的营养需要，按照一定的饲料配方，经过工业生产，成分平衡、齐全，混合均匀的商品性饲料。根据所得产品的使用方法不同，配合饲料又分为全价饲料、浓缩饲料、添加剂预混料和精料混合料等。

（一）全价饲料

全价饲料是根据动物的品种、生长阶段和生产水平对各种营养物质的需要量和不同动物消化生理的特点，把多种饲料原料和添加成分按照规定的加工工艺制成的均匀一致、营养价值完全的饲料产品，其所含营养成分均能很好满足畜禽的需要，使养殖场达到一定的生产水平。

（二）浓缩饲料

从完全饲料配方中去掉玉米等能量饲料后生产出的配合饲料，亦称为蛋白质补充料，其中包括蛋白质饲料、矿物质饲料及添加剂。我国习惯上叫浓缩料或料精。

（三）添加剂预混料

添加剂预混料即通常所说的预混料，是由一种或多种具有生物活性微量成分如维生素、微量元素、氨基酸和非营养性添加剂（如药物、抗氧化剂）等组成，并吸附在载体或某种稀释剂上，搅拌均匀的混合物。也可以将它看成是在浓缩料的基础上进一步去掉主要的蛋白质饲料所生产出的配合饲料，添加剂预混料在配合饲料中所占的比例小，一般为0.25%~5%不等，但却是构成配合饲料的精华，是配合饲料的心脏。

（四）精料混合料

精料混合料又叫补充饲料，其基本成分与浓缩饲料或预混合饲料相同，其主要成分为能量饲料、蛋白质饲料和矿物质饲料，是专门供放牧鸭直接饲用而不需要与能量、蛋白质饲料等混合的

一种混合均匀的配合饲料，这是它与浓缩料的最大区别。

配合饲料具有很高的优越性，主要表现在以下几个方面：

1.经济效益高

由于配合饲料是按照蛋鸭生长、生产对各种营养物质的需要而配制的，营养全面而且比例适当，能充分发挥蛋鸭生产能力，提高饲料利用率，有利于动物的生长和生产，因而可获得很高的经济效益。

2.充分合理利用各种饲料资源

棉籽饼、菜籽饼、芝麻饼、豆饼等各种饼、粕和血粉、肉骨粉、羽毛粉，以及蚕蛹、蚯蚓、蜗牛、饲料酵母等都是重要的蛋白质饲料资源；动物骨骼、蛋壳、贝壳、磷酸钙、碳酸钙、磷酸氢钙、过磷酸钙等都含有动物所需要的磷和钙；化工产品硫酸亚铁、硫酸铜、硫酸锌、氧化锌、硫酸锰、氧化锰、硫酸钴、氯化钴、亚硒酸钠等都含有动物所需要的常量元素和微量元素；各种维生素、氨基酸、抗菌药物、驱虫剂、调味剂、着色剂等饲料资源都能作添加剂用于配合饲料生产。

3.有利于科学饲养技术的普及

人们根据蛋鸭不同时期的生理特性和生产性能的高低，不断改进饲料配方，从而使科学饲养技术随着配合饲料的推广而普及到广大用户，使饲养水平得到逐步提高。

4.减轻劳动强度，提高劳动生产率

配合饲料可以集中生产，节约饲养单位的大量设备开支和劳力；同时，使用配合饲料有利于集约化生产，提高劳动生产率，降低成本。此外，配合饲料使用简便，按照说明书即可使用，减轻了劳动强度。

五、鸭配合饲料生产质量控制和选购

（一）感官法

此法是对样品不做任何处理，直接通过感觉器官进行鉴定。

1.视觉

观察饲料的形状、色泽、颗粒大小，有无霉变、虫子、硬块、异物等。

2.味觉

通过舌舔和牙咬来辨别有无异味和干燥程度等。

3.嗅觉

辨别饲料气味是否正常，鉴别有无霉臭、腐臭、氨臭、焦臭等。

4.触觉

将手插入饲料中或取样在手上，用指头捻，通过感触来判断粒度大小、软硬度、黏稠性、有无掺杂物及水分含量等。

（二）物理鉴定法

常用的物理性状鉴定方法有以下几种：

1.筛别法

筛别法特别适用于混合饲料。用不同筛孔直径的筛就可把混合饲料中的不同组分饲料分离出来，从而可以大致判断混合饲料组成是否正常。此外，本法还被用于调查粒度的分布情况，鉴定饲料的粒度，分离混入的异物等。

2.容重称量法

饲料的容重指单位体积饲料的重量，通常以1升体积的饲料质量计。用排气式容重器进行测量。各种饲料原料均有一定的容重，测定饲料的容重，并将其与该种饲料的标准容重相比较，可以分辨出所测定饲料中是否混有夹杂物，并判断饲料的质量状况。

3.密度法

利用物料组分间相对密度的差异，用一定相对密度的浮选

液，将其中不同组分分离，鉴定物料所含种类，测定组分含量。利用此种方法，可以将配合饲料中有机物与无机物分离；测定混合均匀度；鱼粉原料中肉与骨的分离；肉骨粉中肉与骨的分离等。

相对密度测定时，需根据物料的相对密度将一定相对密度的浮选液置于分液漏斗中，与物料混合、静止15~20分钟，使各组分分离。观察样品的沉浮，相对密度轻的上浮，重者下沉，以判定有无土沙、稻壳、花生皮、锯末等，然后将各层组分分别收集，进一步鉴定或测定含量。相对密度法常与饲料显微镜检相结合，具有简便、快速、准确的特点。

进行相对密度测定的试剂应具有稳定、不与饲料中的组分发生化学反应、不改变饲料的外观和结构的特性。通常使用的试剂及其相对密度见表4–8。

表4–8　常用试剂及其相对密度

试剂	相对密度
甲苯	0.88
水	1
汽油	0.64
四氯化碳	1.58
三氯甲烷	1.47
三溴甲烷	2.9

混入沙土的鉴别方法：将饲料样品放入试管或细长的玻璃杯中，加入4~5倍的干净自来水，充分振荡混合，静置一段时间后，因为沙土等异物的相对密度大，所以沉降在试管的最底部，很容易鉴别出来。

一般饲料的相对密度见表4–9。

表4-9 常见饲料的相对密度

样品名称	相对密度
谷类、麸子、糠类、植物粕及其他植物性饲料	1.5以下
咸海产品、虾渣、蟹壳、昆虫壳	1.4~2
牡蛎渣、贝类等	1.9~2.6
骨粉、大理石、石粉、碳酸钙、磷酸钙	2.6~2.9
鱼骨	1.3~2
兽骨	1.9~2.2
硅藻土	1.8~2.5

4.镜检法

用放大镜或解剖显微镜观察饲料，根据其外部特征或组织细胞学形态特点，对单一或混合饲料的原料、杂质进行鉴别和评价。若将其中掺杂污染物进行比例测定，可以对饲料的纯度或掺假比例进行定量检测。镜检具有分辨率高、直观、简便、快速的特点，所需设备简单，对某些难以用化学分析方法确定的物质，可用镜检弥补其不足。所以，镜检是饲料品质检测中对饲料定性、定量鉴定的一项重要技术。

5.水淘汰鉴别法

对于混入麦麸或米糠中的稻壳粉末、花生皮粉末、锯末等，可用碱处理后流水淘选的方法，对其混入量进行大体的定量分析。

具体的方法是：取1克试样于烧杯中，加入约1毫升的5%氢氧化钠溶液，煮沸30分钟，然后静置，弃去上清液，将残渣移入1升烧杯中，用玻璃弯管导入流水，形成涡流。这时，稻壳粉末、花生皮粉末等黄色残渣集中在中间，白色的麦麸和米糠残渣则浮于外侧。用另一支玻璃弯管吸去浮游物，将剩下的残渣过滤、干燥、称量。称量数乘以系数（稻壳粉末为2.5，花生皮

粉末、锯末均为1.7）则为混入物的量。

（三）快速化学鉴别法

为了检测某种影响饲料质量的物质是否存在，许多化学试验法已研究出来。各种化学识别法在鉴定饲料原料和全价饲料的真实质量上，对化学分析和饲料显微镜检测都有帮助。如大豆制品的脲酶活性分析可以反映出大豆制油加工过程中蒸炒是否充分以及养分的利用情况，滴上几滴盐酸溶液，并注意二氧化碳气泡的形成；或者分离出四氯化碳中的掺杂物，可鉴别出米糠中掺杂的石灰石粉末。有些化学识别法非常简便，一般饲养场都可以做，而有些技术则需要复杂的、相当昂贵的化学试剂，所以其应用仅限于商品化饲料生产。

1. 盐酸与碳酸盐的反应

碳酸盐（碳酸钙粉、贝壳、蟹壳）遇稀盐酸分解，产生二氧化碳气泡。

2. 碘-碘化钾与淀粉的反应

本方法利用碘-碘化钾遇淀粉试样变为蓝色这一反应机制。此方法可以检测出鱼粉、肉粉中是否含有淀粉或植物性成分。

3. 间苯三酚与木质素的反应

取少量饲料样品，加入20克/升间苯三酚溶液95%乙醇溶液至浸过样品，再加入1~2滴盐酸。若有木质素存在，则呈深红色。此时，再加入水，呈深红色的木质素会浮在水面上，就更容易分辨。此法可以检测出饲料中是否混有锯末、花生皮粉末、稻壳粉末等。

4. 皮革粉的检出

将5克钼酸铵溶解于100毫升水中，再倒入35毫升浓硝酸，即得钼酸铵溶液。挑选褐色至黑色的样品颗粒，放入培养皿中，加5滴钼酸铵溶液，然后静置10分钟。皮革粉不会有颜色变化，肉骨粉则显出绿黄色。

5. 食盐的检出

试样中加入5~6倍水，用力振荡摇匀，过滤后，向滤液中加入稀硝酸及硝酸银溶液各1~2滴，如有食盐，则将产生白色沉淀。

此外，通过观察这种白色沉淀的多少，还可以推断食盐的含量。

6. 脱色处理

加在鱼粉当中的贝壳粉，多模仿鱼粉进行着色。如果是用鱼油煮的方法着色的，则可加入乙醚或汽油用力振动，使之脱色。如果是用氧化铁黄着色，则可使用草酸溶液，还可以用5%氢氧化钠溶液煮沸观察。

（四）掺假鱼粉的鉴别

1. 鱼粉中羽毛粉的分析

分别称取约1克试样于2个500毫升三角烧瓶中，1个加入100毫升1.25%硫酸溶液，另一个加入100毫升5%氢氧化钠溶液。煮沸30分钟后静置，吸去上清液，将残渣放在50~100倍显微镜下观察。

如果试样中有羽毛粉，用1.25%硫酸处理过的残渣在显微镜下会呈现出一种特殊形状，而用5%氢氧化钠处理过的残渣则没有这种特殊形状。

2. 鱼粉与骨粉的分析

将试样用筛子筛选后，在实体显微镜下对照标准样品观察骨粉的形状和光泽等。蒸制的骨粉几乎没有臭味而近于白色。

3. 鱼粉中粗纤维和淀粉的分析

鱼粉中粗纤维含量极少，优质鱼粉一般不超过0.5%，并且鱼粉中不含淀粉。

（1）鱼粉中纤维类物质的检测

取样品2~5克，分别用1.25%硫酸溶液和12.5克/升氢氧化钠

溶液煮沸过滤，干燥后称重。

（2）淀粉的检测

取试样1~2克于小烧杯中，加入4~5倍的水，加热2~3分钟浸取淀粉，冷却后滴入1~2滴碘-碘化钾溶液（取碘化钾6克溶于100毫升水中，再加入碘2克）。

如试样中含有淀粉质物质，溶液则呈蓝色乃至紫色。

4. 鱼粉与虾糠、蟹壳的检测

参照密度分离法进行检定。

5. 鱼粉与鞣革粉的鉴定

用铬鞣制的皮革中的铬，通过灰化有一部分转变为六价铬。在强酸溶液中：六价铬可与二苯基卡巴腙反应，生成紫红色的水溶性铬——二硫代卡巴腙化合物，该反应很灵敏，适用于微量铬的检测。

取1~2克经粉碎的粉末试样于瓷坩埚中灰化，冷却后用水润湿，加入10毫升1摩/升的硫酸，使之呈酸性。然后，滴加数滴二苯基卡巴腙溶液（取0.2克二苯基卡巴腙，溶于100毫升90%酒精中），根据其呈色程度，进行判断有无铬（鞣革粉）。

6. 鱼粉与尿素的鉴定

取约1克试样，加水约10毫升，静置约20分钟，取数滴提取液的上清液于蒸发皿中，加入稀碱溶液数滴，于水浴锅上蒸干。蒸干后加入数滴水，再加入极微量的尿素酶或生大豆粉，静置2~3分钟后，滴入1滴奈斯勒试剂。如有黄色或黄褐色的沉淀产生，说明有尿素。

7. 鱼粉与高氮化合物的鉴定

怀疑含有高氮化合物的试样不必经过粉碎，可直接用1毫升孔径的筛子筛选，将通过筛子的试样用乙醚脱脂，采用相对密度分离法进行相对密度分离。取相对密度在1.62~1.7范围的试样，用凯氏定氮法测定含氮量，若含氮量超过7%，可怀疑试样内混有高氮化合物。

8.鱼粉与植物粕的鉴定

用碱煮植物质时，植物质的细胞膜呈膨润、透明状。因此，可以明显地观察到细胞和组织的形态、色调、排列等。取约1克试样于500毫升锥形瓶中，加入100毫升5%氢氧化钠溶液，煮沸30分钟后，再加水至500毫升，静置。用倾斜法或吸引法弃去上清液，再加水200毫升煮沸30分钟，在50~100倍的显微镜下观察煮过的残渣，鉴定细胞组织的颜色及形状。

9.鱼粉与植物种子的鉴定

用肉眼或放大镜判断。

（五）配合饲料质量控制

配合饲料的质量取决于以下两方面的因素。

1.饲料原料的质量

只有优质的原料才能配制成优质的日粮，所以在配制日粮的同时应分析原料的质量。如果购进的原料可靠，则原料的营养成分就好。粉状原料如鱼粉、肉粉等，因其来源不同，引起配合饲料的质量变化很大；副产品原料如麦麸、次粉等，如果只计算平均营养价值而不测定真正的效价，就可能因来源不同而引起变化。除了原料营养成分的变化外，原料质量等其他方面的变化也会影响配合饲粮的质量。霉菌在贮存期间或者在大田里就开始生长，而产生的真菌毒素就会改变原料的质量。鸭对真菌毒素特别敏感，该毒素可造成肝损伤和生长率、产蛋率的下降。

2.配合日粮生产中的质量控制

配合日粮的质量除受原料质量的影响外，还取决于生产过程的质量及使用前的贮存。饲料厂应建立完善的产品质量监测制度。在生产过程中严格按照正确的饲料配方，并执行各项技术操作、管理以及清洁卫生制度，对每一个生产环节严格把关。饲料若贮存在干燥、阴凉的地方，饲料质量就能保持较久。高温高湿

可加速维生素和养分的破坏速度。虽然毒菌抑制剂和抗氧化剂的添加有助于延长饲料的贮存期，但也应在生产后4周内用完。

只有做到以上两点，才能生产出营养全价的配合饲料，发挥最佳的经济效益。

（六）绿色饲料生产中应注意的问题

饲料、饲料添加剂和水是满足畜禽正常生长的物质基础。营养全面的饲料不仅能促进动物生长，而且能提高动物的抗病力，减少疾病的发生，减少用药，从而减少产品中药物残留；反之，畜禽抗病力会下降。20世纪英国的疯牛病、比利时的“二噁英”事件，导致了巨额经济损失，也引起了世界人民的极度恐慌。同时，由饲料污染所引起的畜禽疾病和产品安全事件也此起彼伏，这使人们意识到，饲料安全就是食品安全，对绿色饲料的呼声愈来愈高。

所谓绿色饲料，就是纯天然、无污染、无毒害的饲料。而在实际的饲料生产中，如何能够生产出安全的饲料，如何能保证酶制剂、益生素、中草药提取物、维生素等活性物质的有效性，则需要工艺、设备等方面的综合考虑。

1.把好饲料的原料关

对饲料原料除感官检查和常规的检验外，还应该测定其农药及铅、汞、钼、氟等有毒元素和包括工业“三废”污染在内的残留量，将其控制在允许的范围内，还要检测国家明令禁止的添加剂如安眠酮、雌激素、瘦肉精等，确保原料安全、绿色，为成品的绿色提供必要的条件。

2.采用先进的加工工艺

（1）膨化调质工艺

膨化调质工艺是采用膨化调质机对饲料进行瞬时高温(通常为130～135 ℃)、高压(料群最终所受压力可达3.5兆帕)处理，使物料充分地调质，并且可以部分热化。该工艺对原料的来源无特

殊的要求，可以扩大饲料来源；由于提高了淀粉的糊化度和蛋白质的熟化度，可以减少或取消黏合剂、品质改良剂的添加量；可彻底杀灭沙门氏菌和一些流行病的微生物，从而大大减少杀菌剂、抗生素的添加；由于作用时间短，对氨基酸、维生素的稳定性和效价不会产生较大的负面影响；该设备生产出的产品适口性好，减少诱食剂的添加，所以这种工艺可以用来生产绿色饲料。

（2）热敏物质、油脂的后置添加工艺

由于饲料工业的快速发展，饲料厂越来越多地利用膨化制粒或膨化机加工饲料。由于在制粒、膨化时受温度压力的作用，破坏了维生素、酶制剂等部分功效，因此在生产中可采用后置添加工艺。具体添加的方法有两种：一种是将这些含有生物活性的物质预先与一种惰性载体混合成泥状，这时是不可溶的，然后形成均匀的悬浮液，悬浮液再通过一种设备转化为一种可作用于粒料的形态，形成均匀的一层薄膜，覆盖在粒料的表面。另一种是用喷雾添加法，它主要用一个高精度的剂量泵，将精确量的液体制剂经气压喷头喷出。这种喷涂系统在添加液体制剂时，可以保证添加量的精确性和安全性。

油脂的后置添加可在热敏物质的添加之后进行，对维生素、酶制剂等活性成分有一种保护作用。同时，油脂的添加还可以阻碍颗粒中营养成分的氧化，起一种包被的作用，从而减少饲料配方中抗氧化剂的添加。

后置添加工艺可以避免热加工对一些养分的损害，从而减少了这些组分的添加量，减少了生产成本。同时这些组分的添加，可根据生产出的饲料的真实成分和用户的需求进行配方，可以准确地满足用户的需求，又可避免盲目添加。

（3）防止饲料中添加剂的残留

在绿色饲料的生产中，设备中的残留会使饲料中实际添加剂的量变少，影响饲喂效果，又会引起不同批次物料的交叉污染。

①消除静电吸附：某些微量活性成分易产生静电效应而使之被吸附在机壁上。在操作时可将受到影响的设备妥善接地，选择非静电型的预混料，同时用振动装置消除吸附的物料。

②清理设备残留：调整混合机的螺带和桨叶，安装空气清扫喷嘴，采用大开门的卸料机构。在操作时注意加料顺序，先加入80%物料后，再加入预混料添加剂，然后加入20%物料。尽量采用自清式的斗提机、刮板输送机和螺旋输送机，用空气清扫喷嘴，定期进行清理。注意冲洗调质器及环模，调节冷却器，使排料更彻底。

③加入油脂：在混合时用定量泵供应一定流量和压力的油脂，采用合适的喷嘴，喷出很细的液滴与粉料均匀混合，以消除粉尘。在混合机中油脂的添加量应控制在3%以内。加入量不能太大，以免制粒时受影响。

4.防止饲料的霉变

（1）控制原料的含水量

原料水分含量过高会引起饲料成品的霉变，一般要求原料中水分含量不应超过13.5%。如果水分偏高，则可以采用干燥机对原料进行处理。

（2）保证蒸汽的质量

在制粒时，根据加工物料的不同，采用一定压力的干饱和蒸汽。如果蒸汽质量不好，含有部分冷凝水，则使调质温度达到要求时含水量过高，这样生产出的颗粒饲料的含水量也较高，易发生霉变。

（3）提高包装质量

饲料的霉变与包装方式有很大的关系，它通过影响饲料水分活度和氧气浓度间接影响饲料。包装密封性好，饲料水分活度可保持稳定，袋内氧气由于饲料和微生物等有机体的呼吸作用的消耗而逐渐减少，二氧化碳的含量增加，从而抑制微生物生长。如果包装的密封性不好，饲料很容易受外界的影响，水分活度高，氧气很充足，为微生物生长提供很好的条件，饲料很容易发霉。因此，饲料厂应该提高饲料袋的包装质量，减少袋的破损，从而减少饲料霉变。

绿色饲料的生产要涉及原料、配方、加工工艺、设备和检测等，是很具有挑战性的课题；目前我国已加入了WTO，这就意味着饲料企业面临的竞争是国际上的竞争。发达国家在饲料产品的研究开发上已形成完善的体系，正向着绿色饲料的方向发展。因此我国的饲料生产者、科研人员应加强这方面的研究，提高产品的竞争力，为我国畜牧产品的绿色化奠定很好的基础。

第五章　鸭的孵化技术

一、孵化设备

孵化设备是现代蛋鸭规模生产中不可缺少的设备之一，整套孵化设备包括孵化机、出雏机及相应配套装置。

1. 孵化机

目前，蛋鸭孵化生产中，多采用箱式孵化机。箱式孵化机根据蛋架结构分为蛋盘架和蛋架车两种形式。蛋盘架固定在箱内不能移动，入孵和操作管理不方便，而蛋架车的使用越来越多，可以直接到蛋库装蛋，消毒后推入孵化机，减少了种蛋装卸次数。箱式孵化机一般采用低转速、大直径风扇，一种是风扇放在箱体后侧向前吹风，一种是放在两侧往中间吹风，现在多把风扇装在中间向两边吹风，如图5-1。

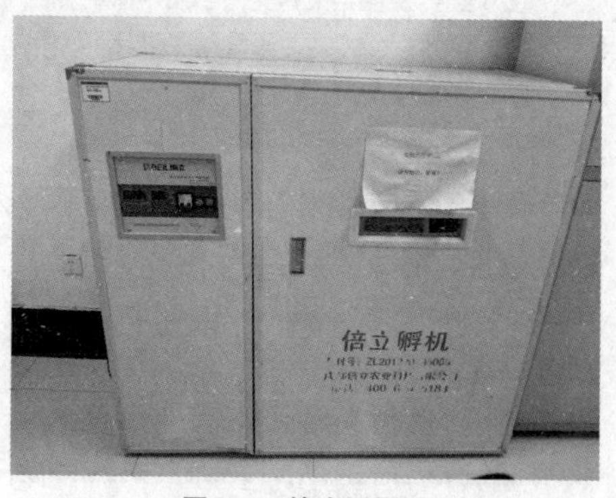

图5-1　箱式孵化机

2. 出雏机

出雏机是与孵化机配套的设备。它与同容量孵化机的配置一般采用1∶3或1∶4的比例。由于从孵化机移至出雏机后不需要进行翻蛋，不设翻蛋机构和翻蛋控制系统，其他构造与孵化机相同。出雏盘要求四周有一定高度，底面网格密集。出雏时降温、增湿，进排气口应全部打开，加大通风量。出雏机的出现大大提高了种蛋的孵化率，是孵化后期的保证。

目前也有孵化与出雏一体机。孵化机上部为孵化装置，下部为出雏装置，使用起来也很方便。图5-2为一次可孵化950枚的鸭孵化与出雏一体机。图5-3为出雏机内出壳的雏鸭。

图5-2　蛋盘架式孵化与出雏一体机

图5-3　出雏机内出壳的雏鸭

3.配套设备

孵化设备除孵化机、出雏机外，还有一些相应的配套设备，如照蛋灯、雏鸭盒、真空吸蛋器、移盘器、雏禽分级和雌雄鉴别联合工作台以及运输车辆等。图5-4为照蛋灯。

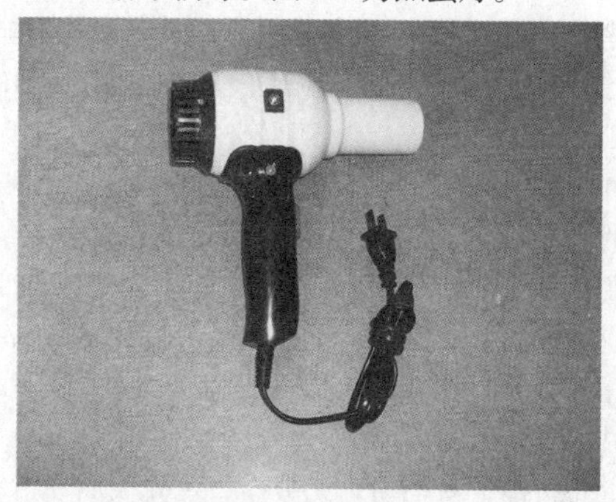

图5-4　照蛋灯

二、种蛋的管理

种蛋的质量直接影响孵化的效果和雏鸭的品质。而种蛋的质量又受种禽的质量和营养的影响。为了获得最高的孵化率和优质的雏禽，首先必须加强种禽的饲养管理和繁育工作，只有这样，才能提供高质量的种蛋。同时要做好种蛋的选择、包装、保存、运输和消毒等工作。

（一）及时收集种蛋

要及时收集鸭蛋。由于蛋鸭为群养，一般不设置产蛋箱，蛋直接产在垫草或地上，而且鸭为夜间产蛋，母鸭产蛋时间多集中在凌晨3～5时，所以蛋产出后要及时收集，可以减少破损和蛋壳的脏污。冬季，鸭舍内温度较低，及时收集种蛋还可以防止种蛋受冻。

（二）选好种蛋

1.从来源上选择

所选种蛋应来源于高产、健康的种鸭群。对于种鸭要进行科学的饲养管理，建立严格的免疫和防疫制度，喂以营养全面的饲料。种鸭必须健康，患病期间以及患病初愈时所产蛋均不能留做种用。种蛋的品质要好，受精率、孵化率高，无经蛋垂直传播的疾病。

2.外观性状选择

（1）对蛋重的选择

种蛋的蛋重要合适，过重蛋的孵化率往往较低，雏鸭出壳晚，腹部膨大，腿脚软等；而过轻的蛋出壳早，腹部硬的情况多，均不适宜种用。鸭蛋的蛋重根据品种特征，要求在本品种标准±10%范围内。同一批孵化的蛋要求蛋重均匀。

（2）对蛋壳质量的选择

要求蛋壳质地致密均匀，无破损，蛋壳表面光滑，蛋壳厚度合适，均匀。鸭蛋蛋壳厚度为0.35 ~ 0.4毫米，过薄、过厚、裂纹蛋、腰箍蛋、钢皮蛋、沙壳蛋都不适宜种用。

（3）对蛋形的要求

鸭蛋蛋形应为卵（椭）圆形，蛋形指数（蛋的纵径/横径）1.36~1.42。过长、过圆、腰箍等畸形蛋，孵化率低，都不能留做种蛋。

（4）对蛋壳颜色的要求

蛋壳颜色是品种的一个非常重要的特征，蛋壳颜色要符合本品种的特征。孵化时，白壳蛋和青壳蛋应分开孵。

（5）对蛋壳表面清洁度的要求

要求蛋壳表面清洁，无污物。蛋壳表面黏附过多的脏物时，病原菌繁殖速度很快，会通过蛋孔进入蛋内，导致胚胎活力下降，甚至死亡。如果蛋壳表面黏附的脏物较少时，可用干布擦拭后使用。过脏的蛋要经过清洗、消毒后才可入孵。

养殖场应做好垫料的管理，及时清除过脏或过于潮湿的垫草，所用垫草要及时翻晒或加铺，保持其清洁干燥，减少种蛋的污染。图5-5为刚收集到的种蛋，蛋壳表面带有大量污物。

图5-5 刚收集的种蛋

3. 听音

用两手各拿2～3枚蛋，轻轻转动5指，使蛋互相轻轻碰撞，听其声音，声音脆的即是完好蛋，有破裂声即是破损蛋。

4. 嗅味

嗅蛋的气味是否正常，有无特殊臭味，从中可剔除臭蛋。

5. 透视法

对种蛋的蛋壳结构、蛋壳是否有裂纹，气室大小、位置、气室是否固定，蛋黄颜色、蛋黄膜是否完整，蛋白、系带完整程度，是否有血斑或肉斑等情况，通过照蛋器做透视观察，对种蛋做综合鉴定，这是一种准确而简便的观察方法。

6. 抽检剖视法

本方法多用于外购的种蛋，多在孵化率异常时进行抽样测定。随机抽取几枚种蛋，将蛋打开，倒在衬有黑纸的玻璃板上，观察新鲜程度及有无血斑、肉斑。新鲜蛋，蛋白浓厚，蛋黄高突；陈蛋，蛋白稀薄成水样，蛋黄扁平甚至散黄，一般只用肉眼观察即可。对育种蛋则需要用蛋白高度测定仪测定蛋白品质，计算哈夫单位；用卡尺或画线卡尺测蛋黄品质，计算蛋黄指数（蛋黄指数＝蛋黄高度÷蛋黄直径），新鲜的种蛋，蛋黄指数为0.401～0.442；用工业千分尺或蛋壳厚度测定仪测量蛋壳的厚度。

（三）种蛋的消毒

1.种蛋消毒的目的

种蛋消毒的目的是杀灭蛋壳表面的微生物。

种蛋产出后，往往被粪便、垫料、环境所污染，其表面细菌，尤其是霉菌繁殖速度很快，随着存放时间的延长，其污染程度加重。据测定，刚产出的蛋，其表面的细菌很少，经1小时后就可繁殖增加几十倍。若不及时杀灭，蛋壳表面的细菌就会通过气孔侵入蛋内，作用于蛋的内容物，降低种蛋的孵化率和雏鸭质量，同时还会污染孵化设备，传播各种疾病。所以种蛋产出后应当尽快进行消毒，杀灭其表面附着的微生物。

种蛋消毒的原则：一要对实行消毒的工作人员无害；二要不损伤种蛋胚胎；三要彻底杀灭细菌和病毒。

2.种蛋消毒的时间

为了保证消毒的效果，生产中种蛋消毒至少要做两次。第一次是在种蛋收集后，此时可将吸附在蛋壳表面的微生物尽快杀灭。第二次是在种蛋入孵时，杀灭种蛋贮存过程中吸附在蛋壳表面的微生物。

3.种蛋的消毒方法

种蛋的消毒方法大体可分为气体熏蒸消毒、消毒药液浸泡或喷洒、紫外线照射3种。

（1）气体熏蒸消毒

①福尔马林、高锰酸钾熏蒸消毒法：熏蒸消毒是一种空间消毒的方法，是鸭场最为常用的一种消毒方法，既适用于鸭蛋消毒，也适合鸭舍及舍内设备等的消毒。

在专用的种蛋消毒室内，按照1立方米空间用福尔马林溶液28毫升、高锰酸钾14克的量，根据消毒容积称好高锰酸钾放入

陶瓷、玻璃或不锈钢容器内（其容积比所用福尔马林溶液大至少4倍），再将所需福尔马林量好后一同倒入容器内。当两种药液混合时，人员要迅速离开，同时将室内密闭30分钟。消毒结束后，要及时排出余气。此方法适用于各次消毒。

如果没有专用的种蛋消毒室，也可以在鸭舍内或其他合适的地方设置一个箱体，箱的前面用塑料布遮挡，可以方便地开启和封闭，距地面30厘米处架设钢筋或木棍，其下面放置消毒盆、上面放置蛋盘。对于整批入孵的，也可将种蛋直接装入孵化机中，在孵化机内进行熏蒸消毒。

采用该方法要注意几点：一是消毒的空间密闭性要好，一般舍温不应低于18 ℃，相对湿度在60%～80%，不宜低于60%。当舍温为26 ℃，相对湿度为80%时，消毒效果最好。二是熏蒸消毒只能对外表清洁的种蛋有效，因此对种蛋中的脏蛋应挑出后，用湿布擦拭干净；若脏蛋较多，可用0.1%的苯扎溴铵溶液浸泡5分钟后洗去脏物或装上蛋车后采用自动喷淋冲洗设

图5-6　蛋车自动喷淋、清洗机

备洗掉污物（图5-6）。三是甲醛气体具有刺激性，在操作使用时应注意防护，特别是把福尔马林倒入盛有高锰酸钾的容器时，动作要快，倒入后迅速离开，以防人员吸入甲醛气体。四是盛药

物的容器容积要足够大，以免反应时药物外溅，造成浪费药物，同时影响消毒效果。

在实际操作时如果种蛋数量少，还可以在蛋盘架上罩以塑料薄膜进行熏蒸消毒，这样可缩小体积，减少用药量。

②过氧乙酸熏蒸消毒法: 过氧乙酸的蒸气有杀菌效果,其刺激性小，消毒时间短。每立方米用16%过氧乙酸40～60毫升加高锰酸钾4～6克，熏蒸15～20分钟后进行通风，排出余气。此方法适用于各次消毒 。

（2）消毒药液浸泡或喷洒消毒

①苯扎溴铵药液浸泡或喷洒法: 孵化量少的种蛋消毒可用这种方法。将苯扎溴铵原液配制成浓度为1%的苯扎溴铵溶液，把种蛋放入该溶液中浸泡5分钟，捞出沥干入孵。如果种蛋数量多，每消毒30分钟后再添加适量的药液，以保证消毒效果。或用喷雾器喷洒在种蛋表面，晾干后入孵。鸭蛋中脏蛋较多时，故该法较为常用。生产中还可用0.05%的高锰酸钾或0.1%的碘溶液浸泡种蛋消毒1分钟。

②季胺或二氧化氯喷雾消毒法: 用含有200毫克/千克的季胺或80毫克/千克的二氧化氯微温溶液喷雾种蛋。另外，可用10毫克/千克的二氧化氯泡沫消毒种蛋。采用浸泡或喷洒消毒法应注意消毒液的温度应略高于蛋的温度，一般要求水温为40 ℃，这一点在夏季尤为重要。如果消毒液的温度低于蛋温，种蛋由于受冻而使内容物收缩，使蛋形成负压，这样反而会使少量蛋表面的微生物通过气孔进入蛋内，影响孵化效果。在使用苯扎溴铵时，不要与肥皂、高锰酸钾、碘、升汞和碱等并用，以免药液失效。种蛋在保存前不能用药液浸泡或喷洒法消毒，浸泡或喷洒消毒方法能破坏胶护膜，加快蛋内水分蒸发，细菌也容易进入蛋内，故任何浸泡和喷雾消毒仅用于入孵前的消毒。

(3) 紫外线照射消毒法

入孵前，将蛋盘先置于紫外线灯下照射1～2分钟，蛋距灯20厘米；然后再把灯置于蛋盘下方向上照射，把蛋的背面再照射1～2分钟。但这种方法照射不到的部位没有消毒效果。因此，紫外线照射消毒的效果不如上述几种方法。

(四) 种蛋的贮存

种蛋愈新鲜，孵化率愈高。一般以产后3～5天为宜。贮存超过4天，每增加1天，孵化率即下降4%，孵化时间延长30分钟。种蛋贮存1周内为宜，超过2周，孵化率下降极快。种蛋贮存要有专门的贮存室，种蛋贮存室要隔热、密闭，干净无杂物，能防蚊蝇老鼠，室内不可有阳光直射，不能有穿堂风。种蛋贮存室要定期消毒，保证室内环境中较低的微生物含量。

1.贮存室的温度

胚胎发育的临界温度为23.9 ℃，当种蛋贮存环境温度超过此温度时，胚胎即开始发育，如果无法获得合适的温度条件，会导致胚胎发育过程中死亡。相反，若保存种蛋的温度过低，胚胎受冻，也会导致胚胎的死亡。

种蛋保存的适宜温度为11～18 ℃，若保存时间不超过1周，可采用上限温度；若保存时间较长，则用下限温度。

2.贮存室的湿度

种蛋保存也要求一定的湿度，一般为75%～80%。种蛋贮存过程中，蛋内水分会通过气孔不断蒸发，如果环境湿度过低，则蛋内水分蒸发速度过快；如果环境湿度过高，种蛋容易发霉变质。

3.贮存期的码放

种蛋小头向上放置可提高孵化率。据试验，保存1周内的种蛋，小头向上比大头向上存放能提高孵化率7%。

4.贮存期间的翻蛋

种蛋贮存期间的翻蛋是为了防止胚胎与壳膜粘连，以免早期死亡。一般认为，种蛋保存1周以内不必翻蛋，超过1周每天翻蛋1~2次。如果是贮存在蛋架车上的，翻蛋比较容易，如果是装在蛋箱中的则需要逐箱翻动。

大型现代化孵化厂应备有空调机，可自动制冷和加湿，以使种蛋贮存库保持适宜的温、湿度。

5.贮存过程中的记录

种蛋贮存室内要有专人做每日的记录，尤其是大型的孵化场，种蛋贮存室内种蛋数量和批次都很多，每天要登记好入库种蛋的编号、日期等相关数据。

（五）种蛋的包装与运输

1.种蛋的包装

种蛋如需长途运输必须做好相应的保护措施，如果保护不当，往往引起种蛋的破损和系带的松弛、破裂、气室变化等，致使孵化率下降。

种蛋的包装最好选用专用蛋箱，也可用纸箱或竹筐。蛋箱内可加纸或塑料制的蛋托；纸箱内也可用硬纸片做成方格，每格放一个蛋。两层之间用纸片隔开；用竹筐装蛋，在四周应放上一层垫料，一层蛋一层垫料，蛋与蛋之间的空隙用垫料塞满，垫料可用锯末、稻草、糠壳、刨花等，但要注意垫料要干净、卫生，防止污染种蛋。装箱时不能有太大的空隙，防止搬运时种蛋晃动而造成蛋壳破裂。

种蛋包装所使用的包装品要求干净，能防潮、防震荡。包装箱外应有生产厂家、生产日期、品种、数量等相关信息。

同一场内循环使用的塑料蛋箱和蛋托，每次用过后，要在孵化场内彻底消毒才能运回种鸭舍，防止疾病的传播。

2.种蛋的运输

运输过程中要求平稳、快速、安全可靠，减少种蛋破损。严防震荡、日晒、受冻和雨淋。长距离运输最好空运，有条件的可

用空调车，温度为12～16 ℃，相对湿度75%。车辆大小要适宜，以本厂实际生产能力而定。在路况不好时行车速度要慢，减少颠簸，同时禁止急刹车。种蛋运抵孵化场后，要马上组织人员卸车，剔除破损蛋并清点数量和记录。种蛋运抵孵化厂后，不要马上入孵，待静置一段时间后再上蛋孵化。

三、孵化条件

胚胎能否正常发育成为一个健康的雏禽，主要取决于外界条件，生产中必须根据家禽胚胎发育的特点，为胚胎提供适宜的孵化条件，才能使胚胎正常发育，并获得良好的孵化效果。胚胎发育过程中孵化条件包括温度、湿度、通风、翻蛋、凉蛋等。

（一）适宜的温度

适宜的温度是家禽孵化的首要条件。在整个胚胎发育过程中，各种物质代谢都是在一定的温度条件下进行的。在孵化过程中胚胎发育对温度的变化非常敏感，合适的孵化温度是家禽胚胎正常生长发育的保证，正确掌握和运用温度是提高孵化率的首要条件。

1.温度对胚胎发育的影响

家禽胚胎发育的适宜温度为37～38 ℃，温度过高过低都有害，严重时造成胚胎死亡。一般地，温度较高则胚胎发育较快，但较弱，胚外膜血管易充血，如果温度超过42 ℃，经过2～3小时以后则造成胚胎死亡。反之，温度较低，则胚胎的生长发育延缓，如温度低于24 ℃，30小时胚胎便全部死亡。

不同胚龄对不适温度的耐受力是不同的，胚胎发育早期，个体较小，发育速度慢，自温低，这时低温对胚胎的影响就很大。相反，在胚胎发育的后期，物质代谢产生大量的热，胚胎自温高，这时胚胎对低温的耐受力就大大增强。同样，当温度过高时，小胚龄的耐受力就远远大于大胚龄的种蛋。

种蛋的最适孵化温度受多种因素影响，如蛋的大小、蛋壳质量、禽种、品种、种蛋的贮存时间、孵化期间的空气湿度、孵化室温度、孵化季节、胚胎发育的不同时期、孵化机类型、孵化方法等。

2. 恒温与变温孵化

（1）恒温孵化

恒温孵化就是在整个孵化过程中，孵化器内的孵化温度始终保持不变，出雏器内的温度略降低的一种孵化方法。此法要求种蛋要分批入孵（即在一个孵化器内有多个日龄的胚蛋），靠孵化机内不同胚龄的蛋互相传导温度来为种蛋提供孵化的适宜温度。恒温孵化的节能效果明显，还可节省劳力和面积。

恒温孵化法适宜于种蛋来源少，需要进行分批入孵的施温方法。但使用这种方法时一定要做好生产记录，不同胚龄的蛋不要混淆。同时还要防止疫病的交叉感染。

（2）变温孵化

变温孵化也称降温孵化，即在孵化期，随胚龄的增加逐渐降低孵化温度，它符合胚胎代谢规律，同时使胚胎能在较低的温度下继续正常发育，还可为胚胎提供更为洁净的孵化生态环境，减少交叉污染，便于彻底清扫和消毒，也能降低生产成本及管理费用等，适于种蛋来源充裕，孵化生产旺季时整批入孵所采用的施温方法。恒温和变温孵化施温方案见表5-1。

表5-1　鸭的孵化温度　　单位℃

室温	入孵温度					出雏温度
	恒温	变温				
	1~24天	1~5天	6~11天	12~16天	17~23天	24~28天
23.9~29.5	38.1	38.3	38.1	37.8	37.5	37.2
29.5~32.5	37.8	38.1	37.8	37.5	37.2	36.9

变温孵化温度控制的总体原则是“前高、中平、后低”，这主要是由于孵化的前期、中期、后期蛋内胚胎产生的温度逐渐增

加，为了防止蛋内温度过高而设定的。

只有正确掌握和使用测温方法，才能如实反映孵化的真实温度，这也是取得最佳孵化效果的保证。测定孵化温度的方法，一是用孵化温度计测温，二是用眼皮测温。此法要经过一定时间反复实践，不断积累经验。另外，有些孵化设备的显示温度与机内的实际温度有差异，这必须在孵化实践中加以注意，并进行调整或标记，以免影响孵化效果。

（二）合适的相对湿度

1.相对湿度对胚胎发育的影响

相对湿度的作用不及温度重要，但适宜的湿度对胚胎发育是有益的，适宜的相对湿度有助于蛋内水分的蒸发，使胚胎发育的物质代谢正常进行，同时适宜的相对湿度在孵化初期能使胚胎受热良好，孵化后期有益于胚胎散热。在出雏期间，水分与空气中的二氧化碳作用，使蛋壳的碳酸钙变成较脆的碳酸氢钙，有利于雏鸭啄壳破壳。

孵化过程中，如果相对湿度过低，即空气过于干燥，则蛋内水分蒸发速度过快，容易造成胚胎与蛋壳膜的粘连；如果相对湿度过高，蛋内水分蒸发速度变慢，胚胎发育后期蛋内水分含量过高，会导致胚胎呼吸受阻甚至死亡。尤其是要防止高温高湿或高温低湿。

2.孵化湿度的控制

孵化期间，相对湿度控制的原则是“两头高、中间低”。孵化初期相对湿度要控制在65%～70%；孵化中期控制在60%；出雏机则以65%～70%为宜。湿度的调节，是通过放置水盘多少、控制水温和水位高低或确定湿球温度来实现的。湿度偏低时，可增加水盘，提高水温和降低水位，出雏期间如果湿度不够可直接向蛋表喷温水；湿度过高时，应除去供水设备，加强通风，切忌地面喷水。孵化室内环境湿度对孵化器、出雏器湿度有一定影响，要求孵化室、出雏室相对湿度为60%~70%。

（三）通风换气的要求

通风的目的是调节孵化机内的空气质量，供给胚胎生长发育所需的O_2（氧气），排出CO_2（二氧化碳）。胚胎对空气的需要量后期为前期的110倍，若O_2供应不足，CO_2含量高，会造成胚胎生长停止，产生畸形，严重时造成中途死亡。通风还可使孵化器内温度均匀，有助于胚胎均匀受热。在孵化中后期，通风还可及时将机内聚积的多余热量带走，帮助胚蛋驱散余热，防止自温超温。

1.空气质量对胚胎发育的影响

空气中O_2含量为21%，CO_2含量为0.4%时孵化率最高。要求O_2含量不低于20%，否则，每减少1%，孵化率下降5%；CO_2含量超过0.5%，孵化率开始下降。

2.通风换气的控制

孵化初期，可关闭进、排气孔。随胚龄增加，逐渐打开。孵化后期，进、排气孔全部打开，尽量增加通风换气量。孵化过程中要注意观察通风过度或通风量不足两种情况。在孵化期间特别是在孵化前期，若加热指示灯长时间发亮，说明孵化器内温度达不到所需的孵化温度，通风换气过度。若恒温指示灯长亮不灭，或者发现上一批种蛋胚胎发育正常但在出雏期间闷死于壳内或啄壳后死亡，证明通风量不足，应加大通风换气量。

（四）翻蛋

翻蛋即改变种蛋的孵化位置和角度。翻蛋是人工孵化获得高孵化率的必要条件之一。

1.翻蛋的作用

翻蛋对胚胎发育有十分重要的作用。因为蛋黄含脂肪较多，相对密度较轻，总是浮于蛋的上部。而胚胎位于蛋黄之上，长时间不动，胚胎容易与蛋壳粘连。翻蛋既可防止胚胎与蛋壳粘连，还能促进胚胎的活动，保持胎位正常，以及使蛋受热均匀，发育

整齐、良好，帮助羊膜运动，改善羊膜血液循环，使胚胎发育前、中、后期血管区及尿囊绒毛膜生长发育正常，蛋白顺利进入羊水供胚胎吸收，初生重合格。因此，孵化期间，每天都要定时翻蛋，尤其孵化前期翻蛋作用更大。

2. 翻蛋次数

有自动翻蛋装置的孵化机，每1～2小时翻蛋1次；土法孵化，可4～6小时翻蛋1次。

在孵化器内温度均匀的情况下，每天翻蛋次数超过12次，对提高孵化效果没有明显影响。若孵化器内温差较大（0.5 ℃以上），适当增加翻蛋次数，可以使机内不同部位的胚蛋受热均匀。孵化后期、落盘之后，不需要再翻蛋。因胚胎全身已覆盖绒毛，不翻蛋不致影响胚胎与蛋壳粘连。

3. 翻蛋角度

翻蛋的角度在50°～55°角位置（以水平位置前俯后仰或左翻右翻）。与鸡蛋孵化相比，在孵化水禽蛋时，翻蛋的角度要适当大一些。若翻蛋角度小，容易使胎位不正，造成雏鸭在蛋的中部或小头啄壳。专门用于孵化鸭蛋的孵化器会考虑到翻蛋装置的特殊性，如果用孵化鸡蛋的孵化设备孵化鸭蛋，孵化效果会有一定的影响。现在有专用孵鸭蛋的孵化设备，翻蛋角度大，孵化效果好。

（五）凉蛋

1. 凉蛋的适用范围

凉蛋是指种蛋孵化到一定时间，让胚蛋温度下降的一种孵化措施。因胚胎发育到中后期，物质代谢产生大量热能，需要及时凉蛋。所以凉蛋的主要目的是驱散胚蛋内多余的热量，还可以交换孵化机内的空气，排出胚胎代谢的污浊气体，同时用较低的温度来刺激胚胎，促使其发育并逐渐增强胚胎对外界气温的适应能力。

鸭蛋含脂肪高，物质代谢产热量多，必须进行凉蛋，否则，易引起胚胎“自烧死亡”。若孵化机有冷却装置可不凉蛋。

2.凉蛋的方法

凉蛋的方法依孵化机类型、禽蛋种类、孵化制度、胚龄、季节而定。鸭蛋在合拢后（一般为16～17天），采用打开机门、关闭电热、风扇转动甚至抽出孵化盘喷洒冷水等措施。每天凉蛋的次数、每次凉蛋时间的长短根据外界温度（孵化季节）与胚龄而定，一般每日凉蛋1～3次，每次凉蛋15～30分钟，蛋温不低于30 ℃，将凉过的蛋放于眼皮下稍感微凉即可。根据不同的孵化情况，凉蛋的方法也有所不同。

（1）整批入孵的凉蛋

整批入孵的凉蛋一般在合拢后的孵化中期，采用不开机门、关闭热源、开启风扇的方法；封门前的孵化中后期采用打开机门、关闭热源、开启风扇甚至抽出孵化盘喷水等措施。

（2）分批入孵的凉蛋

分批入孵的凉蛋是将需要凉蛋的种蛋从孵化器内取出进行凉蛋，不需要凉蛋的继续留在孵化器内。

有的孵化场采用土洋结合的方法，即18天前在孵化机内孵化，18天后改为摊床孵化，这种方法有利于凉蛋和喷水，也降低了劳动强度，孵化效果不错。

喷水对于提高鸭蛋孵化率十分重要，喷水有助于降温同时可以使蛋壳变得更为松脆，使雏鸭更易于破壳而出。

（六）影响孵化率的其他因素

1.海拔与气压

海拔愈高，气压愈低，则氧气含量低，孵化时间长，孵化率低。据测定，海拔高度超过1千米，对孵化率有较大影响。如增加氧气输入量，可以改善孵化效果。

2.孵化方式

一般来讲，机器孵化法比土法孵化效果要好；自动化程度高，控温、控湿精确的孵化机比旧式电机的孵化效果好。整批上

蛋的变温孵化比分批上蛋的恒温孵化孵化率要高。

3.孵化季节与孵化室环境

孵化器小气候受孵化室内大气候的影响，所以要求孵化室通风良好，温、湿度适中，清洁卫生，保暖性能好。孵化室的温度条件对孵化机内影响较大，孵化室内温度过高时，会影响孵化机的散热；孵化室内温度过低又会导致孵化机内温度的下降。孵化室的适宜温度为22～26℃。

孵化的理想季节是春季（3～5月）、秋季（9～11月），相对来讲，夏、冬季孵化效果差些。夏季高温，种蛋品质较差；冬季低温，种鸭活力低，种蛋受冻，孵化率低。据有关资料介绍，夏季（6～8月）绍鸭的种蛋受精率为86%，春季为92%。

4.禽种与品种

不同种类的家禽，其种蛋的孵化率是不同的，鸡蛋的孵化率高于鸭、鹅蛋；不同经济用途的品种，其孵化率也有差异，蛋用禽的孵化率高于肉用禽，同一品种近交时孵化率下降，杂交时孵化率提高。

四、鸭的胚胎发育

蛋鸭的胚胎发育分为体内发育和体外发育两部分，体内发育即受精卵在母体内卵裂的过程，当种蛋产出体外后，受精卵处于休眠期，胚胎发育停止。当胚胎在体外得到一个合适的环境条件时，这个休眠的胚胎继续发育，完成整个发育过程。蛋鸭的人工孵化主要是控制胚胎在母鸭体外发育阶段的环境。

（一）孵化期

孵化期是指在正常条件下，从种蛋入孵到雏禽出壳所需时间。鸭的孵化期是28天。每个品种都会有相应固定的孵化期，但孵化期的长短还会受到很多因素的影响。影响孵化期的因素有如下几种：

（1）品种类型

不同品种类型其孵化期长短不同。家鸭的孵化期是28天，番鸭的孵化期是33～35天。

（2）种蛋保存时间

种蛋保存时间越长，孵化期也相应地延长，例如，保存时间22天的种蛋比保存1天的种蛋孵化期延长10小时。

（3）孵化温度

孵化过程中温度偏高时孵化期缩短，温度偏低则孵化期延长，即使前期温度正常，若后期偏高也会提前出雏，后期偏低则出雏延迟。

应注意的是，孵化期过多地延长或缩短均不是正常的生理现象，对孵化率和雏鸭品质都有不良的影响。

（二）胚外膜发育特点

家禽的胚胎发育是一个极其复杂的生理代谢过程，促使胚胎能够顺利生长发育的内在环境是胎膜，也称胚外膜，包括卵黄囊膜、羊膜、绒毛膜和尿囊，如图5-7。孵化过程中胚胎发育所需要的营养物质和新鲜空气以及代谢产物的排泄均依靠胎膜来完成。因此，胚外膜的发育对胚胎发育有着特别重要的意义。

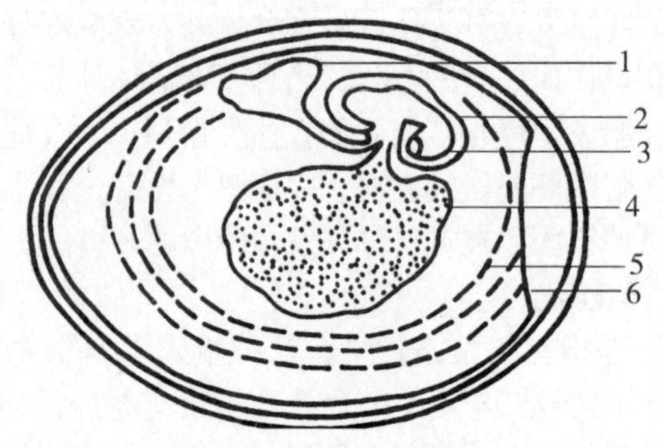

图5-7　胚胎的胚外膜

1.尿囊　2.羊膜　3.胚胎　4.卵黄囊膜　5.蛋白　6.气室

1. 卵黄囊膜

卵黄囊膜是最早形成的胚外膜，在孵化的第2天便开始形成，逐渐向卵黄表层扩展而把卵黄包裹起来，在孵化的第11~14天，卵黄囊膜几乎覆盖整个卵黄表面。卵黄膜囊的作用有吸收营养、气体交换作用以及造血功能。

卵黄膜囊由卵黄囊柄与胚胎相连，负责将蛋黄中的营养物质输送给发育中的胚胎。卵黄囊膜在孵化初期还有帮助胚胎与外界进行气体交换的功能，卵黄囊内壁还能形成原始的血细胞，因而又是胚胎的造血器官。

当雏鸭出壳前约3天卵黄囊膜通过胚胎脐孔进入腹腔内，出壳前完全进入腹腔。出壳后的雏鸭卵黄囊膜被包入体腔，还剩有部分卵黄，可供雏鸭出壳后部分营养物质的供应，经过5~7天全部被雏鸭吸收利用。

2. 羊膜

羊膜从孵化的第2天便开始出现，首先在头部长出一个皱褶，随后向两侧扩展形成侧褶，第2天末或第3天初羊膜尾褶出现，以后向前生长，在第4至第5天头、侧、尾褶在胚体的背面会合，形成两层胎膜，靠近胚体内层的称为羊膜，翻转向外包围整个蛋内容物的称绒毛膜（又叫浆膜）。绒毛膜以后与尿囊共同形成尿囊绒毛膜，因无血管分布且透明，故不易观察到。羊膜腔形成后其内部充满羊水。

羊膜具有保护发育中的胚胎、促进早期胚胎运动作用以及帮助营养吸收的作用。羊膜腔内充满羊水，胚胎在其中可受到保护，不受外界机械压力和损伤；羊水环绕在胚胎周围可以缓解外界温度变化对胚胎的直接影响。羊膜上有能自主伸缩的肌纤维，在第16天前的胚胎其羊膜会产生规律性的收缩，促使胚胎活动，预防胚胎与羊膜粘连。孵化中期蛋白通过浆羊膜道进入羊膜腔中，羊膜腔中充满羊水，是蛋白被胚胎吞食前在体外消化水解的场所。因为羊膜腔中的羊水蛋白内含有大量的蛋白酶，这些酶在羊膜腔内把蛋白分解成氨基酸，为蛋白进入胚体内的消化吸收创造了良好的条件。

在孵化末期，随着水分蒸发，羊水量逐渐减少，直至全部蒸发，羊膜又贴覆在胚胎体表的羽毛上。雏鸭出壳时，羊膜残留在蛋壳内。

3. 尿囊膜

尿囊膜在孵化后的第2天开始形成，尿囊膜发育速度很快，第7天到达壳膜内表面，然后绕过胚体背部，从蛋的大头向两侧迅速伸展，鸭蛋在第13~14天尿囊在蛋的小头合拢，包围整个胚蛋的内容物。尿囊膜以尿囊柄与肠连接。尿囊膜呈囊状，内部有尿囊液。最初出现的几天内其外观似装有水的气球。尿囊壁上有较多的血管分布。

尿囊膜具有吸收营养、气体交换、贮存代谢产物及保护胚胎的作用。尿囊壁的血管可以吸收蛋壳的无机盐供给胚胎。胚胎发育的中后期气体交换由尿囊绒毛膜完成。尿囊膜还能够贮存物质代谢过程中所产生的废物。尿囊膜包围在蛋白、蛋黄和胚胎的外周，其中的尿囊液对于外界温度变化和震动具有缓冲作用。

在孵化末期，尿囊液逐渐蒸发，尿囊表面血管逐渐干枯，尿囊内贮有黄白色尿酸盐，雏鸭出壳时，尿囊残留在蛋壳内。

4. 绒毛膜

绒毛膜也称浆膜，与羊膜同源，由于很薄而且无血管，所以很难用肉眼观察到。绒毛膜形成后逐步与尿囊外壁结合在一起形成尿囊绒毛膜。尿囊绒毛膜是一个高度血管化的集合，紧贴蛋壳，完成气体交换。

（三）孵化过程中胚胎的发育

1. 鸭胚胎不同日龄发育特征

正常的孵化条件下，不同日龄蛋鸭的胚胎发育情况如下：

第1～1.5天：胚盘发育，出现消化道，形成脑、脊索和神经管等，在胚盘边缘出现许多红点。

第2.5～3天：卵黄囊、羊膜、绒毛膜开始形成，心脏和静脉形成，心脏开始跳动。

第4天：尿囊开始长出，鼻、翅膀、腿开始形成，羊膜完全包围胚胎，眼睛部位开始有色素的沉积。

第5天：羊膜腔形成，胚与卵黄囊完全分离，并在蛋的左侧翻转，胚头部明显增大。

第6天：生殖腺已经分化，胚胎极度弯曲，眼的黑色素大量沉着。

第7～7.5天：喙开始形成，腿和翅膀大致分化。尿囊扩展达蛋壳膜内表面，羊膜平滑肌收缩使胚胎有规律地运动，胚的躯干部增大。

第8～8.5天：出现破壳齿，肌胃形成，绒毛开始形成，胚胎自身有体温。胚胎已显示鸟类特征。

第9～9.5天：肋骨、肝、肺、胃明显可见，母雏的右侧卵巢开始退化。喙部可以张开。

第10.5～11天：喙开始角质化，软骨开始骨化。尿囊几乎包围整个胚蛋。

第13～14天：龙骨突形成，背部出现绒毛，腺胃明显可辨，血管加粗、颜色变深。

第15天：躯体覆盖绒毛，趾完全形成，肾、肠开始有功能，胚胎开始用喙吞食蛋白。

第16天：头部及躯体大部分覆盖绒毛，出现足鞘和爪，蛋白迅速进入羊膜腔。

第17～20天：胚胎由横向位置逐渐转成与蛋长轴平行，头转向气室，翅膀成形，体内器官大体上都已形成，绝大部分蛋白已进入羊膜腔，卵黄逐渐成为重要的营养来源。

第20.5～21天：两腿紧抱头部，喙转向气室，蛋白全部输入羊膜腔。

第22～24天：胚胎的成长接近完成，头弯右翼下，胚胎转身，喙朝气室。

第24.5～25天：卵黄囊经由脐带进入腹腔，喙进入气室开始呼吸，胚胎呈抱蛋姿势，开始啄壳。颈、翅突入气室。

第25.5～27天：剩余的蛋黄与卵黄囊完全进入腹腔。尿囊膜失去作用，开始枯干。起初是胚胎喙部穿破壳膜，伸入气室内，接着开始啄壳。

第27.5～28天：出壳。

2. 各日龄照蛋特征

各日龄照蛋特征见表5-2。

表5-2 各日龄照蛋特征

照蛋日龄	照蛋特征描述	照蛋彩图
第1～1.5天	蛋透明均匀，可见卵黄在蛋中漂动，无明显发育变化。卵黄表面出现一颗稍透亮的圆点，称“鱼眼珠”	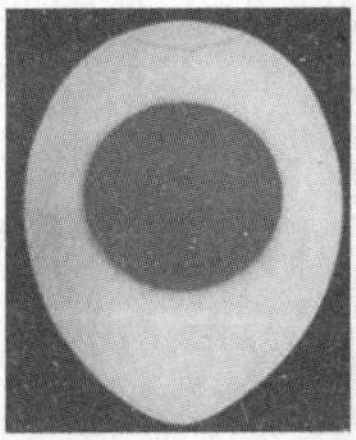 第1~1.5天 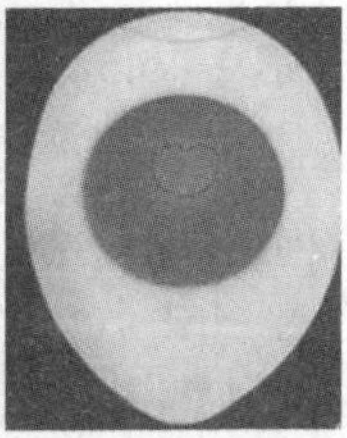 第2.5~3天
第2.5～3天	卵黄囊血管区出现，形态很像樱桃，称为“樱桃珠”	
第4天	卵黄囊血管区范围扩大达1/2，胚体形如蚊虫，称为“蚊子珠”	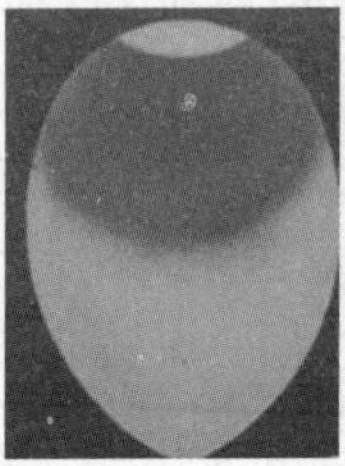 第4天 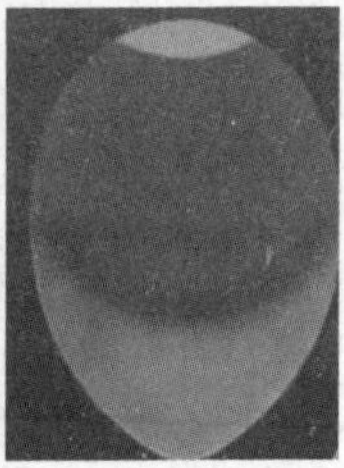 第5天
第5天	卵黄囊血管贴靠蛋壳，卵黄不易转动，头部明显增大，胚体呈蜘蛛状，称为“小蜘蛛”	

续表

照蛋日龄	照蛋特征描述	照蛋彩图
第6天	卵黄的投影伸向锐端，胚胎极度弯曲，所见黑眼珠，称为“单珠”	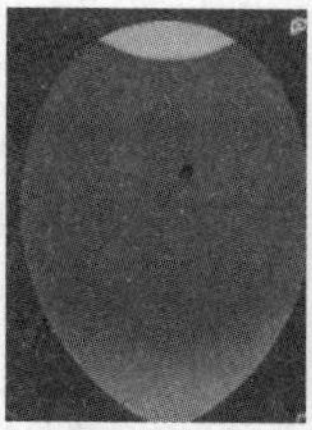 第6天 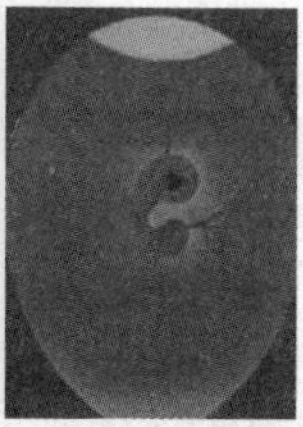　第7~7.5天
第7~7.5天	胚胎的躯干部增大，胚体变直，血管分布占蛋的大部分，称为“双珠”	
第8~8.5天	胚胎增大，羊水增多，胚胎在羊水中不易看清，称为“沉”	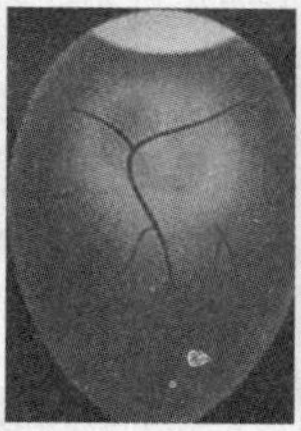 第8~8.5天 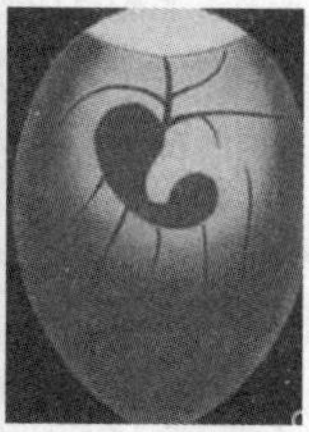　第9~9.5天正面
第9~9.5天	正面可见胚胎在羊水中浮动，胚胎活动增强，称为“浮”	
	背面可见亮白区在钝端窄，在锐端宽，蛋转动时两边卵黄不易晃动，因此也称“边口发硬”	 第9.5天背面 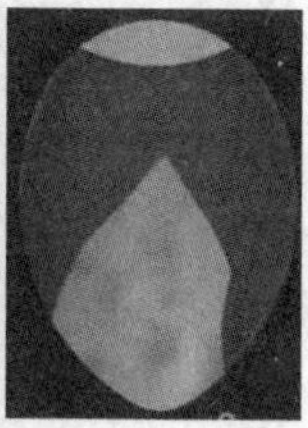　第10.5~11天
第10.5~11天	卵黄两边容易晃动，背面尿囊向锐端伸展，锐端面有楔形亮白区，也称“发边”	

续表

照蛋日龄	照蛋特征描述	照蛋彩图
第13～14天	尿囊血管伸展到达蛋的小头，称“合拢”	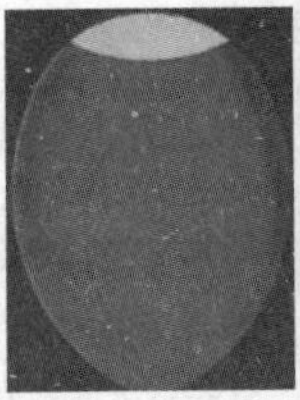 第13~14天 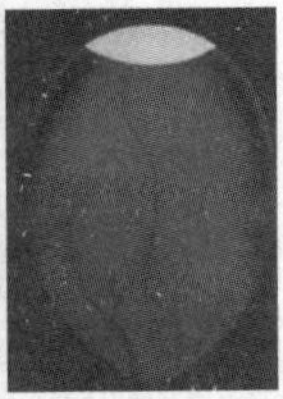 第15~16天
第15~16天	胚蛋背面血管变粗，钝端血色加深，气室增大	
第17～20天	气室逐渐增大，胚蛋背面的黑影已向小头端扩展，看不到胚胎	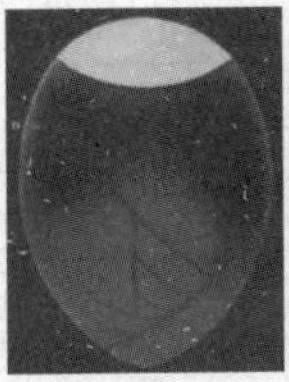 第17~20天  第20.5~21天
第20.5～21天	胚蛋锐端看不见亮的部分，全黑，称为“封门”	
第22～23天	气室向一侧倾斜而且扩大，看到胚体转动，称为“斜口”	 第22~23天 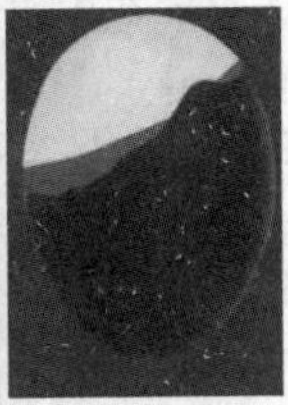 第24.5~25天
第24.5～25天	胚体黑影超过气室，似小山丘，能闪动，称为“闪毛”	
第25.5～27天	能听到雏鸭的叫声，雏禽已开始啄壳，称为“叮嘴”	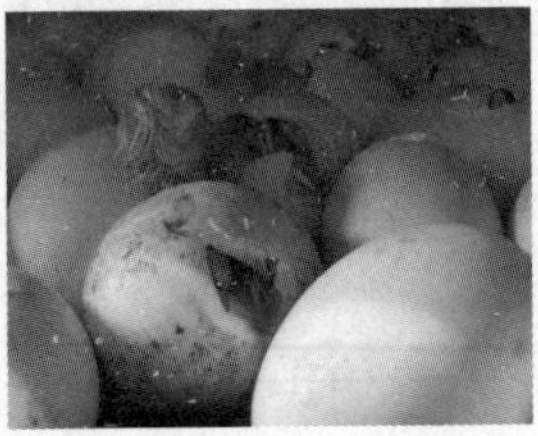
第27.5～28天	大量出雏	

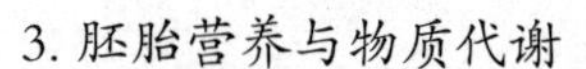
3. 胚胎营养与物质代谢

（1）胎膜形成前胚胎的物质代谢

孵化最初2天胎膜及胚体外血液循环尚未形成。胚胎通过渗透方式利用卵黄中的葡萄糖，同时卵黄中的碳水化合物分解所产生的氧气、卵黄中的溶解氧为胚胎呼吸利用，这时的物质代谢极为简单。

（2）卵黄物质的利用

卵黄在入孵后12天以前供给营养，17天以后的胚胎利用。卵黄物质早期通过卵黄囊血液循环系统进入胚体，17天以后胚胎脐部开口变大将剩余卵黄囊（6~7克）收进腹腔供孵化末期和出壳后最初几天利用。

（3）蛋白质的利用

蛋白质是形成鸭蛋胚胎所有组织器官的原料。在11天以前主要是利用蛋黄中的蛋白质，第12~17天主要通过吞食蛋白羊水来利用蛋清中的蛋白质，尿囊血液循环系统也可给胚胎输送一小部分水解的蛋白。

蛋白在胚胎利用过程中其pH值也会发生变化：入孵前略偏碱性（pH值为8.5~8.8），到孵化中期已转变为中性（第12天时羊膜腔内蛋白pH值为7~7.2），近于中性的环境有利于蛋白酶分解蛋白质。

胚胎吸收蛋白有两种形式：一是蛋白质被分解为小肽和氨基酸经消化道吸收；另一途径是呼吸道，羊水蛋白经喉、气管、支气管、肺内支气管进入气囊内（胸腹气囊），被胚胎利用。

（4）矿物质的利用

第一周内胚胎主要利用蛋白质或蛋黄中的矿物质，第10~15天由于需要大量的钙、磷形成骨骼，这时主要利用蛋壳内所含的钙，其重量约减少0.327克。

五、孵化管理

随着科学技术的日益进步，机器孵化法由于控温、控湿精确，自动化程度高，孵化量大，劳动效率高，在我国普及推广很快。我国大中型种鸭场、孵化场基本上都是用机器孵化法来孵化种蛋的。

（一）做好孵化前的准备工作

1. 制订孵化计划

根据孵化和出雏机容量、种蛋来源、雏鸭销售合同等具体情况制订孵化计划。如孵化出雏机容量大，种蛋来源有保证，雏鸭销售合同集中而量大，可采用整批入孵的变温孵化法；反之，设备容量小，分批供应种蛋，雏鸭销售合同比较分散，可采用分批上蛋的恒温孵化法。在制订孵化计划时，尽量把费时的工作（上蛋、照蛋、落盘、出雏）错开安排，不要集中在一起进行。

2. 培训操作人员

现代孵化设备的自动化程度很高，有关技术参数设定后就可以自动控制。但是，孵化过程中可能出现各种问题，要求孵化人员不仅能够熟练掌握码盘、入孵、照蛋、落盘等具体操作技术，还要了解不同孵化时期胚胎发育特征、孵化条件的调整技术以及孵化器的各种性能。此外，也要能够妥善处理孵化设备、电器设施使用过程中出现的问题。

3. 准备好孵化室

孵化前对孵化室要做好准备工作。

（1）孵化室的温度要适宜

一般孵化室的温度为20~26 ℃，孵化室内温度过高或过低，都对孵化有一定的影响。孵化室应严密，保温良好，最好建成密闭式的。

（2）孵化室的湿度要控制好

孵化室的相对湿度应控制在55%~60%。如湿度过低，可以采用水冲地面的方式来加湿。湿度过高时，要加强通风。

（3）保持室内空气质量良好

孵化室内必须保持良好的通风，如为开放式的孵化室，窗子也要小而高一些，孵化室天棚距地面应4米以上，以保持室内有足够的新鲜空气。孵化室应有专用的通风孔或风机。现代孵化厂一般都有两套通风系统，孵化器排出的空气经过上方的排气管道，直接排出室外；孵化室另有正压通风系统，将室外的新鲜空气引入室内。如此可防止从孵化器排出的污浊空气再循环进入孵化器内，保持孵化器和孵化室的空气清洁、新鲜。

（4）保持室内卫生

孵化室的地面要坚固平坦，便于冲洗。孵化前对孵化室要进行清扫，清理、冲洗排水沟，检修供电线路以及照明、通风、加热系统。

4. 检修孵化器

种蛋入孵前，首先要熟悉和掌握孵化器的性能，要全面检查孵化器各部分配件是否完整无缺，通风运行时，整机是否平稳；孵化器内的供温、鼓风部件及各种指示灯是否都正常；各部位螺丝是否松动，有无异常声响；特别是检查控温系统和报警系统是否灵敏。正式孵化前，对于新购置的孵化机或久置未用的孵化器还要进行运转检查，确保孵化器能正常运行后才可投入生产。

5. 校验温度计

所有的温度计在入孵前要进行校验，其方法是：将孵化温度计与标准温度计水银球一起放到38 ℃左右的温水中，观察它们之间的温差。温差太大的孵化温度计不能使用，没有标准温度计时可用体温表代替。

6. 孵化器内温差的测试

因孵化器内各处温差的大小直接影响孵化结果的好坏，在使

用前一定要弄清该机内各个不同部位的温差情况。方法是在孵化器内的蛋架装满空的蛋盘，把校对过的温度计固定在孵化器内的四个角及中间5个部分的上、中、下，共15个部位。然后将蛋架翻向一边，通电使鼓风机正常运转，孵化器内温度控制在37.8 ℃左右，恒温半小时后，取出温度计，记录各点的温度，再将蛋架翻转至另一边，如此反复各2次，就能基本弄清孵化器内的温差及其与翻蛋状态间的关系。

7.孵化室、孵化器、摊床的消毒

为了保证雏鸭不受疾病感染，孵化室的地面、墙壁、天棚均应彻底消毒。孵化室墙壁的建造，要能经得起高压冲洗消毒。鸭孵化前，孵化器内必须清洗，并用福尔马林熏蒸或用药液喷雾消毒。

8.入孵前种蛋预热

种蛋预热能使休眠期的胚胎有一个缓慢的“苏醒适应”过程，防止突然高温造成死精蛋的增多，同时可以减少入孵初期孵化器温度下降的幅度，防止蛋表凝水，这样利于提高孵化率。预热方法是在22~25 ℃的环境中放置12~18小时，或在30 ℃环境中预热6~8小时。

9.码盘、入孵

将种蛋斜放在孵化盘上称为码盘，码盘的同时挑出破蛋。

整批孵化时，将装有种蛋的孵化盘插入孵化蛋架车推入孵化器内。分批入孵，装新蛋与老蛋的孵化盘应交错放置，注意保持孵化架重量平衡。为防不同批次种蛋混淆，应在孵化盘上贴上标签。

入孵时间最好在下午4时以后，这样大批出雏可以赶上白天，工作比较方便。

10.种蛋消毒

种蛋入孵前应熏蒸消毒一次，方法同前。对于整批入孵的，

可以将种蛋码盘装入孵化机后，与孵化机一起进行熏蒸消毒。但要注意，消毒结束后要放净残留的甲醛气体。

（二）孵化日常管理

1. 温度的观察与调节

孵化器的温度调节旋钮在种蛋入孵前已经调好，在采用恒温孵化的时候，如果没有什么异常情况出现不要轻易扭动。在采用变温孵化的情况下，要由专业技术人员在规定时间调整。

一般要求每隔1~2小时检查一次孵化器门表温度并记录。判断孵化温度是否适宜，除观察门表温度，还应结合照蛋，观察胚胎发育状况。

2. 相对湿度

孵化器湿度的提供有两种方式，一种是非自动调湿的，靠孵化器底部水盘内水分的蒸发，这种供湿方式要求每日向水盘内加水；另一种是自动调湿的，靠加湿器提供湿度，这种方式要注意水质，水应经过滤或软化后再使用，以免堵塞喷头。湿球温度记的纱布在水中易因钙盐作用而变硬或者沾染灰尘或绒毛，影响水分蒸发，应经常清洗或更换。一般要求每出雏一批，湿球上的纱布就要更换一次。

3. 翻蛋要求

孵化过程中必须定时翻蛋。孵化鸭蛋的翻蛋角度比孵化鸡时大。根据不同机器的性能和翻蛋角度的大小决定翻蛋的间隔时间。温差小、翻蛋角度大的孵化器可每2小时翻蛋一次；反之，应每小时翻蛋一次。手工翻蛋的，动作要轻、平稳，每次翻蛋时要留意观察蛋架是否平稳。发现异常的声响和蛋架抖动都要立即停止翻蛋，待查明原因、故障排除后再行翻蛋。

自动化高的孵化器，翻蛋有两种方式：一种是全自动翻蛋，每隔1~2小时自动翻蛋一次；另一种是半自动翻蛋，需要按动左、右翻蛋按钮完成翻蛋过程。

4.通风设置

整批入孵的前三天（尤其是冬季），进出气口可不打开，随着胚龄的增加，逐渐打开进出气孔，出雏期间进出气孔全部打开。分批孵化，进出气孔可打开1/3~2/3。鸭蛋在孵化中后期，脂肪代谢比鸡强，所以应特别重视通风换气。

5.照蛋观察

生产中根据情况，照蛋会进行2~3次。照蛋的目的是观察胚胎的发育情况，及时剔除不合格的胚蛋，同时，通过观察胚胎的发育情况，可以及时调节并为胚胎发育提供合适的条件。照蛋时要将蛋架放平稳，将蛋盘抽出摆放在照蛋台上，迅速而准确地用照蛋器按顺序进行照检，并将无精蛋、死胚蛋、破蛋拣出，空位用好胚蛋填补或拼盘。

照蛋时要注意以下几点：

（1）照蛋之前应先提高孵化室温度（气温较低的季节），使室温达到30 ℃左右，以免照蛋过程中胚胎受凉。

（2）照蛋要稳、准、快，从蛋架车取下和放上蛋盘时动作要慢、轻，放上的蛋盘一定要卡牢，防止翻蛋时蛋盘脱落。

（3）抽、放蛋盘时，有意识地上下左右对调蛋盘，因任何孵化器，上下左右存在温差是难免的。

（4）整批蛋照完后对被照出的蛋进行一次复查，防止误判。同时检查是否有遗漏的没有照蛋的蛋盘。

（5）照蛋结束后要记录无精蛋、死精蛋及破蛋数，计算种蛋的受精率和头照的死胚率。

另外，有一种照蛋设备称为照蛋箱，当蛋盘放在箱口时压迫微型开关，箱内灯泡打开，而蛋的锐端与箱口的带孔板相对应，光线不外泄。照蛋者能够看清全盘蛋的情况，效率很高，破蛋也少。

6.适时凉蛋

鸭蛋在孵化的中后期必须凉蛋。判断是否凉蛋，除胚龄外还要观察红灯亮（加热）、绿灯亮（断电停止加热）的时间长短及门表温度。若绿灯长时间发亮，门表显示温度超出孵化温度，说明胚蛋出现超温现象，应及时凉蛋，凉蛋的具体操作前已述及。

7.及时落盘

鸭胚发育至25天，把胚蛋从孵化器的孵化盘移到出雏器出雏盘的过程叫落盘（或移盘）。具体落盘时间应根据二照的结果来确定，当蛋中有1%开始出现啄壳，即可落盘。

落盘前应提高室温，动作要轻、快、稳。落盘后最上层的出雏盘要加盖网罩，以防雏鸭出壳后窜出。对于分批孵化的种蛋，落盘时不要混淆不同批次的种蛋。

落盘前，要调好出雏器的温、湿度及进、排气孔。出雏器的环境要求是高湿、低温、通风好、黑暗、安静。

目前，我国已生产出孵化与出雏一体机，适合小型养殖场孵化量较小时采用，一次性投资较低。

8.做好出雏与记录工作

胚胎发育正常的情况下，落盘时就有破壳的，鸭蛋孵化的第26天就陆续开始出雏，第27天就大量出壳。

拣雏有集中拣雏和分次拣雏两种方式。集中拣雏是在雏鸭出壳达80%左右时进行，把没有出壳的胚蛋集中到若干个出雏盘内继续孵化，大批量孵化主要采用此法；分次拣雏则是从有雏鸭出壳开始，每4~6小时拣雏1次。拣雏时要轻、快，尽量避免碰破胚蛋。为缩短出雏时间，可将绒毛已干、脐部收缩良好的雏鸭迅速拣出，再将空蛋壳拣出，以防蛋壳套在其他胚蛋上引起窒息。对于脐部突出呈鲜红光亮，绒毛未干的雏鸭应暂时留在出雏盘内待下次再拣。到出雏后期，应将已破壳的胚蛋并盘，并放在出雏器上部，以促使弱胚尽快出雏。在拣雏时，对于前后开门的出雏器，不要同时打开前后机门，以免出雏器内的温、湿度下降过大而影响出雏。

在出雏后期，可把啄壳口已经扩大、内壳膜已枯黄、外露绒毛已干燥、尿囊血管萎缩、雏鸭在壳内无力挣扎的胚蛋，轻轻剥开啄壳口周围的蛋壳，分开粘连的壳膜，把头轻轻拉出壳外，令其自己挣扎破壳。若发现壳膜发白或有红的血管，应立即停止人工助产。

每次孵化应将入孵日期、品种、种蛋数量与来源、照蛋情况记录下来，出雏后，统计出雏数、健雏数、死胎蛋数，并计算种蛋的孵化率、健雏率，及时总结孵化的经验教训。

9.清扫消毒

出完雏后，抽出出雏盘、水盘，捡出蛋壳，彻底打扫出雏器内的绒毛污物和碎蛋壳，再用蘸有消毒水的抹布或拖把对出雏器底板、四壁清洗消毒。出雏盘和水盘要洗净、消毒、晒干，干湿球温度计的湿球纱布及湿度计的水槽要彻底清洗，纱布最好更换。全部打扫、清洗彻底后，再把出雏用具全部放入出雏器内，熏蒸消毒备用。

10.停电时的措施

孵化场最好自备发电机，遇到停电立即发电。并与电业部门保持联系，以便及时得到通知，做好停电前的准备工作。没有条件安装发电机的孵化厂，遇到停电的有效办法是提高孵化、出雏室的温度。停电后采取何种措施，取决于停电时间的长短、胚蛋的胚龄，以及孵化、出雏室温度的高低。原则是胚蛋处于孵化前期以保温为主，后期以散热为主。若停电时间较长，将室温尽可能升到33 ℃以上，敞开机门，半小时翻蛋一次。若停电时间不超过一天，可将室温升到27 ~ 30 ℃，胚龄在11 ~ 13天前的不必打开机门，只要每小时翻蛋一次，每半小时手摇风扇轮15 ~ 20分钟即可。胚龄处于孵化中后期或在出雏期间，要防止胚胎自

温高，热量扩散不掉而烧死胚胎，所以要打开机门，上下蛋盘对调或拉出蛋架车甚至向胚蛋喷洒温水。若停电时间不长，冬季只需提升室温，夏季不必生火。

（三）孵化效果检查方法

在孵化过程中要定期进行生物学检查，及时了解受精蛋的发育情况，及时发现问题并解决问题，以提高孵化效果。每批孵化结束后，要对相应数据进行分析，总结经验，以指导生产。

1.看胎施温

看胎施温即在人工孵化的过程中，用灯光照蛋，观察和检查胚胎的发育情况，根据胚胎发育的快慢，调节并提供适宜的温度，确保胚胎正常发育，达到每日发育的标准特征，从而获得良好的孵化率。

在进行孵化的过程中，必须结合胚胎本身生长发育的情况“看胎施温”，灵活掌握。因为在种蛋的孵化过程中设备所显示的温度是孵化器内环境中的空气温度，而蛋内的实际温度与孵化器内的空气温度之间是有差异的。看胎施温要掌握以下几项技术：

（1）熟练掌握鸭胚逐日发育标准

从事人工孵化的人员必须熟练掌握这一标准，才能正确对照。一般要求照蛋时间要准确固定，即从入孵后温度达到标准时开始，每经过24小时算1天。

（2）抓住关键时间照蛋，检查胚胎发育是否正常，以便准确调节温度

头照：在孵化满6天时进行。这时发育正常的胚蛋能明显看到“起珠”的特征，即可清楚地看到眼点。如果能看到头部和躯干两个小圆球即“双珠”特征，则表明前7天的发育快了，说明温度偏高，需要适当降温；假若只看到血管，不能看到眼点，则表明发育慢了，是温度偏低的结果，需要适当升温。无精蛋的表现是整个蛋光亮，蛋内透明，有时只能看到蛋黄的影子。死精蛋

能看到不规则的血点、血线或血弧、血圈，有时可见到死胚的小黑点贴壳静止不动，蛋色浅白，蛋黄流散。

抽检：在第13～14天时进行。这次照蛋时，发育正常的胚蛋应该刚好达到“合拢”的标准，即尿囊血管伸展到蛋的小头，两侧血管合拢在一起，整个蛋内被尿囊血管包围，除气室外，都布满了血管。如果尚未合拢，小头仅剩一点亮的部分，并无血管充血或烧伤痕迹，则表明发育慢了（再过半天至一天还可以合拢），这是温度偏低的结果。若发现提前合拢，说明温度稍高，应该略微降温。死胚蛋的两头呈灰白色，中间漂浮着灰暗的死胎或者沉落一边，血管不明显或破裂。

二照：在第20～21天时进行。这时正常胚蛋的特征是刚好“封门”，即小头看不到透亮部分。这表明之前发育很正常，如果尚未封门，但无烧伤痕迹，表明发育较慢，温度偏低，但这时不可升温，只能等候迟出雏了。因为这时升温极易使雏鸭烧伤，造成的损失比迟出更大。假若提前封门了，表明发育稍快，温度略高，应立即适当降温，以免使雏鸭烧伤。

（3）通过预检发现问题及早纠正，保证胚胎正常发育

预检在孵化的第4天进行。为了使第6天按时“起珠”，需要在第4天进行一次预检。如果第4天时明显出现“蚊子珠”的特征，即表明前4天温度适宜，到第6天可以按时“起珠”；若预检时发现已有“小蜘蛛”和“叮壳”的特征，则表明温度偏高，要立即降温；若预检时“蚊子珠”还看不清，则说明前4天温度不足，应该适当升温，争取到第6天时能达到“起珠”的标准。

在照蛋时，还应剔除破蛋和腐败蛋，通过照蛋器可看到破蛋的裂纹(呈树枝状亮痕)或破孔，有时气室在一侧，而腐败蛋蛋色褐暗，有异臭味，有的蛋壳破裂，表面有很多黄黑色渗出物，有时不留意碰触腐败蛋可引起爆炸，如图5–8。

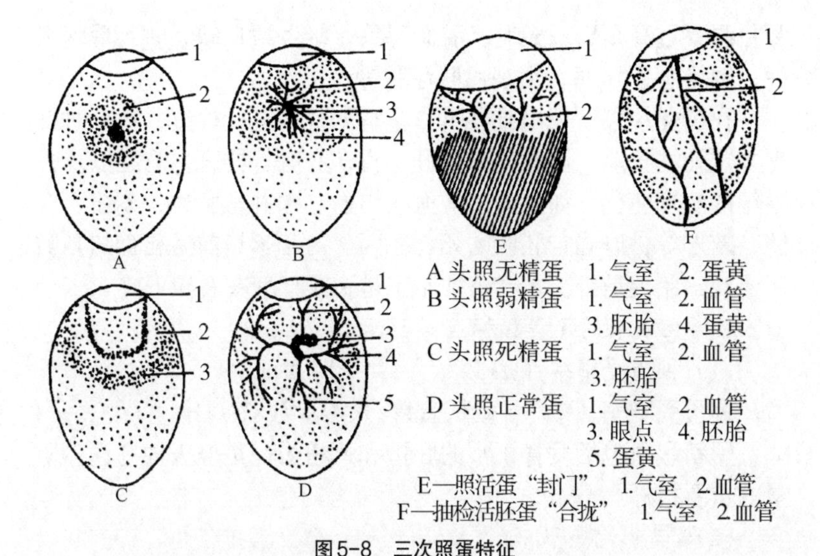

图5-8　三次照蛋特征

2. 出雏期间的观察

雏鸭出壳后，主要从绒毛色泽亮度、脐部愈合好坏、精神状态、体重体形大小、健雏比例等方面来检查孵化效果。健雏绒毛洁净有光泽，脐部吸收愈合良好平齐、干燥且被腹部绒毛覆盖着，腹平坦；雏鸭站立稳健有活力，对光及音响反应灵敏，叫声清脆洪亮；体形匀称，大小适中，既不干瘪又不臃肿，显得“水灵”好看，胫、趾色泽鲜艳。而弱雏绒毛污乱，脐部潮湿带有血迹，精神不振，叫声无力，反应迟钝，体形过小或腹部过大。

另外，还可从出雏持续时间长短、出雏高峰明显与否来观察孵化效果。孵化正常时，出雏时间较一致，一般第28天即全部出齐，出雏高峰明显。孵化不正常时，出雏时间拖得很长，无明显的出雏高峰。

3. 死胎的病理剖检

种蛋品质和孵化条件不良时，死胎一般表现出病理变化。如孵化温度过高则出现充血、溢血现象；维生素 B_2 缺乏时出现脑水肿；缺维生素 D_3 时，出现皮肤浮肿等。

在孵化结束清理出雏器时，应解剖死胎进行检查。检查时首先判定死亡日期。注意皮肤、肝、胃、心脏等器官，胸腔以及腹膜等的病理变化，如充血、贫血、出血、水肿、肥大、萎缩、变性、畸形等，以确定胚胎的死亡原因。对于啄壳前后死亡的胚胎还要观察胎位是否正常（正常胎位是头颈部埋在右翅下)。

4.孵化效果的衡量指标

（1）种蛋受精率（%）

种蛋受精率（%）＝受精蛋数÷入孵蛋数×100%

受精蛋数包括发育正常的胚蛋和死精蛋，是检查种鸭饲养质量的重要指标。

（2） 早期死胚率(%)

早期死胚率(%)＝入孵至头照时的死胚数÷受精蛋数×100%

（3） 受精蛋孵化率(%)

受精蛋孵化率(%)＝全部出壳雏数÷受精蛋数×100%

出雏数包括健雏、弱、残、死雏数。这是衡量孵化场孵化效果的主要指标。

（4） 入孵蛋孵化率(%)

入孵蛋孵化率(%)＝全部出壳雏数÷入孵蛋数×100%

入孵蛋既包括入孵受精蛋也包括入孵未受精蛋，所以这个指标既能反映种鸭场的饲养水平，也可反映孵化场的孵化效果。

（5）健雏率(%)

健雏率(%)＝健雏数÷全部出壳雏数×100%

（6） 死胎率(%)

死胎率(%)＝死胎蛋数÷受精蛋数×100%

死胎蛋指出雏结束后扫盘时尚未出壳的胚蛋，也称毛蛋。死胎率一般低于5%。

六、雏鸭的雌雄鉴别

初生雏鸭雌雄鉴别十分重要。商品蛋鸭场通过雌雄鉴别可分群饲养或把公鸭淘汰处理，这样可以节约饲料、房舍及设备。在生产中，雏鸭的雌雄鉴别有翻肛鉴别法和鸣管鉴别法两种，使用最普遍、准确率最高的是翻肛鉴别法。

（一）翻肛鉴别法

翻肛鉴别法是一种适用于所有品种初生雏鸭的雌雄鉴别方法，此法鉴别的准确率高，但速度较慢。

1.方法

鉴别者左手捉住雏鸭颈部，雏鸭背部贴近手掌，尾部在虎口处。

（1）抓雏排粪

将雏鸭头朝上，尾向下，对着接粪缸，拇指按压雏鸭腹部，使雏鸭排粪。

（2）握雏翻肛

排粪后，将雏鸭尾向上，右手拇指和食指分别放在雏鸭肛门上下两侧，稍用力向两侧翻，同时左手拇指在腹部稍用力向上轻顶，雏鸭泄殖腔就会外翻。

（3）鉴别放雏

翻开肛门时肉眼可以看到，初生的雄雏，在肛门口的下方有一长2~3毫米的小阴茎；状似芝麻，只有三角瓣形皱褶者为雌雏。

2.注意事项

鉴别要在光线较强的地方进行，这样才容易看清楚有无外生殖器；雏鸭的肛门比较紧，翻肛时的力度比雏鸡鉴别时稍大，注意应在绒毛干后立即进行翻肛鉴别，此时对雏鸭损伤较小。

（二）捏肛法

经验丰富的人员，采用捏肛法鉴别雌雄。

鉴别时，左手抓雏鸭使鸭头朝下，腹部朝上，背靠手心，鉴定者右手拇指和食指捏住肛门的两侧，轻轻揉搓，如感觉到肛门内有个芝麻似的小突起，上端可以滑动，下端相对固定，这便是阴茎，即可判断为雄雏；如无此小突起的即是母雏（母雏在用手指揉搓时，虽有泄殖腔的肌肉皱襞随着移动，但没有芝麻点的感觉）。

采用捏肛鉴别法时，要有长期的丰富经验才能准确鉴别。有经验的人捏摸速度很快。每小时可鉴别1 500～1 800只，准确率达98%～100%。

（三）顶肛法

左手捉鸭，以右手中指在鸭的肛门外部轻轻往上顶，如果感觉到有芝麻粒大小突起者即为雄雏，没有便为雌雏。运用此方法要求中指的感觉灵敏，此法需经长期训练，方能熟练掌握。熟练掌握后，鉴别速度较快、较准。

（四）鸣管鉴别法

鸣管又称下喉，在气管分叉的顶部，是鸭的发声器官，雌雄雏鸭的鸣管在形态结构上有较大的差异。雄雏鸭的鸣管较大，直径有3～4毫米，横圆柱形，微偏于左侧，在胸前就可摸到。雌雏鸭的鸣管则很小，仅在气管的交叉处稍微粗大些。触摸时，左手拇指与食指抬起鸭头，右手从腹部握住雏鸭，食指触摸颈基部，如有直径3～4毫米的小突起，鸣叫时能感觉到振动，即是雄雏鸭。

第六章　蛋鸭的饲养管理

一、蛋鸭的饲养方式

饲养方式要根据圈舍的实际情况、饲养技术水平及品种而定，常用的饲养方式有以下几种：

（一）地面垫料平养

地面垫料平养是蛋鸭生产中常用的一种养殖方式，此方式一次性投入资金较少，尤其适宜农户或小规模饲养场使用。

地面垫料平养是在地面上铺上一定厚度的垫料，鸭群在垫料上生活，定期对垫料进行翻晒、加铺或更新。此种方式尤其适宜于鸭育雏期使用。雏鸭养在铺有垫料的地面上，由于厚厚的垫料发酵而产热，使得室温提高；垫料内微生物可以产生维生素B_{12}；雏鸭经常会翻动垫料，使雏鸭的运动量增加，从而增加食欲和新陈代谢，促进其生长发育，如图6-1。

图6-1　地面垫料平养

垫料可选用切碎的麦秸、稻壳、刨花、锯末、木屑等。要求垫料干燥、柔软、吸水性好、无异味。饲养时应勤更换发霉变质的垫料，并注重消毒，保持良好的通风和适宜的密度。

垫料平养的缺点：每平方米可饲养蛋鸭数相对较少，鸭群直接生活在垫料上，卫生条件差，易患寄生虫病。

（二）网上平养

网上平养即在舍内高出地面60~70厘米的地方装置金属网，也可用木板条或竹板条做成栅状高床代替金属网。金属网孔尺寸为20毫米×80毫米，育雏前期在网面上加铺一层菱形孔塑料网片，防止雏鸭落入网下。鸭群的采食、饮水均在网上完成，排泄的粪便通过网床的网格落到网下地面，鸭不与粪便直接接触，卫生条件较好。

这种饲养方式提高单位面积饲养量和鸭舍的利用率，方便管理，提高劳动生产率，减少饲料浪费，降低工人劳动强度，减少疾病感染机会，提高成活率，适合于大中型养鸭场及科研单位使用，如图6-2。

图6-2　网上平养

（三）笼养

蛋鸭的笼养是借鉴了鸡的笼养经验，根据鸭的生物学特性加以改进而形成的一种适宜于集约化蛋鸭生产的养殖方式，如图6-3。

图6-3　笼养蛋鸭

1.蛋鸭笼养的优点

（1）房舍及地面利用率高

笼养蛋鸭一般分2～3层进行饲养，不设游泳池，这样不仅减少了水的用量，而且提高了地面的利用率。

（2）劳动效率高

有条件的鸭场可以自动喂料、自动集蛋，从而大大减轻劳动强度，提高生产效率。蛋鸭笼养时更适宜采用人工授精方式繁殖后代，进一步降低了养殖成本。

（3）卫生条件好

笼养时鸭不与地面和粪便直接接触，减少了疾病的感染机会，尤其是鸭球虫病、鸭传染性浆膜炎、大肠杆菌病等，健康状况较好。在饲养过程中还能及时发现病鸭并给予隔离治疗，防止全群大范围内病原菌的传播。

（4）鸭蛋质量好

鸭蛋产出后直接滚落到集蛋槽中，不与地面和粪便直接接触，降低了脏蛋的比例，并且鸭蛋不会因为鸭的活动而在地面上滚动导致撞破，降低了破蛋率。

（5）饲料消耗低

由于鸭在笼中生活，其活动受到限制，减少了能量的消耗，从而提高了饲料转化效率，节省饲料，降低了养殖成本。笼养时，可及时淘汰低产及停产鸭，减少了饲料的消耗。

（6）鸭粪可以再利用

自动清粪机清理粪便后，鸭粪可以集中起来生产有机肥，增加经济效益。

2.蛋鸭笼养的缺点

笼养蛋鸭的成本相对较高；蛋鸭笼养时需要特制不同阶段的鸭笼，使养鸭的成本提高；如仅饲养一年，经济效益不如平养可观，所以此方式适合具有一定规模的养殖场采用。

二、养殖前的准备工作

（一）育雏时间的选择

1.春雏

农历春分（3月下旬）至立夏甚至小满（5月前后）出壳的雏鸭称为春雏。在此期间环境温度逐渐上升、自然光照时间逐渐延长，水温逐渐升高，青草、昆虫、水生动物等天然饲料数量逐渐增多。春雏的饲养成本相对较低、成活率比较高。

春雏处于光照时间逐渐延长的季节，其育成期天然的饲料资源比较丰富，因此，其性成熟期容易提前。进入秋末的时候由于鸭群已经产蛋一段时期，体质下降，羽毛有部分脱落或磨损，遇到气温突然下降便容易出现产蛋率急剧降低的情况。

2.夏雏

芒种（6月上旬）至立秋（8月中旬）出壳的雏鸭称为夏雏。这几个月气温高、湿度大，野生饲料资源丰富。育雏期间的保温要求容易满足，3周龄后就可以将雏鸭群放到周边进行放牧饲养，1月龄后放牧范围可以扩大。

夏雏的育成期是野生饲料资源丰盛的时期，在育成期进行放牧饲养不仅可以节省饲料费用，还能增强鸭的体质，为成年后的高产打下良好基础。

3.秋雏

立秋（8月中旬）至白露（10月初）出壳的雏鸭称为秋雏。秋雏在育雏阶段要考虑保温问题。在淮河以北的地区，秋雏的育成期处于野生饲料资源匮乏时期，需要以舍饲为主。

由于我国地域辽阔，各地自然气候的差异较大，相应的在野生饲料资源的生长情况、环境温度等方面也存在很大差异。因此，在确定育雏时间时，应该以所采取的饲养方式和当地的具体气候变化特点为依据。

（二）育雏数量的确定

1.依据饲养者的经济实力

蛋鸭生产尽管投资较少，但是一些必要的投资是必不可少的，如房舍、设备、鸭苗、饲料和药品等。尤其是在初建厂的时候，固定成本需要占用一定数额的资金。对于蛋鸭生产的固定成本，一般按照每只成年母鸭计算为8～18元。由于各地情况不同，也会有较大的差别。对于1 000只产蛋鸭的饲养者来说，初期的固定成本需要0.8万～1.8万元，1只雏鸭饲养至开产的投资需要10～16元。

在确定饲养数量时必须根据自己的资金情况做出决定，避免在饲养过程中由于资金的短缺而出现饲料及其他生产必需品无法保证的问题。

2. 饲养的环境与设施条件

每只成年母鸭约需要0.25平方米的鸭舍、0.3平方米的运动场和0.1平方米以上的水面。饲养和活动面积不足，则会影响鸭群正常的生产。

3. 市场需求的分析情况

对于一个鸭场来说，生产效益的决定因素是产品的销售价格。因此，如果判断出当鸭群开产后鸭蛋（或种蛋）的价格较高时，可以适当增加饲养量；反之，则应该适当压缩饲养规模。

（三）育雏室和设备的检修、清洗及消毒

雏鸭阶段主要是在育雏室内进行饲养，育雏开始前要对鸭舍及其设备进行清洗、消毒和检修，目的是尽可能将环境中的微生物减至最少，保证舍内环境的适宜和稳定，有效防止其他动物的进入。

对鸭舍的屋顶、墙壁、地面、取暖、供水、供料、供电等设备进行彻底的清扫、检修，能冲洗的要冲洗干净，鼠洞要堵死，然后再进行消毒。用石灰水、碱水或其他消毒药水喷洒或涂刷。清洗干净的设备用具须经太阳晒干。

清扫和整理完毕后在舍内地面铺上一层干净、柔软的垫料，一切用具搬到舍内，用福尔马林熏蒸法消毒。鸭舍门口应设置消毒池，放入消毒液。

对于室外附设有小型洗浴池的鸭场，在使用之前要对水池进行清理消毒，然后注入清水。

（四）饲养用具设备等物资的准备

应根据雏鸭饲养的数量和饲养方式配备足够的保温设备、垫料、围栏、料槽、水槽、水盆（前期雏鸭洗浴用）、清洁工具等设备用具，备好饲料、药品、疫苗，制定好操作规程和生产记录表格。

(五) 选好饲养人员

育雏是一项细致、复杂而辛苦的工作，育雏前要慎重地选择饲养人员。作为育雏人员要有一定的科学养鸭知识和技能，要热爱育雏工作，要有认真负责的工作态度。对于没有经验的人员，要进行短期技术培训。

(六) 做好试温工作

无论采用哪种方式育雏和供温，进雏前2~4天对舍内保温设备要进行检修和调试。在雏鸭接入育雏室前一天，要保证室内温度达到育雏所需要的温度，并保持温度的稳定。

(七) 做好雏鸭的选择与运输

1.雏鸭的挑选

为获得较高的育雏成活率和培育出高产的鸭群，选择优质的雏鸭是关键。

(1) 对品种的选择

根据当地自然气候条件及养殖方式来选择品种。例如，北方地区应选择耐寒性强的品种，如青壳Ⅰ号；青壳Ⅱ号更适合南方温暖湿润环境条件下饲养；海边滩涂地应选择耐盐性强的品种，如金定鸭、莆田黑鸭等。

(2) 对供雏者的选择

目前，我国大部分的蛋鸭饲养在农户，饲养规模较小，也很少做选育工作，所提供的雏鸭不可避免地存在退化问题。因此，在选择供雏者时最好到规模大、选育工作开展较好的种鸭场。

(3) 对孵化情况的选择

购买雏鸭要到孵化技术先进、孵化卫生管理较好的孵化场，以减少雏鸭在孵化期间的感染问题，要挑选在正常出雏时间出壳、当批次种蛋受精率和孵化率高的雏鸭。

(4) 对雏鸭自身情况的选择

雏鸭的毛色要一致，羽毛整洁而富有光泽，大小相近，眼大有神，行动灵活，抓在手中挣扎有力，脐部收缩良好，鸣叫声响亮而清脆。这样的雏鸭体质健壮，生命力强。

凡是体重过大或过小、软弱无力、腹部大(蛋黄吸收不好)、脐部愈合不好(脐孔没收紧、钉脐、血脐)的都是弱雏，弱雏育雏期成活率低。凡是有残疾的，如跛脚、盲眼、歪头等均应剔除。如果选择作为种用的雏鸭还应符合品种的外貌特征。

2. 雏鸭的运输

运输初生雏鸭是育雏工作的一个重要环节，稍有疏忽，就可能带来重大的经济损失。

（1）雏鸭的包装

可用雏鸡盒(纸质或塑料)装雏鸭，每盒80只。

（2）运输雏鸭的基本原则

迅速及时，舒适安全，注意卫生。要把雏鸭安全运输到目的地，途中必须做到“防冷、防热、防压、防闷”。

（3）运输时间

雏鸭出壳后，必须在开食前运输，一般来说，不能超过出壳后36小时。开食前的雏鸭有先天抵抗力，运输比较安全。

（4）运输工具

短途运输数量少时最好用担子挑运，长途运输宜用飞机、火车、专车或船。

（5）运输注意事项

天气热时，选择清晨或夜间凉爽时运输，避免日晒雨淋。冷天运输，要注意保温，加盖棉毡或麻袋。要经常察看雏鸭情况，发现过热、过冷、通风不良、挤压等，应及时采取措施。装车时每行与车厢之间要有空隙。装卸时要小心平稳，避免倾斜。运雏车和装鸭用具使用前要做好消毒工作。

三、蛋鸭育雏期的饲养管理要点

（一）育雏环境控制

适宜的环境条件是雏鸭正常发育的基本保证，也是影响育雏效果的重要条件。环境条件的控制主要是在利用自然条件的基础上对不适宜的条件进行人为调整，使之满足雏鸭的需求。

1.环境温度

这是环境条件中影响最大的因素，也是最容易出现问题的因素。

（1）环境温度对雏鸭的影响

雏鸭自身调节体温的能力差，而且个体小，绒毛稀，对外界不适宜的温度反应十分敏感，尤其是前2周龄的雏鸭更是如此。因此，必须给雏鸭适宜的温度，切忌忽高忽低，这也是育雏成败的关键。环境温度的过高或过低会造成雏鸭体温的升高或降低，偏离正常的生理体温，这对雏鸭的健康和生长是有害的。

（2）供温方式对育雏效果的影响

生产中，在育雏室内的供温可以采用地下火道、火炉、保温伞、红外线灯等方式。通常来说，地下火道供温可以保持地面和垫草的干燥，有利于减少球虫和其他微生物的繁殖，也有利于雏鸭腹部的保暖。保温伞用电热丝作热源，伞下温度较高，伞外较低，雏鸭可以根据自己的需求选择活动的区域。这两种供温方式应用较多。

（3）温度控制的标准

育雏的温度可以参照表6–1所示的标准。

表6–1　蛋鸭育雏期温度控制参考标准

周龄/周	1	2	3	4
育雏室温度/℃	26 ~ 28	23 ~ 25	19 ~ 21	15 ~ 17
雏鸭周围温度/℃	29 ~ 32	24 ~ 28	22 ~ 24	17 ~ 24

（4）看雏施温

温度是否适宜，除通过温度计进行观察外，还可以结合观察雏鸭群的动态表现。温度适宜时，雏鸭表现活泼，食欲良好，饮水适度，羽毛光滑整齐，吃饱后散开卧地休息，伸腿舒颈，静卧无声（图6-4）；温度偏低时，雏鸭低头缩颈，常堆挤在一起，外边的鸭不断地往鸭群里边钻，并发出不安的叫声，或靠近热源取暖，此时需要提高温度，否则，时间长了，会造成压伤或窒息死亡；温度偏高时，雏鸭远离热源，张口喘气，饮水增加，要适当降低温度。

图6-4　温度合适条件下雏鸭群

（5）温度控制的原则

雏鸭舍内的温度要求适宜而均衡。所谓适宜是指温度符合标准，让雏鸭感觉舒适。所谓均衡，是指在育雏过程中无论采用何种供温方式，随日龄增加必须逐渐降低温度。降温应做到适宜平稳，切忌大幅度降温或忽高忽低，否则容易诱发疾病。在1天内也应该注意避免温度出现较大幅度的升降。

在温度管理上，最关键的是第1周，必须昼夜有人值班，细心照料。正如农谚所说：小鸭请来家，五天五夜不离它。在育雏期间，夜间是容易出现温度控制失当的时候，需要加倍关注。

2.环境的相对湿度

相对湿度对雏鸭的影响不像温度那么大。蛋鸭喜欢游水，却不能整天泡在水里。雏鸭更喜欢干爽的环境，圈窝要保持干燥清洁。

（1）雏鸭舍湿度要求

65%左右的相对湿度对于育雏阶段的鸭是比较适宜的。对于10日龄前的雏鸭，当湿度偏低时，雏鸭皮肤表面水分蒸发，容易出现皮肤干燥，甚至绒毛脱落；湿度大则会造成羽毛脏污，寄生虫和微生物容易繁殖。

（2）育雏室湿度控制

育雏室内湿度不能过大，圈窝不能潮湿，垫草必须经常保持干燥，尤其是在雏鸭吃过饲料或下水游泳回来休息时，一定要在干燥松软的垫草上休息。因此，在管理上必须做到勤换垫草，保持鸭舍或圈窝内干燥和清洁。喂水时一定不能将水洒在地面上。1周内舍内空气湿度控制在60%以上，1周后以不超过70%为宜。

3.通风换气

雏鸭生长快，新陈代谢旺盛，生活中单位体重需要消耗更多的氧气，同时也排出大量二氧化碳。所以，育雏舍要特别注意通风换气，以保持舍内空气新鲜，不受污染。为了保证通风，应在育雏舍安装排风扇，采用负压通风换气。

在低温季节通风和保温是一对矛盾，通风不利于保温。在处理这个矛盾时，要注意保证育雏舍每天要定时换气，朝南的窗要适当打开，但要防贼风，不要让风直接吹到鸭身上。尤其是在冬春季节，冷风直接吹向鸭体会诱发感冒。同时要注意加强垫草管理，保持干燥，减少污染，使空气新鲜。

4.光照

光照对于不同日龄的蛋鸭意义是不同的，例如，光照对雏鸭的生长发育、物质代谢、运动等有重要作用。在温度适宜的情况下应让雏鸭到运动场活动，接受阳光照射。雏鸭只有在适宜的光照下，才能熟悉周围的环境，学会采食和饮水。在不能利用自然光照或自然光照不足时，可以用人工光照来补充。

光照时间的要求为：0～7日龄的雏鸭，每天光照20～23小时，灯泡照明时的光照强度可以每平方米地面4~5瓦的灯泡功率作参考。从8日龄开始，逐步缩短光照时间（第2周每天光照约18小时），降低光照强度（每平方米地面3~4瓦的灯泡功率作参考）。从15日龄起，要根据不同情况，如上半年育雏，白天利用自然光照，夜间以较暗的灯光（每30平方米地面可用1个15瓦的灯泡）通宵照明，只在喂料时间用较亮的灯光照半小时；如果在下半年育雏，由于自然光照时间短，可在傍晚适当增加1～2小时光照，夜间其余时间仍用较暗的灯光通宵照明。

在育雏室内用灯泡补充光照时，一般不考虑使用特殊颜色的灯泡。

（二）开水与饮水管理

1. 开水

刚孵出的雏鸭第一次接触水或饮水，称为开水、点水或潮口。及时开水对于补充雏鸭体内水分、增强活力、促进胎粪排出是十分重要的。

（1）开水的时间

开食之前先调教雏鸭开水。开水一般在雏鸭出壳后24小时左右进行。推迟开水时间不利于雏鸭的新陈代谢活动和生长发育。

（2）开水的工具

开水可以在长方形搪瓷盘中进行，盘长为60厘米，宽为40厘米，边高为4厘米；也可以用鸡饮水器底盘、大水盆作为开水的工具。

（3）开水的方法

用长方形搪瓷盘时，盘中盛1厘米深的清水，水温以20 ℃左

右为宜，1次可放50～60只雏鸭，任其自由饮水，洗毛；也可以将雏鸭分批放在鸭篮内，视鸭篮大小，一批可放30～60只，慢慢将鸭篮浸入水中，以浸没鸭脚为宜。也可以将雏鸭放到潮湿的篾席或塑料布上，塑料布四周垫竹竿或木条，使水不外流，然后用小喷水壶向雏鸭身上喷洒温水，让雏鸭相互啄食身上的水珠，这种方法适合于在气温较低的早春或秋末进行。

（4）开水的要求

若将雏鸭放在浅水中，开水活动时间一般为5～10分钟，天气冷时，时间短些；天热时，时间长些。饲养量多的鸭场给雏鸭饮水多采用饮水器（图6-5）或浅水盆，水中可加入0.02%的高锰酸钾、抗生素等，以防治肠道疾病。雏鸭经过2～3次就可学会饮水和洗毛。在饮水时注意水不要过深，以免淹死雏鸭。

图6-5　雏鸭饮水

2.饮水

开水之后就可以按照正常的程序进行喂饲和饮水。饮水的控制原则是清洁、充足。

（1）保证饮水的充足

在有光照的时间内，应保证饮水设施内有足够的清水，以满足雏鸭饮用，尤其是在喂饲前后绝不能缺水。因为鸭在采食的时

候往往是吞吃几口饲料，然后饮几口水，如此反复进行。如果缺水，则会影响雏鸭的采食进而影响生长发育。

在气温较高的情况下，7日龄后的雏鸭可以到浅水池中游水，在雏鸭游水之前必须保证不让它们因缺水而感到口渴，否则雏鸭进入水池后会饮用脏水而导致发生疾病。

（2）保证饮水的卫生

饮水卫生是避免雏鸭患消化系统疾病的重要保证。生产中要求每天至少刷洗饮水器、更换饮水3次，以保证饮水干净。在采用水盆供水时尽量避免雏鸭踏入水盆，如果盆中水脏污，必须及时更换。

对饮水进行消毒处理也是保证饮水卫生的重要环节。消毒药应该对机体无刺激和毒害。

（3）饮水的特殊要求

为了提高雏鸭的抵抗力、促进生长，通常在5日龄前，在饮水中添加葡萄糖、电解多维、补液盐等添加剂。这些添加剂在使用的时候要注意用量适当，并非越多越好；每次配制的含有添加剂的饮水量不宜多，让雏鸭在1小时内能够饮完，时间长则会引起水的变质及添加成分的分解失效。

（三）开食与喂饲管理

1.雏鸭的开食

第一次给雏鸭喂食称为开食。

（1）开食的时间

开食要在开水后进行，开水后雏鸭变得活跃，此时开食效果好。开食一般在开水后15分钟左右进行，但也有开水后紧接着开食的。通常，开食时间不宜迟于出壳后36小时。开食时间提前一般没有明显的不良影响，而开食时间推迟则会使雏鸭体内营养消耗过多，影响其健康。开食时间的掌握主要根据外界气温和雏鸭的精神状态来决定。气温高，雏鸭出壳较早，精神活泼，有

求食表现时，可在开水后接着就开食；相反，应在雏鸭绒毛稍干后进行。

（2）开食的饲料

饲喂者可以自配制开食料。开食饲料主要是半生半熟的夹生米饭，要选用籼米，北方可选用小米或碎玉米。用沸水煮成外熟里不熟的程度，煮好后用清洁的凉水冲洗一下，使米饭松散，达到“不生、不烂、不黏、不硬”。一些大型蛋鸭场直接用配合饲料拌湿后作为开食饲料使用。

（3）开食的方法

饲喂时将雏鸭放到塑料布或芦席上，先洒点水，略带潮湿，然后放出雏鸭，饲养员一边轻撒饲料，一边吆喝调教，诱使其啄食。这时要细心观察，要使每只雏鸭都能够吃到饲料。对于采食较猛较多的雏鸭，要提前捉出，以免吃得过饱伤食。将部分吃得少或没有吃到饲料的雏鸭，单独圈在一起，专门喂料。对个别仍不吃食的雏鸭，可以单独喂点糖水，最好是葡萄糖水。只要开食时雏鸭能吃进一点东西，以后就比较好养，再喂时雏鸭吃食就比较整齐，雏鸭以后的生长发育也比较统一。

采食前3天，饲喂开食料。4日龄后，可逐渐过渡到混合饲料。规模稍大的养鸭场用全价配合饲料，可以调制成湿粉料或颗粒料喂鸭。湿粉料要现拌现喂，调制的干湿程度以手捏紧后指缝无水滴溢出为度。若用颗粒料，1～14日龄雏鸭用直径为2～3毫米的颗粒料，15日龄后用直径5～7毫米的颗粒料。

2. 雏鸭的喂饲

（1）开食后的喂养与饲喂次数

开食后的喂饲要做到由精到粗、由熟到生、由软到硬、由少到多。10日龄以内的雏鸭，每昼夜喂5～6次，即白天4次，夜晚喂1～2次；11～20日龄雏鸭，白天减少1次，夜晚仍喂1～2次；20日龄以后，白天喂3次，夜晚喂1次。如果在20日龄后采用放牧饲养方式，可视野生饲料情况而定补饲次数和数量。野生饲料资源较好的时候，午餐可不喂，晚餐可以少喂，清晨放牧前可适当补充精料，使雏鸭在放牧过程中有充沛的体力采食活食。

（2）喂饲方法

7日龄前的雏鸭可以将拌湿的饲料撒在塑料布或芦席上，由雏鸭自由采食；8日龄以后的雏鸭，可以用料桶底盘盛放饲料，以减少饲料浪费和避免粪草污染。雏鸭阶段一般采用拌湿的粉状饲料喂饲，个别有使用颗粒饲料的，使用颗粒饲料时必须保证饮水的充足，而且以距料盘较近为好。

（3）加腥与加青

农谚说：鸭要腥，鹅要青。随着蛋鸭集约化生产和配合饲料工业的发展，不少地区已改用配合饲料喂饲雏鸭，或只在开食头两天喂夹生米饭，从第3天起即加入少量动物性饲料(即加腥)，如鱼粉或黄鳝、蚯蚓、小鱼虾等，并加入少量青饲料(即加青)；从第七天起全部喂配合饲料，青料的喂量为精料的20%～30%，不喂青料的加喂维生素。

雏鸭饲料中缺乏动物性饲料会引发“咬鲜病”，雏鸭相互啄羽毛，精神不振，生长缓慢。及时添加动物性饲料（尤其是鲜活的鱼虾等）可以防治“咬鲜病”。

（4）饲料的要求

根据雏鸭的生理特点，雏鸭的饲料要求颗粒适中（大小与小绿豆相似）、配制饲料所使用的原料要易于消化，不能发霉变质或受微生物、寄生虫、农药等污染，饲料的营养浓度要高。

（5）雏鸭饲喂量的控制

一般小型蛋用品种雏鸭在开食当天的喂饲量按照2.5克/（只•日），以后按2.5克/（只•日）的幅度递增，一直加至50日龄为止，每只鸭每日消耗125克饲料以后就稳定下来。表6-2是绍鸭育雏期前2周喂料量参考标准。雏鸭前3天的喂量应适当控制，

只让吃七八成饱，3天后可放开喂料，但不能让鸭吃得过饱。若喂料后鸭仍跟着人转，不断鸣叫，说明喂料不足，没有吃饱，要适当补加一点，或中间加喂1次青料。如果精料按标准供给，可适当增加粗料或青料。每次吃食时间以10分钟为宜，不超过15分钟。

表6-2 绍鸭育雏期喂料量参考标准

日龄	1	2	3	4	5	6	7
喂料量/［克/（只·日）］	2.5	5	7	1	12.5	15	17.5
日龄	8	9	10	11	12	13	14
喂料量/［克/（只·日）］	20	22.5	25	27.5	30	32.5	35

1周龄后的雏鸭可以适当采取措施，促进采食，这对于雏鸭体重的较快增加、增强体质是很有帮助的。即便是在28日龄时，雏鸭的体重超过标准10%以内都是能够接受的。

（四）放水和放牧

1.放水

将雏鸭赶到水面上游泳、洗浴、饮水称为放水。放水的目的是让雏鸭适应水禽的特性，加强运动，促进消化和新陈代谢，促进其生长发育，保持鸭体清洁，锻炼在水中觅食的能力。同时，放水也能锻炼鸭的胆量，增加与人接触的机会，使其遇到环境变化时不受惊吓，如图6–6。

图6–6 雏鸭放水

夏季不能在中午烈日下进行放水活动，冬季不能在阴冷的早晚进行。雏鸭每次下水活动上岸后，都要让其在温暖无风的地方梳理羽毛，使身上的湿毛尽快干燥后，进育雏舍休息。千万不可带着湿毛进舍内休息。

放牧饲养的鸭群要从小训练鸭下水。1~5日龄可与雏鸭开水结合起来进行。但因雏鸭尾脂腺不发达，羽毛防湿性能较差，放水时间不宜过长。否则，湿透羽毛易受凉感冒。一般上午和下午各1次，每次3~5分钟。随日龄的增加，可逐步增加放水时间和次数。在5月中旬以后，15日龄以后的雏鸭可以在晴好无风的时候到育雏室外附设的水池中游泳洗浴。由于雏鸭日龄大小、体质强弱、气温、喂料性质等条件的差异，放水的次数及时间的长短，要根据具体情况灵活掌握 。如果雏鸭体质强壮、气温高、喂动物性饲料多就可以使放水时间长一点，次数多一些。

2.放牧

如果天气好，可以带1周龄以上的雏鸭进行放牧训练，使雏鸭适应自然环境，增强体质和觅食能力。开始可以选择晴朗天气下，在外界温度和舍内温度相近时，放鸭于舍外运动场或鸭舍周围的牧草地活动，不宜走远，时间不宜长，每次20~30分钟。待雏鸭适应后，慢慢延长放牧路线，选择较理想的放牧场地。2周龄后，只要气温适宜，天气晴朗，圈养鸭白天均可在运动场活动；放牧饲养鸭每天上、下午各放牧1次，中午休息，时间由短到长，逐步锻炼，但最多不超过1.5小时。雏鸭从放水处回来时，要到清水中游洗一下，然后上岸梳理羽毛，入舍休息。

3.放牧雏鸭的补饲

要观察放牧鸭群觅食的情况，如果放牧场地好，吃的东西很多，鸭就不来讨吃的，补喂饲料可以减少。如果吃的东西少，鸭群在牧地游来游去，个别鸭边游水边叫，要赶快补喂饲料。如果鸭只游来游去，不时潜水没头，非常活泼，时间可以放得长一

些。

一般情况下，雏鸭阶段放牧采食的量有限，补饲是十分重要的。

（五）雏鸭的管理

1.搞好卫生消毒工作

（1）搞好环境卫生

雏鸭抵抗力低，易感染疾病，因此要给雏鸭提供一个清洁卫生的环境。随日龄增长，雏鸭排泄物不断增多，鸭舍极易潮湿。因此，必须经常打扫，勤换垫草，保持舍内干燥。

除育雏室要定期清扫外，运动场也应该每天清扫，及时将杂物运送到垃圾场。水池中定期更换水，每次换水时将池底杂物清理干净。

（2）定期进行消毒

消毒的目的在于及时杀灭环境中的微生物，防止传染病的发生。食槽、饮水器每天要清洗、消毒。当雏鸭到运动场活动或外出放牧的时候，可以对鸭舍内的地面和墙壁进行消毒，雏鸭回舍内的时候，可以对运动场和水池进行消毒。

（3）按时接种疫苗和投药防病

根据种鸭的免疫情况决定接种鸭病毒性肝炎、鸭瘟等疫苗。2日龄接种病毒性肝炎疫苗和里默菌疫苗，4周龄和15周龄各接种1次鸭瘟疫苗。

2.减少意外伤亡

（1）防止野生动物伤害

雏鸭缺乏自卫能力，老鼠、蛇、鹰、猫和狗都会对它们造成伤害。因此，育雏舍的密闭效果要好，任何缝隙和孔洞都要提前堵塞严实。当雏鸭在运动场、水池活动时都要有人照料鸭群。

（2）减少挤压造成的死伤

舍温过低、受到惊吓、洗浴后羽毛未干就进入育雏舍都会引起雏鸭挤堆，造成雏鸭死伤。

（3）防止踩、压造成的伤亡

当饲养员进入雏鸭舍的时候，抬腿落脚要小心以免踩住雏鸭，放料盆或料桶时避免压住雏鸭；工具放置要稳当，操作要小心，以免碰倒工具砸死雏鸭。

其他情况下也应特别注意，避免伤亡。如放水时应注意观察，防止溺水（主要是10日龄前的雏鸭），笼养时防止雏鸭的腿脚被底网孔夹住、头颈被网片连接缝卡住等。

3. 及时分群

及时分群有助于调整密度，分群时要按照雏鸭体重的大小、体质的强弱及性别来分群，一般300~500只/小群。

饲养密度会直接影响雏鸭的健康，在适宜的密度条件下，雏鸭生长发育良好。如密度过高，雏鸭采食、饮水和活动都不方便，生长发育受阻，还容易导致疾病的暴发；如密度过低，又会造成空间的浪费。绍鸭育雏期饲养密度参考值见表6-3。

表6-3　绍鸭育雏期饲养密度参考值（只/米^2）

周龄	1	2	3	4
冬季	33~30	30~25	25~21	21~16
夏季	36~32	32~28	28~23	23~18

注：表中数据是指在有舍外运动场的条件下的参考数据。

4. 建立稳定的管理程序

蛋鸭具有集体生活的习性，合群性强，各种行为要在雏鸭阶段开始培养。经过调教训练，使鸭群的饮水、吃食、下水游泳、上岸理毛、入舍休息、放牧等活动做到定时定地，专人管理，并形成规律。根据这一规律，建立一套管理程序，以后不要轻易改变。若要改变，也要逐步变化。如果频繁改变饲料和生活秩序，不仅影响鸭的生长，也会造成疾病，降低育成率。

（六）鸭群观察要点

1.采食饮水时观察

每日观察鸭群的采食饮水状况，正常情况下，每次喂料时，鸭采食积极，采食量、饮水量正常。如发现采食不积极，采食量下降要马上查找原因。

2.放水时观察

正常情况下，鸭下水积极，在水中游泳状态好，非常活泼。如发现鸭不肯下水，下水后湿毛等，可能是鸭缺乏营养或患病。

3.健康观察

如鸭精神状态不好，眼睛半闭，眼睛周围有分泌物，活动量减少甚至停止活动，有充血、水肿等症状时，表明鸭群已经患病，对于患病个体要及时隔离并对症治疗，对鸭舍及内外环境要进行消毒，鸭群要进行相应的免疫。

四、半舍饲圈养青年鸭培育要点

蛋鸭从第5~16周龄为育成期，此阶段的蛋鸭也称为青年鸭。青年鸭阶段饲养管理的好坏会直接影响产蛋期鸭生产性能的发挥。

育雏期结束后，仍将青年鸭圈在固定的鸭舍内饲养，不予放牧。舍内设置厚垫料、网床或棚板，设置饮水系统、排水系统、陆地运动场和水上运动场。此方法的优点是：养殖环境易控制，有助于科学养鸭，鸭群不放牧，节约劳力，提高劳动效率，同时也提高了鸭群的成活率，减少传染病及中毒的概率。

（一）合理分群，掌握适宜密度

1.分群

合理分群能使鸭群生长发育趋于一致，便于管理。鸭群不宜太大，每群以500只左右为宜。分群时要淘汰病、弱、残鸭，要尽可能做到日龄相同、大小一致、品种一样、性别相同。

2.保持适宜的饲养密度

分群的同时应注意调整饲养密度，适宜的密度是青年鸭健康、生长良好、均匀整齐，为产蛋打下良好基础的重要条件。值得一提的是，在此生长期，羽毛快速生长时，特别是翅部的羽轴刚出头时，密度大易相互拥挤，稍一挤碰，就疼痛难受，会引起鸭群践踏，影响生长。这时的鸭很敏感，怕互相撞挤，喜欢疏散。因此，要控制好密度，不能太拥挤。青年鸭的饲养密度见表6–4。

表6–4　青年鸭的饲养密度

周龄/周	5~8	9~12	13~16
密度/［（只/米^2）］	18~12	13~10	8~10

饲养密度需随鸭的品种、周龄、体重大小、季节和气温的不同而变化。冬季气温低时每平方米可以多养2～3只，夏季气温高时，可少养2～3只。

（二）日粮及饲喂

1.日粮

圈养与放牧完全不同，鸭如采食不到鲜活的野生饲料，就必须靠人工饲喂。因此，圈养时要满足青年鸭生长阶段所需要的各种营养物质，饲料尽可能多样化，以保持能量与蛋白质的适当比例，使含硫氨基酸、多种维生素、矿物质都有充足的供给。青年鸭的营养水平宜低不宜高，饲料宜粗不宜精，使青年鸭得到充分锻炼，长好骨架。圈养青年鸭的日粮，全部用自配的混合料或饲喂商品全价配合饲料。

2.补青与补腥

为了适应鸭的习性，在条件许可的情况下应该定期给鸭群喂饲一些青绿饲料和鲜活的动物性饲料，如螺蛳、小鱼虾等。

3.喂饲要求

青年鸭每天可以喂饲2~3次，根据参考喂料量决定每次喂料的量。饲料按照湿拌料的形式喂饲，饮水要充足。动物性饲料应切碎后拌入全价饲料中喂饲，青绿饲料可以在两次喂饲的间隔投放在运动场，由鸭自主选择采食。青绿饲料不必切碎，但要洗干净。小型蛋鸭育成期各周龄的体重和饲喂量见表6-5。

表6-5 小型蛋鸭育成期各周龄的体重和饲喂量

周龄/周	体重/克	参考喂料量/[克/（只·天）]
5	550	80
6	750	90
7	800	100
8	850	105
9	950	110
10	1 050	115
11	1 100	120
12	1 250	125
13	1 300	130
14	1 350	135
15	1 400	140
16	1 420	140
17	1 440	140
18	1 460	140

4.青年蛋鸭的限制饲养

在半舍饲圈养及关养方式下，青年鸭食欲好，采食量大，生长速度快，容易造成体重超标以及提前性成熟。因此，对青年鸭应进行适当的限制饲养。限制饲养时间应在10~16周龄。

（1）限制饲养的方法

限制饲养的方法有限质法、限量法两种。

限质法即适当控制饲料营养浓度，降低饲料中能量及蛋白的含量，增加高纤维日粮。这种方式在实际生产中使用不方便，使用的较少。

限量法即限制每日喂料量，根据鸭群实际生长状况，在其自由采食基础上适当减少一部分喂料量，以控制体重增长的速度。

（2）限制饲养的注意事项

①首先要制订限饲计划，限饲计划要根据鸭品种、发育情况、健康状况、饲养方式以及饲料条件来制订。

②限制饲养要结合称重，每周或隔周给鸭群进行体重的抽测，一般选择在鸭喂料前称重。根据称重结果判定限饲效果，并及时调整限饲方案。如果体重超过标准应加强限饲力度，如体重不达标要降低限饲力度。

③限饲时要保证充足的采食和饮水，饲养密度要合适，确保鸭群采食均匀。

④限饲时要为鸭群提供合适的环境条件，确保鸭群的健康。

⑤当鸭群体质不好时，要停止限饲，恢复喂料，使鸭群尽快恢复体质。

（三）保持环境条件的相对适宜

1.光照的合理控制

光照时间的长短和光照的强弱影响着性成熟。青年鸭在培育期内，不用强光照射，要求每天标准的光照时间稳定在8～10小时，在开产以前不宜增加。如利用自然光照，以下半年培育的秋鸭最为合适。但是，为了便于鸭子夜间饮水，防止老鼠或鸟兽走动时惊群，鸭舍内应通宵弱光照明，即30平方米的鸭舍内，可以装1只15瓦的灯泡。鸭场要备有应急发电装置，长期处于弱光通宵照明的鸭群，一遇突然黑暗的环境，常常会引起严重惊群，造成伤亡。

2.减少气候突然变化对鸭群的影响

生产中应该经常关注天气变化，遇到大风、暴雨或其他恶劣气候时暂时不要将鸭群放到舍外，或及时将在舍外活动的鸭群收回舍内。气温突然变化的时候，也应该做好防寒或保暖措施。

3.通风与湿度控制

保持鸭舍内的相对干燥，尽量避免潮湿。当鸭群在舍外活动时应打开风机或门窗进行通风，以保证舍内良好的空气质量。

（四）适当加强运动

鸭在圈养条件下适当增加运动可以促进青年鸭骨骼和肌肉的发育，增强体质，防止过肥。冬季气温过低时每天要定时赶鸭在舍内做转圈运动。一般天气，每天让鸭群在运动场活动2次，每次1~1.5小时；鸭舍附近若有放牧的场地，可以定时进行短距离的放牧活动。每天上、下午各2次，定期赶鸭子下水运动1次，每次10~20分钟。

（五）稳定生产规程、锻炼鸭群胆量

1.建立稳定的生产规程

根据鸭的特性，定时作息，制定出操作规程，形成一套稳定的作息制度。作息制度一经确定之后，就不要轻易变动，尽量创造一个有利于青年鸭生长的良好环境。

2.锻炼鸭群胆量

青年鸭胆小敏感，尤其是圈养鸭，饲养人员要有意识地培养鸭只的胆量，提高鸭的适应性。要利用喂料、喂水、换草等机会，多与鸭接触，使鸭的适应能力逐步提高。如在喂料时，饲养员可以站在鸭旁边，观察采食情况，让鸭在自己身边走动，用手轻轻抚摸鸭，时间长了，鸭就不怕人了。如果不注意培养，遇有生人接近或环境变化，容易引起惊群，造成损失。

3.保持环境的相对安静

饲养员在舍内操作时，动作要轻，不要大声喧哗，以免引起

惊群。尽量不要让非生产人员、猫、狗及其他动物接近鸭群。

（六）预防疾病

1.防止营养缺乏而导致的疾病

饲料营养要完善，能满足鸭群的营养需要。同时饲料的质量要可靠，严禁使用劣质饲料原料或已发霉变质的饲料。

2.有效免疫接种

制定科学的免疫程序，并严格按照免疫程序科学操作，确保疫苗的质量及有效的免疫接种。定期对鸭群进行鸭瘟、禽霍乱等主要传染病的免疫注射。每次接种完后，可在饮水中加入多种维生素或复合维生素B溶液供鸭饮用，减少应激。免疫接种要有记录，做到疫苗合格，免疫准确，记录翔实。

3.有效控制疫情的传播

一旦发生疫情，除进行治疗外，要严格封锁，不得外出活动，严禁饲养员相互串舍，死鸭要深埋或焚烧，不得到处乱扔，以免疫情扩散。

4.保持环境卫生及水池水质卫生

对鸭场、鸭舍、设备用具要定期消毒，防止鼠类及昆虫对鸭群的危害，消除疫病发生的条件。

5.适时使用抗生素

对于一些细菌性疾病，根据其发生的周龄、季节特点和周围的疫情，提前使用药物以起到预防作用。

6.驱虫

鸭群在14周龄时，根据具体情况决定是否进行驱虫处理。因为，在日常生活中鸭与地面、垫草、池水接触，感染内寄生虫的可能性很大。

（七）鸭群的选择与淘汰

当鸭群达到16周龄的时候可以对鸭群进行一次选择，将有严重病、弱、残的个体淘汰，因为这些鸭性成熟晚、产蛋率低、

容易死亡或可能成为鸭群疾病的传播者。

如果造种鸭，不仅要求选留的个体健康、体况发育良好，而且体形、羽毛颜色、脚蹼颜色等要符合品种或品系标准。

（八）圈养青年鸭每日的饲养规程

5时30分：放鸭出舍，在水面撒一些水草(青饲料)，赶鸭下水洗澡、活动、食草等。饲养员将食槽、水盆等洗净的用具放在运动场(即鸭滩)上，拌好饲料鸭群上岸采食。喂料后，让鸭自由下水，在水围内浮游活动，然后上鸭滩理毛休息。饲养员进鸭舍打扫干净，垫好干草。

8时30分~10时30分：赶鸭入舍休息。

10时30分：饲养员入舍，先赶鸭在舍内作转圈运动5~10分钟，再放鸭出门，让其下水活动，在水面撒一些水草，任其采食片刻。接着拌好饲料，进行第二次喂料。鸭吃完饲料后，任其自由下水，在水围内浮游活动，然后上鸭滩理毛休息。

13时~15时30分：赶鸭入舍内休息。

15时30分：饲养员入舍，赶鸭在舍内作转圈运动5~10分钟，再放鸭出门，让其下水活动。在水面撒一些水草，任其采食。

16时30分~17时：拌好饲料，进行第三次喂料。鸭吃完饲料后，任其自由下水，在水围内浮游活动，然后上鸭滩理毛休息。饲养员将饲料槽、水盆洗净、晾干，在鸭舍内垫好干草。

17时30分~18时：舍内开亮电灯，放好清洁饮水，然后赶鸭入舍休息。

21时：饲养员入舍加1次清水，或者加喂1次饲料(根据鸭子的生长情况而定)。

五、放牧青年鸭培育要点

放牧饲养可以节约大量饲料，降低成本，同时使鸭群得到锻炼，增强体质。鸭在农田觅食，对农作物可起到中耕除草、施肥的作用，有利于农作物的生长，是农牧结合的好形式。

（一）放牧前的训练

育雏期和放牧前的雏鸭需利用配合饲料喂养，从喂给饲料到放牧饲养，需要有一个训练和适应的过程。

1.觅食稻谷的训练

如果放牧饲养，主要是在收获后的稻田中让鸭群觅食落谷，以训练鸭觅食稻谷的能力。

第一步：将洗净的稻谷用温水浸泡使其外壳变柔软，或经开水煮到米粒从稻壳里刚刚爆开露出(即“开口谷”)，再经冷水浸凉。

第二步：将准备好的开口谷逐步由少到多加入配合饲料中喂给鸭，起初可以将开口谷撒在料盆中饲料的上面，以后数量大时再混入配合饲料中，直到全部用稻谷饲喂。开始鸭可能不习惯吃开口谷，可以先让鸭群饥饿一段时间，把煮过的稻谷撒在料盆中的饲料上，鸭饿了就会饥不择食，自然就吞咽下去。但第一次撒料不要撒得太多，既要撒得少又要均匀，逐步添加，造成“抢吃”的局面。只要第一次吃进去煮过的稻谷，以后会越吃越多。

第三步：训练鸭采食落地谷。待青年鸭适应吃开口谷后，放牧前还要调教鸭吃落地谷。此时的训练可以使用未经过处理的稻谷代替开口谷。在喂料前先将一部分稻谷撒在地上，让鸭采食，这样喂几次后，鸭便知道吃地上的稻谷。

第四步：浅水觅食。当鸭群学会吃落地谷之后，再训练鸭在浅水中觅食。方法是将一部分稻谷撒在浅水中和接近水的岸边，让其采食，从而使鸭只建立起地上和水下都能觅食稻谷的能力，以后放牧时，鸭就会主动寻找落谷，也就达到放牧的目的。

如果放牧地是其他类型的，则野外觅食训练应该根据放牧地的饲料类型进行针对性训练。

2.采食螺蛳的训练

在湖泊、河塘、沟渠进行放牧的鸭群，要调教采食螺蛳的习惯。

第一步：将螺蛳轧碎，将螺蛳肉取出，放入料盘中在喂料前喂给鸭，调教鸭群采食螺蛳肉。

第二步：将螺蛳轧碎后连壳喂给鸭群，训练鸭采食整个螺蛳。

第三步：直接喂给过筛的小嫩螺蛳。

第四步：将螺蛳撒在浅水中，使鸭只学会在浅水中采食螺蛳。

经过调教后，鸭只就可养成采食整个螺蛳的习惯，最后经过一段时间的锻炼，青年鸭就可以在河沟中放牧，采食水中的螺蛳。

3.放牧信号训练

对放牧的鸭群，平时要用固定的信号和音响动作进行训练，使鸭群建立听从指挥的条件反射，这样在管理鸭群时，可以做到“招之即来，驱之即走”。减轻放牧时工作量，防止鸭只丢失。

(二）放牧路线的选择

放牧饲养时，路线的选择很重要，这是鸭群能否生长发育良好、发育健壮的关键。放牧地选择得好，饲料充足，鸭每天都能吃得饱，长膘快。因此，选择放牧地，安排放牧路线，必须提前几天派有丰富经验的饲养员去实地考察。对放牧地周围的地形地势、水源和天然饲料情况、农作物种类、收获季节、施肥习惯、喷洒农药情况进行访问了解，制订周密计划，确定放牧路线。

在放牧前3天，再做一次调查，根据农作物收获的实际进展，以及野生动植物饲料资源等，估测出各种饲料的数量，计算好可供多少鸭放牧，放牧的次数，然后有计划地进行放牧，不可随便乱放。

放牧路线的远近要适当。鸭从小到大，路线由近到远，逐步锻炼，使其适应，不能让鸭整天泡在田里，使鸭太疲劳，必须有一定的时间让鸭休息。往返路线尽可能固定，以便于管理。行走时要找水路，或有草地的线路，不得走在石子路上和水泥路上，以免烫伤双脚。过江、河时，要选择水浅流缓的地方，上下河岸要选择坡度小、场面宽阔之处，以免拥挤践踏。行走途中一般要逆风、逆水前进，每次放牧时，途中要有1～2个阴凉可避风雨的地方，牧地附近，也要有鸭休息的场所。

（三）放牧的管理要点

1.在农田放牧时，要选择合适的田块

在稻田放牧，必须在秧苗返青分蘖后才能放鸭，当稻田抽穗扬花时就要将鸭群赶出稻田，以免造成稻田减产；稻子收割后，田里有大量落谷，这是放鸭的最好时期；冬水田、中后期的绿肥田和小麦田也可以放鸭。

2.浅水放牧效果好

放鸭稻田的水不宜太深，水太深，水中的小动物容易逃跑，不易捕捉，而且拔起的杂草不易踏入泥中，过一两天又会复活。最好是浅水，浅水中水生小动物容易捕捉，杂草也嫩，易连根拔起吃掉，即使没有吃光，由于经过鸭只的践踏，也被埋入泥中而死掉，真正起到除草的作用。

3.同一田块不能重复放牧

同一片田块不能重复放鸭，要合理安排，轮流放牧。放一两次后，要停几天再放；稻苗不同生长期、不同收获期的田块最好搭配放牧。结合治虫进行的放鸭，要先摸清虫情，尽可能在虫子旺盛时，把处于半饥饿状态的鸭群放进去，可以一举全歼害虫，又节省农药，也不污染环境。

4.根据气温和水温确定放牧的时间

稻田里通风程度不如在江河里，而且稻田水浅，水易被晒

热，气温超过30 ℃时就十分闷热，不适宜放鸭进去。所以，在外界气温较高的时候稻田放牧要在上午9时以前和下午凉爽的时候进行。

5.在农田茬口接不上时，可以利用周围的湖泊、河塘、沟渠进行放牧

主要利用这些地方浅水处的水草、小鱼、小虾、螺蛳等野生动植物饲料。这种放牧形式往往和农田放牧结合起来，互为补充。放牧要选择水浅的地方，应逆水觅食，才容易觅食到食物。遇到有风时，应逆风而行，以免鸭毛被风吹开，使鸭受凉。

6.检查鸭群吃食情况

无论在哪种场地放牧，傍晚归牧后，都要检查鸭群吃食情况，如果收牧时鸭嗉部充盈说明放牧效果良好，可以不补饲；如果收牧后鸭嗉部较空、鸭精神不安、跟人鸣叫，说明野外觅食不足，需要补饲，以免影响生长发育。放牧过程中，要定期抽测体重(空腹)，并观察羽毛生长情况，尽量达到预期标准。

（四）放牧方法

1.一条龙放牧法

通常由2~3人管理一群鸭。放牧时由一位有经验者在前面领路，引导鸭群行进，助手在后面及两侧压阵，使鸭群形成5~10层，缓慢前行。此方法适宜于在刚收获后的稻田放牧。此时稻田中饲料丰富，鸭群能采食到足够的饲料。

2.满天星放牧法

将鸭群赶到一块放牧田内，让鸭群停下自由采食，放牧人员定时在田边走动进行巡视。此方法适用于近期不会翻耕的田块，鸭群采食时间长，鸭只可以翻动田块，找寻落谷或昆虫。

3.定时放牧法

定时放牧法是根据鸭群的生活习性确定的一种放牧方法。在一天的放牧过程中，按照鸭的采食规律在采食高峰时（上午9~

10时、下午2~3时和下午4~6时）进行放牧采食，然后集中休息和洗浴，不让鸭整天泡在田里或水中。这种方法使鸭群劳逸结合，增重效果好。

（五）放牧注意事项

1.选择一天中合适的时间放牧

夏季天热，切忌在中午放牧，只能在清晨和傍晚放牧，牧地不能太远，防止鸭疲劳中暑。放牧地附近最好有树林能够供鸭群休息乘凉。冬季气温低，北方基本不具备野外放牧条件，淮河以南地区应该选择在无风、无雨雪的天气在鸭舍附近放牧。在气候恶劣的时候尽量不放牧或选择较近路线放牧。冬季放牧要晚出早归，避免鸭只受凉。

2.防止农药中毒

近期内刚施过农药、化肥、除草剂、石灰的地方不能进行放牧。在放牧之前要了解放牧地的施药情况。被污水和矿物油污染的水面也不能放牧。

3.防止感染疾病

放牧前对周围情况进行了解，凡是发生传染病或被传染病污染过的放牧场地及水源，不能使用。

4.防止田地减产

秧苗刚种下或已经扬花结穗的农田不能放牧。

5.防止野生动物危害

鸭群的放牧多是在稻田、河边、沟渠和水库周边地区，这些地方会有蛇、黄鼠狼、鹰等肉食性野生动物的活动，放牧时需要多加小心，避免损失。

6.防止鸭的丢失

在放牧过程中行进速度要慢，休息时放牧人员不要远离，天气发生变化时提前收牧，在放牧过程中防止鸭群受惊吓。回来时要点数。

六、产蛋鸭培育要点

母鸭从开产到淘汰为蛋鸭的产蛋期，一般指17～68周龄。此阶段的鸭我们也称为产蛋鸭或成年鸭。产蛋期鸭群饲养管理的目标，是要提高产蛋数和蛋重，减少蛋的破损和污染；降低饲料消耗，提高饲料报酬；降低鸭群的死淘率，获得最佳的经济效益。因此，在产蛋鸭的饲养管理方面要创造一个合理、稳定的环境，使鸭最大限度地发挥高产的潜力。

（一）产蛋鸭的环境要求

很多环境条件对产蛋鸭生产性能的发挥都有不同程度的影响，其中光照时间，光照强度以及温度对产蛋鸭的影响尤其大。

1.光照

光照的主要作用是促进性器官的发育，尤其具有刺激母鸭产蛋的作用，它通过神经和内分泌的共同作用促进卵泡的生长发育和输卵管功能的维持，从而促使鸭蛋的形成和产出。生产中光照的目的是使鸭群适时开产，开产后尽快达到产蛋高峰，持续高产。

鸭进入产蛋期后的光照时间宜逐渐延长，不能缩短，也不可忽照忽停，忽早忽晚；光照的增加从17周龄开始，每周的日光照时间增加20分钟左右，大约经过7周时间，每天的光照时间达16小时，保持不变。自然光照不足要人工补光，每天必须按时开灯和关灯。

舍内补充照明时的光照强度为5～8勒克斯，即要求每20平方米的鸭舍安装一盏40瓦灯泡，且灯与灯之间的距离要相等，悬挂高度为2米，灯泡上面要加灯罩，且要经常擦干净。对经常断电的地区，要预备煤油灯或其他照明工具，以免因停电所造成的光照时间紊乱而引起惊群和产生畸形蛋。

晚间鸭舍内的角落里留1~2个灯，保持弱光照明。此外，光照制度还要和饲养管理措施密切结合起来，以真正发挥光照作用。

2. 温度

温度对蛋鸭的采食量、饮水量、活动量会产生直接的影响，间接地影响到产蛋数、蛋壳质量和饲料效率，对鸭的健康也有影响。

对于产蛋鸭来说，最适宜的环境温度在13~25 ℃，此温度范围内鸭的产蛋数、蛋壳质量和饲料效率极佳，健康也不受影响。对于生产实践来说，环境温度在10~30 ℃都是可以接受的。

由于鸭群经常在舍外活动，应该注意防止气温突然升高或降低对鸭群所造成的不良影响。

3. 通风

鸭舍的通风情况关系到舍内空气的质量，由于鸭在饮水时常将水带到垫草上而使垫草湿度增加，在微生物的作用下垫草中的有机物被分解会产生大量的氨气和硫化氢等有害气体。舍内有害气体含量增高则直接影响鸭的健康。通风不良还会造成舍内空气中微生物、粉尘含量的增高。

鸭舍的通风应该以舍内空气中的有害气体含量为主要指标，尽量使氨气的含量不超过30毫克/升、硫化氢的含量不超过10毫克/升。生产中可以考虑在鸭群到舍外活动的时候打开风机或门窗进行换气。

鸭舍通风中最大的问题在冬季，因为冬季气温低，为了保持鸭舍内适宜的温度常常关闭门窗，这就严重影响通风换气，常导致舍内空气中有害气体含量严重超标。因此，生产中应该考虑在冬季天气良好的时候，鸭群到舍外活动时进行通风换气；也可以在中午前后气温较高的时候打开门窗换气。冬季通风时，进气孔要有导风板，将进入舍内的冷空气导向上方，避免冷空气直吹鸭体，造成生产性能下降。

4. 相对湿度

鸭舍内的相对湿度保持在60%左右是比较合适的，但是在

实际生产中往往高于这个标准。因此，鸭舍的湿度控制的关键点就是如何降低舍内湿度。

（二）产蛋鸭的饲料

1. 饲料的营养水平

蛋鸭在产蛋期的产蛋能力很高，一般每只母鸭一年产蛋量可达20千克，是其体重的12~14倍，所以圈养鸭对饲料要求比较严格。饲料种类要多，营养成分要全面，适口性要好，这样才能使鸭多产蛋，产好蛋。产蛋鸭的饲料营养水平相对高于产蛋鸡，为每千克配合饲料中含代谢能11.7~12.12兆焦，含粗蛋白质18%~20%，蛋氨酸0.3%，赖氨酸0.9%，蛋氨酸+胱氨酸0.65%，粗纤维2%~4%，钙2.5%~3.2%，有效磷0.35%。

2. 动物性饲料原料

动物性饲料是产蛋鸭饲料中不可缺少的组成部分，要求产蛋率达50%以后的鸭群饲料中动物性饲料原料的含量不低于3%。随着产蛋率的提高，动物性饲料的用量也应该增加。

3. 青绿饲料

有青绿饲料供应的地区和季节，青绿饲料的饲喂量可占混合料的30%~50%，无青绿饲料供给的，可按要求添加复合维生素。青绿饲料在使用前要注意清洗干净并晾干，在上午或下午撒在运动场上让鸭采食。

5. 饲料的变更

产蛋期饲料的变更必须有一个逐渐的过渡过程，以使鸭能够有足够的时间适应这种变化。饲料类型、大宗原料的突然变更会造成产蛋率的下降且不容易恢复。

此外，还要注意不喂霉变、质劣的饲料；饲喂次数、饲喂时间、饲料加工方法和饲养人员等应相对不变。

6. 圈养产蛋鸭的补钙

圈养蛋鸭营养完全靠商品全价饲料供给，要保持并提高圈养蛋鸭的产蛋率和蛋品质量，除满足蛋白质、能量营养等需要外，还要注重补钙。

（1）补钙时间

蛋鸭如果发育正常，部分圈养蛋鸭就会在100日龄左右开始产蛋，因此，15周龄是补钙的最佳时期。补钙要介于青年鸭与产蛋鸭之间，以2.5%为宜，随产蛋率的增加，逐步提高。

（2）产蛋各期的最佳补钙量

蛋鸭对钙的利用率约为65%，产1枚蛋需钙4.8～5.12克，实践证明，蛋鸭对钙的合理供应量为：产蛋率在65%以下时，需钙2.5%；产蛋率在65%～80%时，需钙3%；产蛋率达80%以上时，需钙3.21%～3.5%。

（3）选择良好的钙源

钙源比较广泛，一般以石灰石、贝壳作为钙的主要来源，且比较经济，但比例要恰当。实践证明，石粉、贝壳粉的比例以2∶3为宜，加喂1%的骨粉，蛋壳的强度、光滑度为最佳。

（4）补钙饲料的形状

颗粒状钙在消化道内停留时间长，在蛋壳形成阶段可以均匀地供钙，同时，颗粒状钙在胃内有类似沙子的磨碎作用，可促进饲料的消化利用。实验证明，用50%的颗粒贝壳与50%的石灰石混合饲喂，可使蛋鸭对钙的吸收良好。

（三）产蛋鸭的饮水供应

圈养鸭大部分时间被关在舍内，尤其是冬天，鸭群在水中活动时间大大减少，如果供水不合理，将会严重影响鸭的产蛋和养鸭的经济效益。在供水上要抓住以下3个关键：

1. 水要足

充足的饮水是保证鸭群正常采食的基本条件，在某种程度上可以说水比料更重要。一方面是因为鸭采食量大，又食荤腥，要靠水来帮助消化吸收这些物质；另一方面鸭在采食的过程中采食

与饮水是相间进行的，每采食几口饲料就必须饮几口水。如供水不足，鸭只过渴就会饮用水池中的脏水，严重影响健康与产蛋。圈养鸭不仅白天要供足水，晚上也不可缺水。鸭的代谢机能旺盛，睡到半夜感到饥渴，就随时吃料喝水，直到现在鸭仍保持夜间觅食的特性。在夜间，必须同样供足饮水，保证鸭只过夜不渴、不饿、不叫。

2.水要净

由于鸭经常用喙部在地面的垫草或水洼处啄，喙部沾有许多脏物，再到水盆中饮水时，很容易把水盆中的水弄脏。为保持饮水的干净，每天至少应洗刷2次水盆，然后添加充足的干净水。

为减轻所供饮水被鸭只弄脏的程度，水槽(水盆)不可敞开，必须用铁丝或竹条制成网状格子来罩住水源，栅格的宽度恰好只能让鸭的头颈伸进去喝水，而不能让脚踩入水中，以防把水弄脏。农村沟塘河坝处的水如果遭污染，最好在圈养鸭舍近处打井，让鸭饮上干净的井水。这样既可防疫病，又可让鸭在热天清凉解渴，冬天保暖御寒。

3.水要深

圈养鸭的水槽(水盆)装置要深，能经常保持盛装10~12厘米深的水。较深的水不但让鸭喝着方便，更为重要的原因是鸭只的鼻腔要经常冲洗，保持通畅才能正常呼吸。如水槽(水盆)盛水太浅，鸭的鼻腔得不到冲洗，则会被分泌的黏液堵塞，使呼吸不畅。鸭鼻堵塞后，鼻部角质变软、肿胀、变形，难以恢复，极易生病和死亡。

（四）产蛋鸭的分阶段饲养

1.产蛋初期和前期鸭群的饲养管理

120~200日龄为产蛋初期，201~300日龄为产蛋前期。

（1）饲料与喂饲

产蛋初期，由于刚刚进入性成熟阶段，供给的饲料既要满足体重进一步增长的需要，也要照顾鸭群开始产蛋的需要。此时要逐渐地将育成期饲料改为产蛋期的配合饲料，每周用1/3的产蛋鸭饲料替换育成期的饲料，到18周龄时全部饲喂产蛋期的饲料。

随着产蛋率的不断上升和蛋重的增加，要注意饲料的质量和数量，尽快地把产蛋率推向高峰。提高饲料的质量就是提高动物性饲料所占的比例，同时适当增加饲喂次数，由每天3次增至4次，白天喂3次，晚上9～10时喂1次。每天每只鸭喂配合料150克左右。有条件的外加50～100克青绿饲料(或添加多种维生素)。当产蛋率达90%以上时，喂含18.5%粗蛋白质的配合饲料，并适当增喂青绿饲料和颗粒型钙质饲料。颗粒型钙质饲料可单独放在盆内，放置在鸭舍内，任其自由采食。

整个产蛋期要注意补充沙砾，放在沙砾槽内，让其自由采食。

（2）光照的要求

蛋鸭进入17周龄时，每天的光照时间应该逐周增加，大约在26周龄时每天光照时间应达16小时，并保持稳定。使得光照时间的增加与产蛋率的上升同步。

（3）合理设置产蛋窝

为了减少蛋的破损和蛋壳污染，必须合理设置产蛋窝，产蛋窝内必须用干净的垫草。地面鸭舍可以在靠墙的四周（不要在靠近水槽附近）把垫草加厚，经常添加或更换这地方的垫草以保持其干净和柔软。产蛋窝如图6-7所示。

图6-7　产蛋窝

（4）加强性刺激

一般的商品蛋鸭群内放入2%~3%的公鸭，用公鸭的交配活动刺激母鸭的性功能，这样能够使产蛋率提高3%以上。

（5）适当增加活动量

为了减少胖鸭（呆笨鸭）的出现，在前期的饲养管理中要保证每天鸭群的活动时间。把那些待在窝内的鸭驱赶到运动场，对于在运动场内呆卧一隅的个体要驱赶其站起来活动。如果这些鸭不被动性地运动，体重会明显偏重、体内脂肪沉积增多，不利于长期保持高的产蛋率。

2. 产蛋中期鸭群的饲养管理

301~400日龄为产蛋中期。这个阶段的鸭群在经历了约5个月的高产期后体力消耗较大，体质不如从前。生产中如果营养不足或其他条件不合适，产蛋率就会下降，甚至掉毛。因此，在管理上尤需注意。

（1）饲料

根据鸭的体重和羽毛情况适当提高饲料的营养水平，如蛋白质含量可由前期的18.5%提高到19%或19.5%，维生素添加剂的用量也需要适当增加。青绿饲料可以保持不变。

（2）保持生产条件的稳定

日常的生产操作规程尽量不要变动，不要干扰鸭群的生活规律；环境条件(如温度、光照等)的变动幅度尽可能小，防止环境条件的急剧变化对鸭群造成应激。

3. 产蛋后期的饲养管理

400日龄后为产蛋后期。经过长期的高产后鸭群的生理功能不可避免地要衰退，产蛋率逐渐下降。饲养管理措施执行得是否得当对产蛋率下降的速度影响很大。

（1）根据体重和产蛋率变化调整营养摄入

如果产蛋率维持在80%左右而体重有减轻趋势，则应适当增加动物性饲料的喂饲量；如果体重有增加的趋势，则适当控制配合饲料喂量。

（2）适当活动

管理上注意多放鸭、少关鸭，让它们多运动。

（3）保持生产条件的稳定

注意天气变化，提早做好防寒保暖措施。

（4）光照

蛋鸭在淘汰前5周可以将每天的光照时间延长为17小时。

（5）鸭群的观察

蛋鸭饲养是否得当，可以根据鸭群（图6-8）的精神状态、体重、蛋重、产蛋时间、蛋壳质量、羽毛、粪便等的状况进行调整。体重基本不变，鸭的羽毛光亮、紧密伏贴，产蛋在夜里2时，产蛋集中，说明用料合理，饲养得当。此时体重如有减轻，说明营养不足，应适当增喂动物性饲料；体重增加，说明鸭只有偏肥趋势，则应适当降低饲料的代谢能，增喂青绿饲料和粗饲料，控制采食量，但动物性饲料保持不变。若每天推迟产蛋时间，甚至白天产蛋，蛋产得不规律，如不采取措施，就要减产或停产。

图6-8　产蛋鸭群

1）粪便的观察

鸭的粪便如果呈全白色，说明动物性饲料喂得过多，消化不

良，应适当减少动物性饲料喂量；如果粪便疏松白色少，说明动物性饲料搭配合理；粪便若呈黄白色、灰绿色或血便，表明鸭只患病，应及时诊治。

2）蛋壳的观察

如果蛋壳厚实光滑，有光泽，说明饲养较好；蛋形变长，蛋壳薄、透亮、有沙点，甚至产软壳蛋，说明饲料质量不好，尤其钙不足或是维生素D缺乏，要及时补充，否则会减产。

3）鸭群的精神状态观察

如果鸭精神不振，行动无力，羽毛松乱，翅膀下垂，放出后不愿下水，下水后湿毛，以至于沉下水，说明鸭只营养不足，预示要减产停产，要立即采取措施，增加营养，加喂动物性饲料，特别是鲜活的动物性饲料，并补充鱼肝油，最好用液体鱼肝油，每只鸭每天喂1毫升，连喂3天。产蛋正常，羽毛光亮后就停止饲喂。高峰期饲喂得好，产蛋率在90%以上的时间可以维持20周以上。

鸭群持续产蛋后，蛋鸭的体质下降，产蛋率也明显下降，到产蛋期的最后1~1.5个月，产蛋率会很快下降，达60%左右。当产蛋率低于60%就难以上升，这时对鸭群进行选优去劣，把健康而高产的鸭留下，经过强制换羽，利用其第二个产蛋年。

（五）产蛋鸭的管理

1.强制换羽

强制换羽即给鸭群一个突然的应激，使鸭群全部停产并且开始脱换羽毛，当旧的羽毛脱掉，新羽毛长齐后，鸭群即进入到一个新的产蛋周期。强制换羽，可以使整个鸭群在短期内停产、换羽，明显缩短换羽持续时间，促使鸭群换羽后整齐开产，增加了耐粗饲、耐寒的能力，而且所产的蛋大而整齐，可改善蛋壳质量。同时，也节省了培育新母鸭的费用，节约开支，高产母鸭可以再利用半年以上。下面介绍强制换羽的技术措施：

（1）挑选鸭群

实行强制换羽的鸭群必须是健康、第一个产蛋年产蛋水平较高的鸭群，淘汰病、弱、残鸭，已开始换羽的鸭挑出来单独饲养。用于强制换羽的鸭群通常已经产蛋10个月左右。在开始之前9~15天接种鸭瘟疫苗，并进行驱虫处理。

（2）给鸭群应激，使鸭群停产换羽

强制换羽时多采用“饥饿法”，通过减少或停止喂料，改变环境条件，使鸭群产生应激，身体消瘦，体重减轻，羽根干枯、羽毛脱落。

1）改变环境条件

处理当日把鸭群圈在鸭舍内(如果原来为棚舍则不回原舍、换到有窗房舍内)，不让鸭群到运动场活动和到水池中洗浴；将窗户遮挡起来，舍内只给微弱的灯光，只在喂料和供水时提供光照。原来放牧的鸭群不再放牧，原来不放牧的则控制喂料。

2）调整喂料量及喂饲方法

通常在前2天减少一半的喂料量，由每天喂4次改为2次，全天喂料量每只约70克，夜里不喂，在每次喂饲前后供水1小时；第三天和第四天只供饮水和少量青饲料，以后只限时供应饮水；也可连续2天停料，只供饮水，而后只供给由青饲料和糠麸组成的粗饲料。经过以上处理，几天内鸭群即全部停产。

（3）人工拔羽

鸭群全部停产后，由于体内营养的严重不足，鸭的生理上发生很大变化：喙、蹼等处的色素减退近于苍白，两翼肌肉收缩，羽根干枯。通常在停喂饲料后5~7天，待羽轴与毛囊开始脱离时，就可以开始人工拔羽。

大量拔羽前要先进行试拔，试拔选择主翼羽，如果拔着感到费劲，拔出的羽根带有肉尖和血丝，则不能硬拔，要让鸭群再饿几天后拔。如果拔着不太费劲，拔出的羽根不带嫩尖和血丝，就

可以一次性把翼羽和体羽拔完。主翼羽由内向外，从第一根到第十根依次试拔，再拔副翼羽，后拔胸背部羽毛，最后拔尾羽。拔掉的羽毛要用袋子装起来。

（4）拔羽后的饲养管理

拔羽后要尽快改善饲养环境，提高营养水平，逐渐增加饲喂量，使鸭尽快恢复体质。拔羽后把鸭放在铺有柔软垫草的舍内，供给饮水和少量饲料，7天内不放水、放牧，不受风吹雨淋，以防感染。

（5）恢复喂料时的管理

进入恢复期后，饲料供应的原则是由粗到精，喂量逐步增加，逐渐加喂动物性饲料，增加多种维生素(比平时多2~3倍)和矿物质饲料，逐步过渡到产蛋期的标准日粮。恢复喂料的当天每只鸭按30克一次性喂给，以后每天每只鸭的喂料量增加15克，直至自由采食。如果急剧增加精料，会引起消化不良，甚至暴食胀死。

光照也应逐渐增加到产蛋鸭的标准。拔羽后5天内避免烈日暴晒，保护毛囊组织。进入恢复期后（通常在10天后）鸭群要放牧游泳，多活动，这样既可增加运动，不使鸭过于肥胖，又可促使新羽生长。还要改善饲养环境，一切按产蛋鸭的要求进行管理。一般拔羽后25天左右新羽长齐，30~35天开始产蛋，1.5个月左右进入产蛋高峰期。

2.产蛋体重的控制

体重变动是蛋鸭产蛋情况的晴雨表。因此，观察蛋鸭体重变化，根据其生长规律控制蛋鸭的体重，是一项重要的技术措施。如绍鸭在1 400~1 500克的占85%以上，为了使蛋鸭产蛋前体质健壮、发育一致、骨骼结实、羽毛着生完全，适时开产，应从青年鸭开始必须实行限制饲养。一般在产蛋前鸭的饲料质量不必过好，也不能喂得过饱，但须多供给青饲料以充饥。料槽、水槽要充足，不可断水。开产以后的饲料供给要根据产蛋率、蛋重增减情况做相应的调整，最好每月抽样称测蛋鸭体重1次，使之进入产蛋盛期的蛋鸭体重恒定在1 450克，以后稍有增加，至淘汰结束时不超过1 500克。在此期间体重如增加或减少，则表明饲养管理中出现了问题，必须及时查明纠正。

3. 随时观察掌握鸭群动态

重点观察鸭只的吃食、排便及产蛋情况。

（1）记录和分析每天采食量

一般产蛋鸭每天喂配合料150克左右（不同品种和产蛋水平在个体间有较大差异），外加50 ~ 150克青绿饲料。如果采食量减少，应分析原因，采取措施。若连续3天采食量减少，就会影响产蛋数。

（2）观察粪便

粪便的多少、形状、内容物、颜色、气味等都能反映饲养管理的水平，生产中要经常观察粪便，及时发现问题，解决问题。

（3）记录和分析产蛋情况

每天早上捡蛋时，留心观察鸭舍内产蛋窝的分布情况，鸭只每天产蛋量的多少一般有规律可循，每天产蛋的个数和蛋重要做好记录，绘成图表与标准对照，以便掌握鸭群的产蛋动向。另外，要细致观察鸭蛋的形状、大小、蛋壳厚薄等情况，发现问题，及时采取措施纠正。

4. 稳定饲养管理操作规程，减少各种应激因素

蛋鸭生活有规律，但富神经质，性急胆小，易受惊扰，因此在饲养管理过程中要注意以下几点：

第一，操作规程和饲养环境尽量保持稳定，饲养人员要固定，不能经常更换。

第二，舍内环境要保持安静，尽力避免异常响声，不许外人随便进出鸭舍，不使鸭群突然受惊，特别是刚开产时，母鸭比较

神经质，一定要给鸭群创造安静稳定的环境，使之如期达到产蛋高峰。鸭群对环境变化很敏感，受惊后易发生拥挤、飞扑、狂叫等不安状况，导致产蛋减少或产软壳蛋。惊群时，饲养人员应立即呼唤鸭群，使其尽快镇静下来。

第三，饲喂次数和时间相对不变。突然改变饲喂次数或改变饲喂时间，对鸭群来讲都是应激，均会导致产蛋量的下降。

第四，要尽力创造合适的条件，提供理想的产蛋环境，尤其是温度。圈养条件下，如果缺少深水运动场，环境温度超过30 ℃，采食量就会减少，鸭的正常生理功能受到干扰，产蛋率下降，严重时引起中暑。如温度过低，势必会消耗很多能量，使饲料利用率明显降低。产蛋期最适宜温度是13 ~ 20 ℃，此时产蛋率和饲料利用率都处在最佳状态。要特别注意由天气剧变带来的影响，留心天气预报，及时做好准备工作。每天要保持鸭舍干燥，地面铺设干净的垫草，鸭只每天放水归舍之前，先让其在外梳理羽毛，待毛干后再放入舍内。

第五，产蛋期间要严格控制药物的使用，不随便使用对产蛋率有影响的药物，如喹乙醇等，也不注射疫苗和驱虫。

5. 防止相对湿度过高

鸭虽然是水禽，有喜水的天性，但是在鸭舍内如果相对湿度过高、垫草潮湿则对鸭的健康和生产都十分不利。高温、高湿影响鸭体热散发，且易诱发疾病，低温、高湿也不利于保持体温。湿度高会造成垫料潮湿、泥泞，会增加脏蛋的比例，影响羽毛的沥水性，也容易造成舍内有害气体的含量升高。因此，在养鸭生产中，应该注意采取措施防止舍内相对湿度过高。

（1）鸭舍位置要相对高燥

鸭场一般应建在河流、湖泊或库塘附近，以便于鸭群下水活动。但是在这些地方要选择较高的位置建场，防止雨后场区内的积水，也有利于控制地下水位对舍内地面的影响。

（2）舍内地面要高出舍外

鸭舍建造时应将舍内地面垫高，一般应比舍外高出15～25厘米。这样既有利于舍内水的排出(如冲洗后的水槽或水盆中水外排)，也可防止舍外积水的渗入。

（3）运动场地面应有一定坡度

运动场靠鸭舍处应略高，靠水面一侧应略低，这样可减少运动场内(尤其是鸭舍附近)的积水。但运动场的坡度不宜过大，可根据原来环境状况保持在5°～15°。

（4）防止供水系统漏水

采用长流水式水槽供水时，应注意防止水龙头处漏水，水槽末端向舍外排水处不能向舍内漏水，使用过程中应注意防止其漏水、溢水。在水槽的内侧最好设置一条水沟，使洒到水槽外的水通过这条水沟排出，防止附近垫草吸水受潮。使用水盆供水，在加水时也应避免将水洒出盆外。无论是水槽或是水盆供水都必须在其外面加设竹制或金属栅网，以防鸭只跳入。

供水系统应尽量靠鸭舍的某一侧，且该侧位置应略低于舍内其他各处。料盆不应与供水系统相距过远，一般应在1～1.5米。

（5）及时更换潮湿垫料

鸭舍内的垫料容易潮湿，需要定期清理、更换，换入的新垫料应清洁、干燥。饮水系统附近的垫料应经常更换。

（6）加强通风

无论哪个季节，当鸭群到运动场或水池中活动的时候，都应打开风机或门窗以加强舍内的通风量及气流速度，通过通风达到降低湿度的目的。

（7）减少鸭只带水入舍

当鸭群在水中洗浴后应让其在运动场上梳理羽毛和休息，待羽毛上的水蒸发干燥后再让其回到舍内。

（8）脏水不要倒入舍内

每次更换水盆中的饮水时，脏水要倒至舍外，然后再洗刷干净放回舍内加水。清洗用具及洗手后的水也应倒在舍外固定的地方。

（9）减少鸭腹泻现象

病理、营养等问题会引起鸭腹泻，不仅稀便含水量高，而且排便量较大。腹泻易使垫草潮湿，应针对具体原因采取相应的预防和治疗措施。

（10）延长舍外活动时间

夏季气温高，鸭饮水量大，粪便稀且多，可以考虑让鸭群在舍外活动时间延长，以减少在舍内的排便量。

总之，要想保持鸭舍干燥，只有从多个方面努力，采取综合性措施才能收到良好的效果。

6.做好鸭病防治

注意鸭舍清洁卫生，进鸭前用2%烧碱、10%～20%石灰乳等消毒，同时保持鸭舍垫草舒适干燥，切忌潮湿，每月清理垫草1次。鸭舍内如气闷、臭味重，要及时打开门窗。料槽、水槽经常刷洗。按时接种疫苗，对患病的鸭只及时挑出分开饲养和诊治。平时留心鸭群的变化，并在饲料和水中有针对性地添加一些药物，最好在用药前能通过药物敏感试验，选择对特定病菌抑杀效果较佳的药物，减少由此带来的损失。鸭舍的带鸭消毒工作对产蛋鸭的健康成长十分重要。

（1）药物的选择

要选择刺激性小、毒性低、无腐蚀性的药物，生产中可以将几种化学性质不同的药物交替使用，以确保消毒的效果。

（2）消毒次数

要根据季节、气候以及周边疫情情况。一般每周2~4次，夏季略多些，冬季可酌情减少，当周边发生疫情时要加强消毒。

（3）消毒安全

消毒时采用喷雾消毒法，雾滴要小（空气中悬浮时间长），喷嘴向上喷雾，不要直接对着鸭头喷，以免药液吸入呼吸道导致疾病的发生。

（4）消毒顺序

要保证消毒的效果，要把药雾喷到所有能够喷到的地方，保证单位空间内消毒药物的喷施量。消毒的顺序为天棚、墙壁、鸭体、地面、贮料间、饲养员休息室。

（5）消毒药液用量

控制药液的用量，防止室内湿度过度增加。

（六）不同季节饲养管理要点

鸭舍通常建造得比较简陋，不能完全控制环境条件，鸭群的生活和生产受外界气候条件的影响较大，会造成应激而影响产蛋率。因此，要维持蛋鸭的稳产高产，必须根据季节的变化，采取相应的饲养管理措施，为蛋鸭创造适宜的产蛋条件和环境。

1.春季的管理要点

春季气温逐渐回升，日照时间逐渐延长，气候条件对蛋鸭产蛋很有利。春季蛋鸭的生理功能活跃，精力旺盛，是鸭的产蛋和繁殖季节，要充分利用这一有利条件，使蛋鸭高产稳产。要使鸭多产优质的蛋，必须加强饲养管理。供给鸭的饲料中营养物质要全面，数量要充足，使母鸭发挥最大的产蛋潜力。一般日粮中粗蛋白质在19%～20%，各种必需氨基酸要保持平衡，钙的含量达到2.8%～3.2%，以乳酸钙添加效果最好，适当补充鱼肝油、多种维生素。这个季节只要管理好，有些优秀鸭群的产蛋率可达100%，所以这时不怕鸭饲料吃过头，只怕饲料跟不上，使鸭身体垮下来。早春时有寒流袭击，要注意天气变化，重视保温工作，室内温度最好维持在13～20 ℃。春夏之交，天气多变，会出现早热天气，或连阴天，要因时制宜区别对待，打开门窗，充

分通风换气，保持舍内干燥。在天气良好的情况下应该让鸭群多在舍外活动，多接触阳光。

春季也是微生物繁殖的活跃季节，为了保证鸭群的健康，需要搞好清洁卫生工作。食槽、饮水器、舍内和运动场要定期消毒。舍内垫草不要过厚，并定期清除，每次清除都要结合消毒1次。运动场的排水沟要疏通，不积存污水和粪便。如遇阴雨天，要缩短放牧时间，以免鸭受雨淋。鸭群驱虫也是春季管理的一个环节，以丙硫咪唑驱虫为佳。

2. 夏季的管理要点

鸭有耐寒怕热的生理习性，虽然鸭群可以在水中活动以散发体热，但是夏季的高温天气仍然会给产蛋鸭造成严重的热应激反应。在生产上表现为鸭的采食减少、粪便过稀、产蛋数减少、蛋壳脏，严重的还可能会出现中暑现象。因此，夏季是蛋鸭生产上容易发生问题的季节，需要采取防热应激措施。缓解蛋鸭在夏季的热应激，可以从以下几方面采取措施：

（1）增强屋顶的隔热效果

屋顶在夏季的阳光照射下，温度会明显升高（高于周围的空气温度），热量透过屋顶材料进入舍内会影响鸭舍中下部热空气的上升，使舍温升高。若用石棉瓦作屋顶则应在春末将稻草或其他禾谷类秸秆捆成小捆，摆放在屋面上，这样可有效减轻太阳辐射所造成的屋顶升温现象。据报道，石棉瓦屋顶是否铺草秸，其屋顶内、外面温度可相差2～4 ℃。当然，也可以在鸭舍周围种植高大的树木来遮阴。

（2）运动场的遮阴

鸭群在舍外活动的时间比较多，在规划鸭场时就应考虑植树遮阴问题，不仅房舍四周要植树，而且在运动场周围、水池边也应植树。种植遮阴效果较好的阔叶速生乔木可在夏天给鸭群提供良好的乘凉休息场所（图6-9）。据测定，夏季树荫下地面的温度比受太阳直接照射地面的温度至少低5 ℃。若新建鸭场其树木较小而无法利用树荫时，则应在运动场中间及边侧搭设凉棚以方便鸭纳凉。

图6-9　运动场树木遮阴

（3）降低鸭舍内的相对湿度

在高温的夏季，若舍内相对湿度过高，会严重妨碍鸭的蒸发散热。闷热的环境会使热应激反应加剧。鸭喜水的生活习性很容易造成舍内相对湿度过高，因此，降低舍内湿度是缓解蛋鸭夏季热应激的重要措施。其内容包括减少饮水器、水槽中水的漏洒，鸭洗浴后应等羽毛晾干后再回舍，及时排出运动场的积水，更换潮湿垫料，加强通风及防止屋顶漏水等。

（4）加强垫料管理

使用麦秸或稻草做垫料时若铺垫得较厚，在温度高、湿度大的情况下容易被微生物发酵，产生热量，增高舍温，也会产生大量有害气体。因此，在春末或夏初应将舍内积存的垫料进行彻底清理，等舍内地面稍干燥后再用刨花或锯末或细沙铺垫，或在上面撒少量垫草。

（5）搞好舍内通风

加大通风量或提高舍内气流速度，不仅可以有效降低舍内温度、改善舍内空气质量，还可以明显缓解鸭群的热应激反应。据

报道，当气流速度达到1米/秒时，鸭对30 ℃的感觉与气流速度为0.2米/秒、气温为26 ℃时的感觉相似。如同人在天热的时候吹风扇一样，增大身体周围的气流速度能使机体感到舒适。

（6）搞好饮水供应

在气温高的夏季，鸭的饮水量会明显增加，使用温度尽量低的饮水可更有效地吸收鸭体内的热量，有助于增加采食量。有条件的鸭场可以打深水井，给鸭提供凉水，有助于防暑降温。

鸭吃料和饮水常常是交替进行的，而且其喙上黏着的饲料碎粒在饮水时会进入水槽或饮水盆内。槽底和水盆底沉淀的饲料在高温条件下容易腐败，造成水质恶化。因而，在夏季必须及时洗刷水盆水槽，必要时定期对饮水进行消毒处理。饮水供应必须充足，以使鸭随时能喝到清洁的饮水。夏季高温时缺水的威胁要大于其他时期，中暑更易发生。缺少饮水还可能使鸭饮用水池中的脏水，进而诱发肠道感染。

（7）搞好鸭的洗浴管理

高温时节可以让鸭在水池中的洗浴次数和时间适当增加，以增加体热的散发。若是池塘的面积较小还应注意更新池水，以免水质出现腐败。水质恶化后不仅鸭不愿下水池洗浴，甚至有可能成为严重的疫病传播源。定期对池水进行消毒处理也是保持池水水质的重要措施。

（8）露宿乘凉

在夏季气温非常高的几天，若舍温超过33 ℃的情况下，前半夜可让鸭在运动场休息纳凉，房舍供鸭出入的小门不要关闭，让鸭群在夜间12时以后回舍产蛋。为了鸭群露宿时不受老鼠、飞鸟等夜间活动动物的惊扰，运动场应有灯光照明。

（9）保持饲料的新鲜

蛋鸭喂养一般都采用湿拌料的形式，夏季采用这种喂料方法应注意每次的拌料量不宜多，每次喂饲后，以鸭群在30～40分钟内能将盆内饲料吃完为宜，若长时间吃不完，则可能会出现饲料发酵变味现象。减少每次喂饲的量、增加每天的喂饲次数，是夏季蛋鸭喂饲的重要措施。

每次加料之前应让鸭将料槽中的料吃净后再加料，防止饲料长时间积存在槽底，导致饲料变质，影响鸭群的健康。

（10）调整饲料营养水平

采食量减少、营养摄入不足是夏季造成鸭群产蛋数下降的重要因素。应适当提高饲料的营养浓度，尤其是磷及维生素的含量，减少粗饲料的使用量。

夏季有的鸭会出现部分羽毛脱落或折断现象，需要保毛，其方法是在饲料中添加1%～2%炒熟的菜籽或芝麻，连用1周。中午前后在运动场的阴凉处放一些青绿饲料让鸭自由采食。有条件的可以捞取一些鱼虾、螺蛳，切碎后作为补充饲料以增加鸭的食欲和营养摄入。

（11）使用抗热应激添加剂

常用的抗热应激添加剂有维生素C（在饲料中添加量为0.02%）、碳酸氢钠（在饲料中添加量为0.1%）、氯化铵（在饲料中添加量为0.05%）以及某些中草药制剂等，它们可以调整夏季鸭体的某些生理功能，减轻热应激所造成的偏差。这些添加剂一般在上午10时后使用。

3.秋季的管理要点

秋季气温变化较大，气温逐渐下降，昼夜温差变大，日照时间缩短，蛋鸭逐渐进入换羽期。9～10月正是冷暖交替的时候，气温多变。如果养的是上一年孵出的秋鸭，经过大半年的产蛋，身体疲劳，稍有不慎，就要停产换毛。故群众有“春怕四，秋怕八，拖过八，生到腊”的说法。所谓“秋怕八”，是指农历八月是个难关，只要度过这个时期，鸭只产蛋可到腊月，有保持80%以上产蛋率的可能，否则也有急剧下降的危险。此时的管理重点

是保持环境稳定，尽可能推迟换羽。

（1）保证光照时间

由于自然光照时间逐渐缩短，不利于蛋鸭保持旺盛的繁殖功能，需要补充人工光照，使每天光照时间不少于16小时，稳定光照强度。

（2）保证营养供应

为了保持鸭群高的产蛋率，需要适当增加营养，补充动物性蛋白质饲料。

（3）防止温度突然降低

入秋后刮一场风就会降一次温，温度的突然下降将导致产蛋率的大幅度下降。生产中尽可能减少鸭舍内小气候的变化幅度，保持环境的相对稳定。深秋季节要防寒保暖，使鸭舍保持13～20℃的温度。操作规程和饲养环境保持稳定 。

（4）适当补充无机盐饲料

最好在鸭舍内另置矿物质饲料盆(骨粉1份+贝壳粉5份)，任鸭自由采食。

（5）消灭蚊蝇

蚊蝇不仅干扰鸭群的休息，还传播某些疾病。要定期对鸭舍内外进行处理，消灭蚊蝇。

（6）驱虫

秋季需要进行一次驱虫，以消灭在夏秋季节进入鸭消化道内的寄生虫，同时做好鸭舍防寒等准备工作。

（7）保持鸭舍干燥

秋季是多雨的季节，运动场容易积水，鸭舍内垫草容易潮湿发霉。要采取措施降低舍内湿度，防止垫草泥泞。

4.冬季的管理要点

12月至翌年2月上旬是最冷的季节，日照缩短，寒流、寒潮频繁袭击，地面积雪、水池结冰。低温及其所带来的一系列问题对蛋鸭生产也会产生许多负面影响。因此，冬季要注意防寒保暖和采取防冷应激措施。

（1）防寒保暖

冬季可以将鸭舍西、北面的窗户用草苫进行遮挡，防止冷风直接吹进鸭舍。必要时应该在鸭舍内采取加热措施以提高舍温，尽量使鸭舍内的温度保持在6 ℃以上。

在北方一些地区，有的鸭场忽视了防寒保暖措施，导致舍内温度过低，出现水盆（或水槽）结冰、鸭蛋壳冻裂等现象，结果鸭群产蛋率急剧下降而且难以恢复。

（2）调整饲料

冬季蛋鸭要适当增加玉米等能量饲料的比例，使代谢能的浓度达每千克12.09～12.49兆焦的水平，还要供给青饲料或补充维生素A、维生素D和维生素E。

（3）饮水

保证鸭所饮的水为温水，用热水拌料有助于减少鸭体热损失，防止消化道疾病的发生。降雪后要及时清扫运动场的积雪，防止鸭吃雪和饮雪水。

（4）适当增加饲养密度

可以将饲养密度保持在8～9只/米^2，适当提高饲养密度有利于鸭舍保温。

（5）垫草

舍内铺厚垫料，以10厘米厚为宜，防止鸭卧在裸露的地面而受凉。保持垫料的干燥是一个很重要的工作。冬季，鸭群外出活动少很容易导致垫草潮湿、泥泞，这对于鸭舍的保温、空气质量等都是不利的。

（6）舍外活动

冬季一般早上迟放鸭，傍晚早关鸭，以减少舍外活动和下水次数，缩短下水时间，晴暖天时间长些(1小时左右)，阴天短些。

若室内外温差太大时，放鸭前应先打开窗户，赶鸭只在室内慢慢做一会儿转圈运动，再赶鸭只出舍下水。

（7）通风换气

在注重保温的同时，不能忽视鸭舍的通风换气。在鸭群到运动场活动或放水时，可以打开鸭舍的窗户，使之彻底换气。不能放水时，则在中午先卷起部分草帘，让鸭群逐步适应，然后打开每个窗户的一半进行通风。冬季要防止冷风直接吹到鸭的身上。

（8）噪鸭

饲养人员每天早上捡蛋结束后，在鸭舍内驱赶鸭群缓慢走动，以促进运动。由于鸭群被驱赶走动时不停地鸣叫而被称为“噪鸭”。噪鸭可以防止鸭过于肥胖。

（七）蛋鸭饲养管理日程

目前在蛋鸭生产上，一般春、夏季和冬季执行不同的管理日程，其具体管理日程如下：

1.春、夏季节蛋鸭的饲养管理日程

早晨5时开灯，将鸭群放到运动场，让鸭在运动场采食少量青绿饲料、活动。进舍收蛋。如果天气不好或温度偏低则不让鸭群出舍。早晨6时30分清洗水盆(或水槽)、料盆(或料槽)，加水、加料。收鸭进舍采食饮水。上午9时30分将鸭群赶出鸭舍，让它们到池塘洗浴。第二次收蛋。整理舍内垫料，打开门窗及风机进行通风换气、排湿。上午10时半将鸭群从池塘赶上岸，在运动场活动，可以喂饲一些青绿饲料。上午11时半舍内加料、换水，将鸭群赶入舍内喂饲。如果天气炎热，可以在运动场的凉棚下喂饲。喂饲后让鸭群自由活动。下午5时半舍内加料、换水，将鸭群赶入舍内喂饲。下午6时半根据天气情况开灯。填写当天生产记录。晚上9时关灯，用微光通宵照明。

2.冬季蛋鸭饲养管理日程

早晨6时开灯，收蛋。早晨7时在舍内驱赶鸭群进行“噪鸭”。7时半清理水盆(水槽)、料盆(料槽)，加水、加料。上午10时将鸭群放到运动场活动(气温过低时不放鸭出舍)，并喂饲少量的青绿饲料。第二次收蛋。如果气温过低则推迟鸭群出舍时间至中午喂饲后。上午10时半让鸭群到池塘洗浴。打开门窗、风机通风换气。整理垫料。视气温情况将鸭群赶上岸，在运动场活动。上午11时30分舍内加水、加料。将鸭群赶入舍内喂饲。喂后视天气情况自由活动。下午4时视天气情况决定是否提前将鸭群收回鸭舍。下午5时喂料。晚上10时关灯。

(八) 鱼鸭混养的管理

许多地方喜欢将鸭舍搭建在鱼塘附近，利用鱼塘作为鸭群洗浴的场所。鸭群在鱼塘中活动时搅动水面可以起到增氧作用，排泄的粪便也能够直接被鱼利用，粪便还有助于水中浮游生物、水生植物的生长，又为鱼和鸭生长提供了饵料，鸭在水中可以觅食小杂鱼小虾，减少了鱼的饵料，同时也为鸭补充了动物性饲料，降低了养鸭的成本。因此，鱼鸭混养模式在许多地方得到应用。在鱼鸭混养的管理上需要注意以下几个方面的问题：

1. 防止鸭吃鱼苗

鱼苗投放初期，由于鱼很小，容易被鸭捕食。这一时期需要先将鱼塘的一侧用细空网隔挡出一小片水面，鱼苗放在较大的水面内，鸭群在小水面内洗浴。当鱼体长度达到10厘米以上时，可以将网撤去。

2. 防止塘水过肥

鸭群在鱼塘中活动时粪便排泄到塘内，若排放量大，超过鱼及微生物的利用及分解能力，则会造成塘水内有机质含量过高，水体富营养化，水中溶氧含量减少而不能满足鱼的生活需要，造成缺氧，引起泛塘和鱼死亡。

为了防止这种情况的出现，要根据水质情况确定鸭群在水中活动的时间和次数。如果水面小，鸭群就不能太大，如果鸭群较大则每天在鱼塘内活动的时间不能长，也可以采用分批洗浴。鸭群喂饲后过2小时再放入鱼塘，也可减少它们在水中的排粪量。

如果鱼塘面积大、水较深，鸭群较小则基本无须担心这个问题。一般一亩鱼塘可放育成鸭120只。

3.做好鱼和鸭群的管理

当鱼或鸭患病时，要及时隔离。每天检查围网，发现破损及时修理。做好鱼塘的消毒工作。鸭群要定期进行免疫接种。

4.避免鱼鸭的饵料争夺

为了减少鱼鸭的饵料争夺，鱼塘中要少放草食性鱼，多放底层鱼。

（九）稻鸭共作

稻鸭共作是指按一定比例将鸭放入稻田中饲养，利用鸭杂食性的特点为稻田除虫、除草；鸭喜欢嬉水，频繁活动产生中耕混水效果，有助于稻田高产；同时鸭粪作为有机肥可以起到肥田的作用。这是生态农牧业生产的一种典型方式，在日本和我国南方地区得以广泛应用。

在稻秧返青后就可以有计划地让鸭群到稻田中活动、觅食（图6-10），一直到稻子扬花。这种养殖方式可以做到一举两得，稻苗生长过程中减少了化肥及农药的使用，有利于有机水稻的生产，同时减少鸭饲料的投入，降低了养鸭的成本。鸭在稻田中

图6-10　稻田养鸭

采食天然的动植物饲料，活动量大，抗病力强，鸭蛋、鸭肉等鸭产品质量好。

七、种鸭饲养要点

饲养种鸭和商品蛋鸭的基本要求是一致的，饲养方法也基本相似。但饲养种鸭的目的是获得量多质优的种蛋，孵化出品质优良的雏鸭，因此饲养管理条件要求比产蛋鸭更高。

（一）种鸭的选留与饲养

1.种鸭的选留

留种的公鸭经过育雏期、育成期、性成熟初期3个阶段的选择，选出的公鸭外貌符合品种要求，生长发育良好，体格强壮，性器官发育齐全，第二性征明显。精液品质优良，精液应呈乳白色，若呈透明的稀薄状不宜留种。公鸭性欲旺盛，行动矫健灵活的宜留种。

要求种母鸭头中等大小，眼亮有神，嘴长、颈长、身体长；羽毛紧密，紧贴身体，行动灵活，觅食能力强；骨骼发育好，体格健壮，胸深腹圆，后躯宽大，耻骨开张，蹼大而厚，健康结实，体肥适中。

2.种鸭的饲养

饲养场所饲养的种公鸭要早于母鸭5周孵出，使公鸭在母鸭产蛋前达到性成熟，这样有利于提高种蛋受精率。

育成期公、母鸭分开饲养，一般公鸭采用以放牧为主的饲养方式，让其多采食野生饲料，多活动，多锻炼。饲养上既能保证各器官正常生长发育，又不能过肥或过早性成熟。对开始性成熟但未达到配种期的种公鸭，要尽量放旱地饲养，少下水，减少公鸭间的相互嬉戏、爬跨，以防形成恶癖。

（二）公母的合群与配比

青年阶段公、母鸭分开饲养。为了使同群公鸭之间建立稳定

的序位关系、减少争斗，公、母鸭之间相互熟悉，在鸭群将要达到性成熟时合群，如绍鸭在15周龄时要进行合群。合群晚会影响公鸭对母鸭的分配，争斗和争配对母鸭的产蛋有不利影响。

公、母配比是否合适对种蛋的受精率影响很大。国内蛋用型麻鸭，体形小而灵活，性欲旺盛，配种能力强，其公、母配比在早春、冬季为1∶18，夏、秋季为1∶20，这样的性比例，可以保持较高的种蛋受精率；卡叽-康贝尔鸭的公、母配比在1:（15~18）比较合适。

在繁殖季节，应随时观察鸭群的配种情况，发现种蛋受精率低，要及时查找原因。首先要检查公鸭，发现性器官发育不良、精子畸形等不合格的个体，要立即淘汰，更换公鸭，发现伤残的公鸭要及时调出补充。

（三）加强种鸭饲养

饲养上除按母鸭的产蛋率高低给予必需的营养物质外，还要多喂维生素、青绿饲料。维生素E能提高种蛋的受精率和孵化率，饲料中应适当增加，每千克饲料中加25毫克，不低于20毫克。生物素、泛酸不仅影响产蛋率，而且对种蛋受精率和孵化率影响也很大。同时，还不能缺乏含色氨酸的蛋白质饲料。色氨酸有助于提高种蛋的受精率和孵化率，饼、粕类饲料中色氨酸含量较高，配制日粮时必须加入一定饼、粕类和鱼粉。种鸭饲料中尽量少用或不用菜籽粕、棉仁粕等含有影响生殖功能毒素的原料。

（四）提高配种效率

自然配种的鸭，在水中配种比在陆地上配种的成功率高，其种蛋的受精率也高。种公鸭在每天的清晨和傍晚配种次数最多。因此，天气好时应尽量早放鸭出舍，迟关鸭，增加户外活动时间。如果种鸭场不是建在水库、池塘和河渠附近则必须设置水池，最好是流动水，要延长放水时间，增加活动量。若为静水应常更换，保持水清洁不污浊。

（五）及时收集种蛋

种蛋清洁与否直接影响孵化率。每天清晨要及时收集种蛋（图6-11），不让种蛋受潮、受晒、被粪便污染，尽快进行熏蒸消毒。种蛋在垫草上放置的时间越长，所受的污染越严重。

图6-11　鸭蛋收集

收集种蛋时，要仔细地检查垫草下面是否藏有鸭蛋；对于伏卧在垫草上的鸭要赶起来，看其身下是否有鸭蛋。

（六）减少脏蛋比例

许多鸭蛋蛋壳上常沾染有粪便、泥巴、垫草等污物。这些蛋壳受污染的鸭蛋水洗后不能存放，只能立即用于孵化或食用。如果不清洗更不能长期存放，否则微生物会通过气孔进入蛋壳内，污染蛋的内容物。

1.保持鸭舍内的干燥卫生

鸭舍内的垫草应及时更换和翻晒，保持干燥、清洁，防止种蛋污染。生产中常常有鸭舍内垫草潮湿、泥泞的现象，这是蛋壳表面脏污的主要原因，当鸭把蛋产在潮湿泥泞的垫料上后，不可避免地会在蛋壳表面黏附污物。防止垫料潮湿、及时清理潮湿的垫料或在旧垫料上面经常加铺新垫料以保持表面垫料的干净是解决这个问题的主要措施。另外，鸭舍内要通风良好，保持空气

新鲜、温度适宜。

2.保持产蛋窝内的垫草干燥、柔软

如果产蛋窝内的垫草长时间没有更换，潮湿、板结，就不可能引诱鸭晚上在其中伏卧、产蛋，可能将蛋产在窝外。窝外蛋很容易被污物黏附。定期更换产蛋窝内的垫草，保持窝内的垫草干燥、柔软，以吸引鸭群晚上在其中休息、产蛋，是减少脏蛋的重要方法。

3.避免鸭消化道感染

当鸭消化道被病原微生物感染后很容易出现腹泻现象，致使泄殖腔内有稀粪残留、肛门下方羽毛被稀粪黏附，鸭产蛋时蛋经过泄殖腔时就被粪便黏附，蛋产出后又被脏污的后腹部羽毛所污染。

其他原因引起的腹泻也会产生这个问题。

（七）防止鸭产水蛋

“水蛋”指鸭产在水中的蛋。水蛋由于产在水中，一般只有在冬季鱼塘的水抽干后才能够发现。通常，这些蛋已经没有任何价值了。

1.鸭群放水时间不可过早

尽管鸭的产蛋时间集中在凌晨，但是有少数鸭的产蛋时间会推迟至上午，如果在上午9时之前让鸭群进入水中活动（图6-12），则可能会有部分鸭将蛋产在水中。如果将鸭群放水时间推迟则可减少“水蛋”的出现。

图6-12　鸭群放水

2.保证鸭群健康

健康高产的鸭群产蛋比较集中，绝大多数个体在凌晨都能够产完蛋。而无论何种原因引起的健康问题都会使鸭群的产蛋时间推后，产蛋迟的个体在水中活动时就可能将蛋产在水中。

3.做好防暑降温工作

在高温季节，鸭舍空气闷热，鸭群急于到水池中活动，而且高温会使产蛋时间推迟。这样，上午会有部分鸭尚未产蛋就进入水中洗浴，并把蛋产在水中。

（八）防止鸭产野外蛋

鸭有到固定位置产蛋的习性，生产中当鸭将第一个蛋产在某处时，它还会再到该处产蛋。放牧饲养的鸭群，产野外蛋无法及时收集，会造成经济损失。放牧时间不可过早，等鸭群产蛋结束后再赶鸭放牧。在放牧时，发现鸭离群，鸣叫，回头，说明蛋没有产完，要任其回舍产蛋。同时，要注意保证鸭群健康，防止产蛋时间推迟。

第七章　鸭场卫生防疫与保健

疫病是蛋鸭养殖的大敌，也是危害养鸭业健康发展的因素，传染性疾病一旦发生，会导致鸭群大批死亡，损失严重，因此应无病防病。在未发生疫病时，只有靠科学的防控措施，改善饲养管理和加大卫生防疫力度，做好隔离，使疫病远离鸭场之外，才有可能获得较高的养殖效益。

鸭场是否发生疫病取决于两个因素：一是致病因素是否存在及其强弱程度；二是鸭机体抵抗力的强弱程度。因此疫病的防治是一个系统工程，必须建立防控鸭病的生物安全措施，紧紧抓住搞好鸭场的选址和隔离工作、加强环境卫生和环境控制、加强消毒使疫病远离养殖场，合理使用保健药物增强鸭机体抵抗力，合理制定科学的免疫程序，选择高效的疫苗适时进行免疫接种，改善饲养环境，减少应激，给鸭创造适宜和安全的生存环境。只有做好上述几项工作，才能有效地防控鸭疫病的发生，才能真正落实养重于防，防重于治，养防并举，防治结合的方针，才能真正朝着绿色安全食品方向前进。

一、环境治理和控制

鸭疫病的发生，与饲养环境密不可分，只有做好场址选择和隔离工作，才能使疫病远离鸭场；只有搞好环境卫生，才能给鸭创造较好的生存空间；只有减少各种应激因素，才能增强鸭机体免疫功能，减少疫病发生。

（一）做好隔离工作使鸭场远离传染病和寄生虫病的威胁

鸭养殖场的场址选择，首先要远离其他养殖场500米以上，并远离交通要道和人群密集区、动物屠宰场、化工厂等（图7-1）。

图7-1　鸭场隔离

（二）做好外来人员、车辆和物品隔离

外来车辆严禁进入生产区，如确实需要进入则必须经严格消毒；外来人员严禁进入生产区，如确实需要进入必须经更衣、沐浴、消毒后才能进入。外来物品一般只在生活区和办公区使用，进入生产区也需要消毒（图7-2）。

图7-2　车辆消毒区和人员进舍前鞋子消毒

（三）做好鸭场内各舍之间的隔离

鸭场最好采用“全进全出”的饲养模式，也就是一个场只养一个批次、品种、来源相同的鸭，同时待到上市日龄或淘汰日龄后出场。空出来的禽舍要经过全场清理、消毒和闲置后，再饲养下一批家禽。这样有利于切断疫病的循环传播，有利于禽场防疫管理，减少疫病的发生。

对于一些蛋鸭生产场，若同时饲养不同类型、不同年龄阶段的家禽或同一个场养几栋鸭，尽量在建场规划设计时进行科学设计，使相同类型的家禽集中饲养在同一个区域内，以减少不同批次之间的相互污染。禽舍之间的距离通常不少于舍高的2.5倍，舍与舍之间种植树木，可起到隔挡和过滤作用，减少相互之间的污染（图7–3）。

图7–3　鸭舍间隔离

（四）做好环境卫生工作

搞好环境卫生是防止疫病传播的主要措施，鸭舍必须每天清扫卫生，垫料必须干燥无霉变、无污染，垫料在使用前先需经彻底暴晒，利用阳光杀灭其中的微生物。食槽及饮水器要每天清洗一次并消毒，定期清理粪便和垫料。

1.加强粪便和污水的处理

鸭粪便中往往带有大量的病原微生物和寄生虫虫卵。发病、病愈不久或驱虫后的鸭排的粪便，是传播疫病的一个重要来源，鸭粪直接入水危害更大。因此，要加强粪便管理，防止新鲜鸭粪便入水，鸭场的粪便必须在鸭场100～200米外的地方，挖一深约30厘米的坑，集中粪便，堆积发酵，经1个月以上可杀死粪便中的病原体和虫卵。处理后的粪便才能作为肥料和鱼饲料用。鸭场内的污水也带有病原体，未经消毒处理不能排放出去，应先将污水引入污水池，每升污水加入漂白粉2～5克消毒并沉淀，然后排放(图7-4)。

图7-4　污水处理

2.死禽的处理与利用

蛋鸭生产过程中，不可避免地产生死鸭，这些鸭大多都是病死的，鸭尸体常带有病原微生物，如鸭霍乱的病死鸭带有霍乱病毒，若不加处理直接扔于野外田地、沟、河、池塘，则会造成病原扩散传播，而且，被乱扔的鸭尸体在沟河内腐败，会产生大量毒素，危害其他家禽的健康。因此，妥善处理病死的蛋鸭，对搞好鸭场环境卫生，防止疾病传播是非常重要的。处理方法主要是

焚烧、土埋和用作饲料等。

（1）焚烧

对于传染性较强，对环境抵抗力较强的病原体造成的病死鸭，应采用焚烧的方法处理。焚烧可以杀死所有的生物，包括病原微生物。但焚烧的成本较高，同时也易产生二次污染。

（2）土埋

利用土壤的自净作用使死鸭尸体无害化。土埋时应建立专用深坑，坑一般长2.5～3.6米，宽1.2～1.8米，深1.2～1.5米，深坑应远离鸭舍、放牧地、居民点和水源地，深坑周围要设置防水沟和栅栏标记。深坑盖采用加压水泥板，板上要留孔，套上PVC管，以方便往坑内扔死鸭，平时管口用不透水材料密封。土埋法简单，经济，但处理不好往往会对地下水造成污染。

（3）用作饲料

死鸭尸体含有大量氨基酸平衡的蛋白质，若能彻底杀灭其中的有害微生物，则可获得优质的蛋白质饲料。可通过在高温锅（5个大气压、150 ℃）中熬煮，然后干燥、粉碎等处理后，加以利用。

3.孵化废弃物的处理与利用

孵化废弃物主要有无精蛋、毛蛋和蛋壳等。

无精蛋主要用于食用。毛蛋也可食用，但应注意卫生，避免腐败物质及细菌造成中毒。毛蛋一般经高温消毒、干燥处理后，制成粉状饲料利用。蛋壳用磷酸进行处理，获得的磷酸钙作为饲料的钙源添加剂使用。由于孵化废弃物中含有大量蛋壳，含钙量非常高，应用时要注意加以平衡。

运动场要及时清扫，避免出现低洼地和积水，并及时清理粪便。做好科学灭鼠、灭蝇工作，但要注意鼠药的保管和使用，以防人和鸭中毒。

（五）加强饲养管理，提高机体抵抗力

科学的饲养管理是增强机体抵抗力和预防各种疫病的重要措施，保持适宜的饲养密度、适中的光线、良好的通风、适宜的温度，避免和减少噪声干扰，给鸭创造较好的生长环境，供给合理、全价的饲料，适时添加维生素和微量元素，适当放置足够食槽和饮水器，供给清洁的饮水。

1.防止鸭群应激和外伤

应激和外伤是促进疫病发生流行的主要因素，如突然断水、断电、温度骤变、破坏光照强度、密度过大、通风过大、转群、免疫接种、噪声等应激因素均是疫病发生的诱因，因此平时在饲养管理过程中，必须按程序进行，切莫随意破坏鸭群已经习惯的生活规律，并且在管理中随时注意网上不要有尖刺、垫料不要太尖利，以免鸭发生外伤。

2.供给清洁、干净的饮水

要想取得理想的养殖效果，就必须考虑饮水的质量和供应问题。若鸭长期饮水不足会导致消化功能紊乱，生长停滞，易感染多种疾病，且出现换羽、停止产蛋、抵抗力下降等问题；若用浅表水，水中矿物质、细菌、霉菌等有害物超标引起鸭感染疾病和长期拉稀。因此鸭场饮用水要用深井水，最好是消过毒的水。

3.添加必要的药物

有计划地在饲料或饮水中添加抗生素、抗寄生虫及抗霉菌的药物，可以预防某些传染病和寄生虫病的发生，促进鸭群的生长发育，但在选择和使用药物时应注意要选择敏感、防治效果好、副作用小、毒性低的药物；药物使用时要严格按规定用药，避免因用药不当而造成药物中毒或防治效果不好。在饲料或饮水中添加药物时还应注意饲料消耗和气候冷热等情况，若饲料的消耗量减少，药物的内服量也随之减少；反之，饲料的消耗量增加，药物的内服量也增加。天热，饮水量增加，可能会使鸭群由于内服

过量的药物而中毒；天凉，饮水量减少，内服药物量也减少，可能会控制不了疫病。

另外，为了避免病原体产生耐药性，一个疗程结束后，更换另一种药物会收到较好的防治效果。在使用微生态制剂或弱病毒细菌苗时，绝不能再使用抗生素，以免影响效果。

定期驱虫不仅可以消灭鸭体表和体内的寄生虫，使患病鸭早日康复，而且由于消灭病原，对健康鸭也起到了预防疾病作用。驱虫时选用的药物，应考虑广谱、高效、低毒、价廉及使用方便等因素，同时也应考虑寄生虫易产生抗药性，在同一地方不能长期使用单一品种的药物，应经常更换驱虫药物的种类。另外，要注意使用剂量，防止用药不当，引起中毒死亡。

二、鸭场的消毒与免疫

为消灭散布于外界环境中的病原微生物，切断疫病传播途径，阻止疫病继续蔓延，必须做好消毒工作，以减少鸭场传染病的发生。

育雏室必须每天清扫干净，垫料必须干燥、无霉变、无污染、不含有硬质杂物。垫料在使用前，先彻底暴晒，利用阳光杀灭其中的微生物。食槽及饮水器要每天清洗一次并消毒。清除垫料前，先喷洒消毒液，以防尘埃飞扬。

运动场要及时清扫，避免出现低洼地积水及存在尖硬杂物等。定期消毒。在鸭群下水的池塘岸边，要有一定坡度，并设有适当的台阶。场内不得堆积杂物，要清扫场上残留的饲料，以免鸭采食变质饲料导致疾病发生。对禽舍以及运动场每周要进行两次消毒。

（一）合理选择消毒药物

1.来苏水

来苏水即煤酚皂溶液，为黄棕色至红棕色的浓稠液体。适用于比较脏的环境。5%的来苏水可用于地面、墙壁、用具、粪便等的消毒，2%的来苏水可用于洗手或皮肤消毒，可杀灭一般细菌及病毒。

2. 菌毒敌

菌毒敌属复合酚制剂，深红褐色黏稠液体。为国内生产的新型、广谱消毒剂。可以杀灭细菌、病毒、霉菌和多种寄生虫虫卵。用于鸭舍、笼具、饲养场地、排泄物消毒，喷洒浓度为0.5%～1%。

3. 氢氧化钠

氢氧化钠又称苛性钠或火碱，白色块状或片状结晶，易溶于水，应密封保存。常配成2%的热溶液喷洒，也可用2%氢氧化钠溶液与5%生石灰水各1份混合使用，用于禽舍、车辆、用具、粪便等的消毒。对细菌、病毒、芽孢、真菌和寄生虫卵杀灭力强。氢氧化钠对机体组织有腐蚀作用，应注意防护。

4. 生石灰

生石灰化学成分为氧化钙，白色或灰白色硬块，易吸收水分。生石灰与水混合时生成氢氧化钙，具有消毒作用。常加水配成10%～20%石灰乳，趁热刷洗、喷洒，用于地面、墙壁、粪便等的消毒。

5. 高锰酸钾

高锰酸钾能溶于水，可配成浓度0.1%～0.5%的溶液，用于黏膜创面或饮水消毒。高锰酸钾溶液遇有机物分解失效。

6. 乙醇（酒精）

乙醇（酒精）为无色透明液体，具挥发性。配制成浓度70%的溶液，用于皮肤、器械的消毒。能够使菌体蛋白迅速凝固并脱水死亡，对芽孢无效。浓度超过75%时，消毒作用减弱。

7. 碘酊

碘酊主要用于皮肤、注射部位等的消毒。

8. 碘伏（强力碘）

碘伏（强力碘）是表面活性剂与碘络合而成的不稳定络合物，为红棕色液体，无味、无刺激性，毒性低，杀菌作用持久。主要用于鸭舍、用具、器械等的消毒。喷洒浓度为5%，1立方米禽舍用药3～9毫升。每升饮水中加入15～20毫升原液，可以预防禽类肠道传染病。

9. 漂白粉

漂白粉杀菌作用强，但不长久，在酸性环境中杀菌作用强。主要用于禽舍、用具、进出车辆和饮水消毒。喷洒用5%～20%的混悬液，饮水消毒浓度为0.03%～0.15%。

10. 苯扎溴铵

本品为季铵盐类消毒剂，性质稳定，刺激性小。具有较强的消毒作用，杀菌范围广，但不能杀死结核杆菌、霉菌和芽孢，对病毒杀灭作用差。0.1%～0.2%的溶液用于浸泡皮肤、手、手术器械等。忌与碘类、过氧化物等配伍应用。对粪便、污水消毒效果差。

11. 甲醛溶液（福尔马林）

甲醛溶液（福尔马林）含甲醛40%，有刺激性气味。本品具有强大的广谱杀菌作用，对细菌繁殖体、病毒、霉菌、芽孢均能杀灭。用于消毒禽舍、用具、孵化器、排泄物等，可配成10%～20%的溶液（相当于4%～8%甲醛溶液）喷洒，也可在密闭房舍内熏蒸消毒。

12. 过氧乙酸

本品为无色透明液体，易溶于水。易挥发，有刺激性气味，商品一般为20%溶液。具有高效、迅速和广谱杀菌作用。常配成0.1%～0.5%溶液喷洒或气雾熏蒸消毒。

（二）使用恰当的消毒方法

1.机械性清除

用清扫、铲刮、通风等机械方法，清除尘埃、粪便污物，以及墙壁、场地、设备上的有机物等。机械性清除可以使大量的病原微生物被清除或减少。此方法是使用消毒药剂前必须进行的基础工作。

2.物理消毒

利用阳光照射、干燥、火焰焚烧、煮沸、紫外线照射等杀死病原微生物。

3.生物消毒

将粪便、垃圾、垫草等污物堆积，使其通过微生物发酵产热，杀死无芽孢的细菌、寄生虫虫卵等。

4.化学消毒

这是目前使用较广泛、效果较好的消毒方法。其机制是破坏微生物的化学结构，损害正常代谢的物质基础，导致病原体死亡。具体方法是：将消毒剂配制成一定浓度的溶液后，针对不同对象采用喷洒、熏蒸、浸泡、洗刷等手段进行消毒。如对禽舍、墙壁、设备、地面、道路进行喷洒，对孵化器等进行熏蒸，对小的用具如蛋盘、种蛋等进行浸泡、洗刷。

（三）建立严格的消毒制度

1.严格执行全进全出制，对鸭舍进行彻底清扫消毒

每次在转群、出售后，对原饲养禽舍进行彻底清扫，最后对禽舍、设备进行熏蒸消毒，空置1～2周，才能进行下一批生产。

2.重视日常消毒

饲养过程中，为预防疫病的发生，需要有计划，定期对禽舍、运动场、用具、饲槽等进行的消毒。对鸭只也要进行定期消毒，特别是在饲养后期。

3.合理设置消毒池

禽场大门口设置车辆消毒池和人员进入专用通道，入场人员进行全身喷雾消毒后方可进入场区。各类禽舍入口也要设置消毒池，饲养人员要脚踏消毒池入舍。

4.发生疫病后要加强消毒

当鸭场发生传染病后，为了迅速控制和扑灭疫病，对疫点、疫区及被污染的用具、场地等进行集中消毒，加大消毒药的浓度和用药量。经2周若没有新的病例出现，在解除疫区封锁前，为消灭疫区内可能残留的病原体再进行一次消毒。

（四）影响消毒效果的主要因素

1.消毒剂的类型

选择消毒剂时，要根据消毒的位置来选择，同时要选择有批准文号并对所要预防的疫病有高效消毒作用的消毒剂。消毒剂稀释浓度要合适，确保消毒效果。

2.消毒是否彻底

消毒剂只有接触到病原体，才能达到消毒的目的。所以，对于被污物污染的部分，要先彻底清洗，晾干后才可进行消毒。

3.消毒的时间

各种消毒剂均需与病原体接触一定的时间，才能将其杀死。

4.环境温度

消毒剂的效力可随温度的变化而变化，熏蒸消毒效果受温度、湿度的影响较大。

5.水质影响

水质及某些有机物也会影响消毒剂的效力。

（五）做好免疫接种工作

1.制定科学的免疫程序

将本地区的常发病和多发病，作为免疫预防的重点。有些病虽然本地区目前未见流行，但在其他地区（特别是邻近地区）已发生流行，且属于烈性传染病，也应列入免疫接种的重点，制定出科学的免疫程序。一般情况下，种鸭必须在雏鸭阶段（5～12天）首次免疫，65～75日龄第二次免疫，产蛋前第三次免疫。以后每隔半年再免疫一次。

2.使用疫苗应注意的问题

在生产实践中，由于疫苗使用不当而造成免疫失败的实例常有发生。现将疫苗使用过程中值得注意的问题简介如下，以供参考。

（1）选择适合的疫苗

在选择疫苗时，请先了解目前各种鸭病疫苗的种类，然后向有经验者咨询，按已定的免疫程序选择疫苗。

（2）疫苗的保存

冻干弱毒疫苗应该低温冻结（-10 ℃左右）保存。油乳剂灭活苗应置4～8 ℃保存，不能冻结，一旦冻结，解除之后容易引起脱脂（即下层澄清，上层呈乳白色）而失效。倘若油乳剂灭活苗分层（即上层澄清，下层呈乳白色），摇匀之后还可以使用。

（3）疫苗的稀释

在使用冻干弱毒疫苗时，要用灭菌生理盐水（或用冷开水）稀释，切记不要往疫苗里加入抗生素，因为很多抗生素不是酸性就是碱性，大量抗生素加入疫苗中，会改变其pH值和渗透压，从而影响疫苗的质量，降低免疫效果。更不能将抗生素粉剂及针剂（油剂抗生素除外）加入油苗中，容易引起脱脂。

（4）疫苗的使用

注射器及针头等用具应先洗干净，煮沸消毒或高压灭菌。否则容易引起鸭注射部位感染细菌，轻者发炎，重者（若感染绿脓杆菌）会出现死亡。

油乳剂灭活苗在雏禽的注射部位应在颈部下1/3正中处，掐起皮肤，针头向禽背方向插入，切忌在颈的两侧注射，因容易刺

破颈部血管而出现皮下血肿，压迫迷走神经或刺伤颈部肌肉而影响颈部的活动，肌内注射最好胸肌注射，尽量避免做腿部肌内注射，因会影响其走路，或由于疼痛引起跛行。

使用油乳剂活苗时，由于应激会引起一定的反应，鸭群注射疫苗后会出现1~2天食欲减少，但很快就能恢复。倘若是产蛋鸭，注射疫苗后还会出现1~2天的降蛋现象，但很快就回升。应激不大时，反应会很轻微。

在进行紧急免疫接种时，应先接种健康鸭只，然后注射体质较差的鸭。抓鸭时，动作要轻，放鸭时，动作要慢，避免产生过大的应激和外伤。

第八章　鸭常见病的防治

一、病毒性传染病防治

（一）鸭病毒性肝炎

鸭病毒性肝炎是由鸭病毒性肝炎病毒引起的一种急性高度致死性传染病，以发病急，传播快，死亡率高为特征，临床症状表现为角弓反张，病理变化为肝脏肿大和出血。雏鸭如患本病有较高的死亡率，在新疫区死亡率可达90%以上，是养鸭业的主要危害疫病之一。

1.病原

鸭病毒性肝炎病毒属小核糖核酸病毒，鸭病毒性肝炎病毒有三个血清型，即1、2、3型鸭肝炎病毒：1型病毒主要引起3周龄内雏鸭发病，病程短，死亡率高。2型肝炎病毒较少见，所引起肝脏变化与1、3型病毒相似。3型病毒肝炎也称变异株，据国内报道，我国发生和流行的主要是1型鸭肝炎病毒。

本病毒能在12～14日龄鸭胚尿囊腔和鸭胚细胞株中培养增殖。

鸭病毒性肝炎在自然条件下，对环境有较强的抵抗力，例如，在污染的雏鸭舍内可存活10周以上；在潮湿的污染粪便中能存活1个月，对一般理化因素也有较强抵抗力，在37 ℃条件下可存活21天，该病毒对各种消毒药敏感。

2. 临床症状及病理变化

本病主要发生于3周龄以内的雏鸭，特别是1～3周龄雏鸭，发病率和死亡率高；3～5周龄雏鸭也可感染发病，但症状相对较轻；成年鸭不发病，但可带毒和排毒，成为传染源。临床症状及病理变化详见图8-1～图8-8。

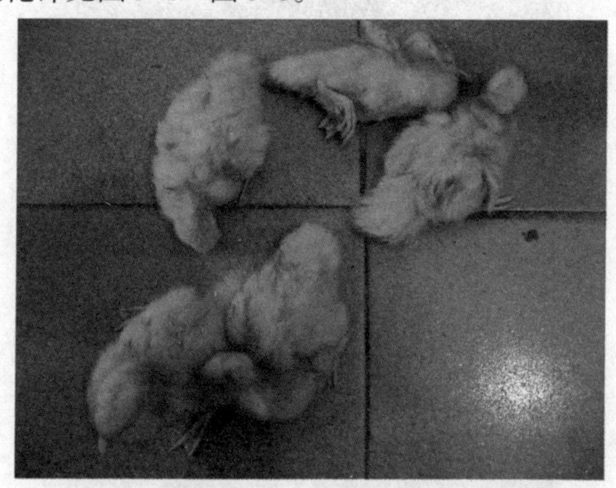

图8-1　患病毒性肝炎的鸭精神沉郁、闭眼嗜睡

图8-2　患病毒性肝炎的鸭头颈部后仰

图8-3　患病毒性肝炎的鸭肺部瘀血

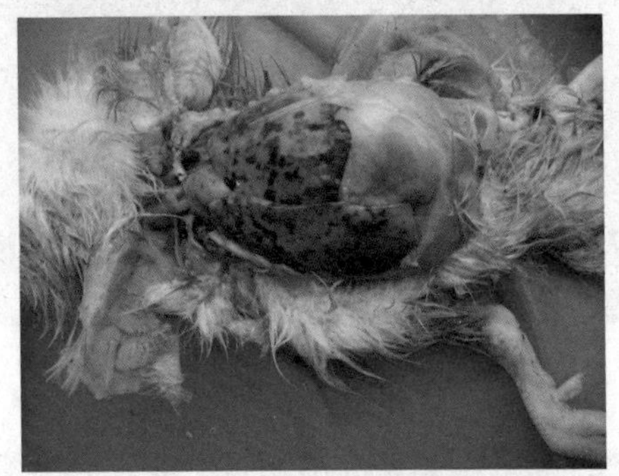

图8-4　患病毒性肝炎的鸭肝脏明显肿胀

图8-5　患病毒性肝炎的鸭肝脏肿胀有坏死灶

图8-6 患病毒性肝炎的鸭肝脏呈土黄色

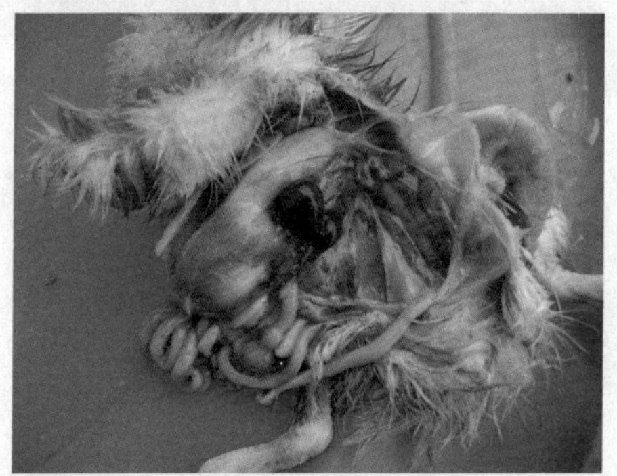

图8-7 患病毒性肝炎的鸭脾脏肿胀、瘀血出血

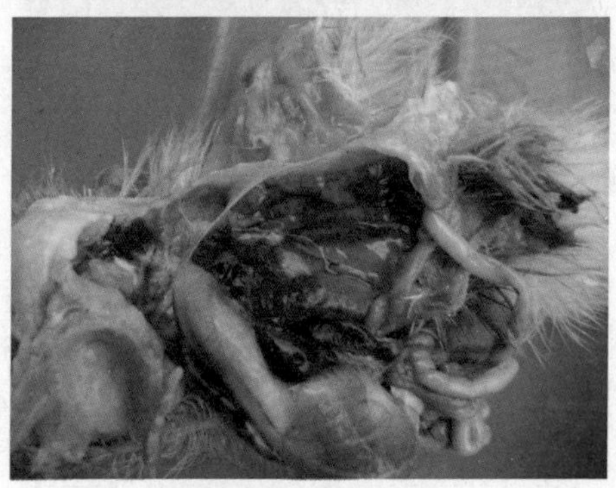

图8-8 患病毒性肝炎的鸭肾脏肿胀、出血

3.防治措施

（1）严格消毒

鸭场要建立严格的防疫消毒制度，并付诸实施，这是防控本病的基本措施。坚持自繁自养，不从发病场购入雏鸭，这是预防从外界传入疾病的重要措施，做好入场人员、孵化室、育雏室、饲养用具、垫料、场地的卫生消毒工作，并做好雏鸭的隔离饲养，供给充足营养全价的饲料及清洁饮水，以增强抵抗力。在发病期，严禁放牧。

（2）免疫接种

用鸡胚化鸭病毒性肝炎弱毒苗进行免疫接种。成年种鸭开产前1个月注射，每只1毫升，间隔2周后再加强免疫一次，可维持6~7个月。注射过疫苗的母鸭所产的蛋，含有抗体，孵化出雏鸭的母源抗体可维持2周，这样可以保护雏鸭在最易感日龄免受鸭病毒性肝炎病毒的感染。

未经免疫母鸭所产蛋孵化出的雏鸭无鸭肝炎病毒母源抗体，在1日龄皮下注射鸭病毒性肝炎弱毒苗0.5毫升。

（3）治疗

对受到病毒威胁的鸭群，在发病早期经皮下注射高免血清和高免卵黄0.5~1毫升可起到治疗和预防作用。同时，在饮水和饲料中添加抗病毒药物，补充充足的维生素，添加保肝护肾的中药，可起到良好的治疗作用。

（二）鸭瘟

鸭瘟又称鸭病毒性肠炎，是一种由鸭瘟病毒引起的急性、热性败血性传染病，其临床症状高热、流泪、两腿麻痹、腹泻，部分鸭头颈肿大，故又称“大头瘟”或“肿头瘟”，主要病理变化特征是病毒引起广泛性血管损伤，导致组织出血，体腔溢血和消化道黏膜出血、坏死，淋巴组织受损，以及实质器官的退化性变化。鸭瘟发病率和死亡率都很高，对鸭群具有毁灭性的打击，严

重的甚至威胁养鸭业的发展。

1.病原

鸭瘟病毒属疱疹病毒科，疱疹病毒属。鸭疱疹病毒Ⅰ类的鸭瘟病毒。本病毒对热和普通消毒药都很敏感，在56 ℃用药10分钟或80 ℃用药5分钟可灭活，常用消毒药物均可迅速杀死病毒。

2.临床症状及病理变化

鸭瘟病毒对不同日龄、不同品种的鸭均敏感，以番鸭、麻鸭和绵鸭最敏感，北京鸭次之。成年鸭发病率和死亡率较高，30日龄以内的雏鸭发病率较少。本病的发病和流行没有明显的季节性，但以春秋季节流行较为严重。临床症状及病理变化详见图8-9～图8-18。

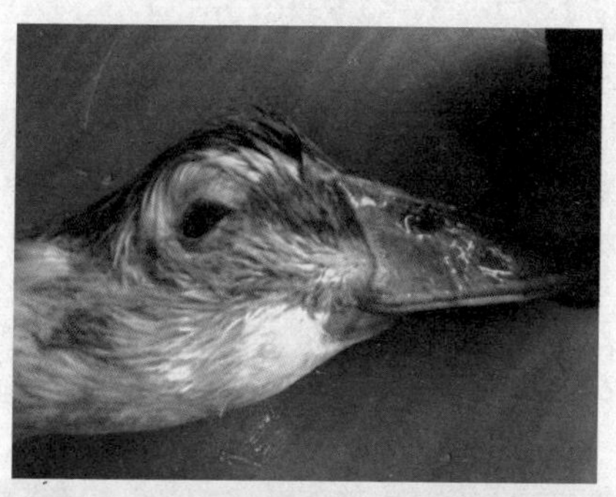

图8-9　感染鸭瘟的鸭鼻腔流出脓性分泌物

图8-10　感染鸭瘟的鸭头颈部出现肿胀

图8-11　感染鸭瘟的鸭角弓反张

图8-12　感染鸭瘟的鸭出现扭头等神经症状

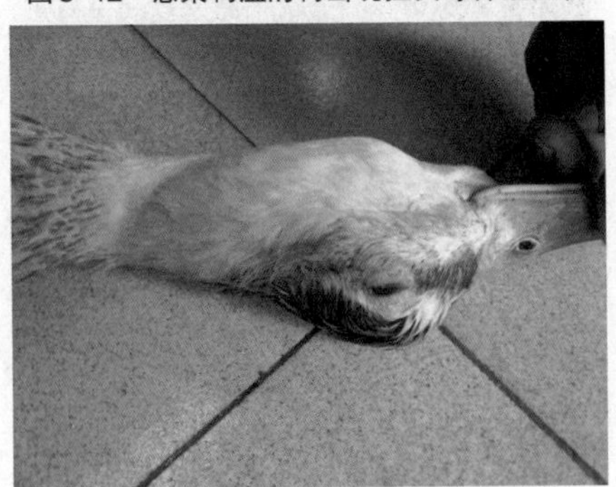

图8-13　感染鸭瘟的鸭眼睑肿胀流泪

图8-14　感染鸭瘟的鸭精神沉郁、羽毛蓬松

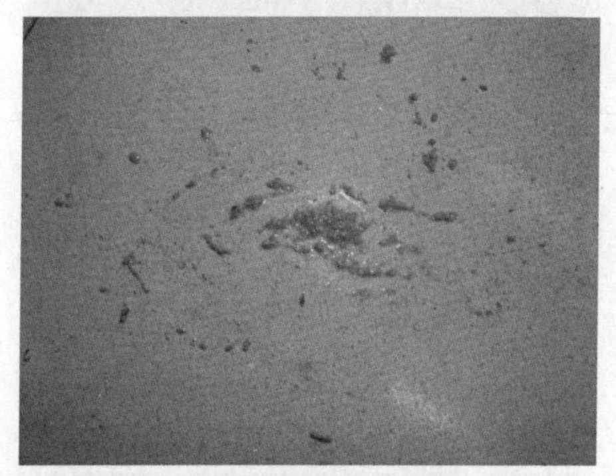

图8-15　感染鸭瘟的鸭排黄绿色粪便

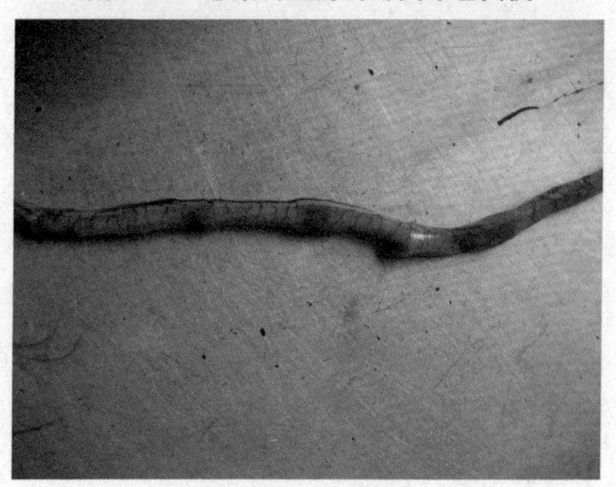

图8-16　感染鸭瘟的鸭肠道形成环状出血

图8-17 感染鸭瘟的鸭食管成纵向出血

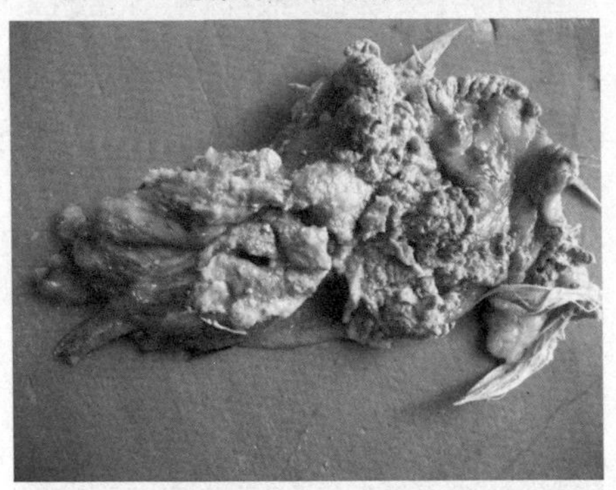

图8-18 感染鸭瘟的鸭泄殖腔形成坏死结痂

3. 防治

鸭瘟目前无有效的治疗方法，控制本病依赖于平时的综合预防措施。一旦发生，必须采用早、快、严、小的扑疫原则，紧急防疫应一只鸭用一只针头，各类消毒药应严格按说明书使用。

（1）免疫接种

目前使用的疫苗有鸭瘟鸭胚化弱毒疫苗和鸭瘟鸡胚化弱毒苗，雏鸭20日龄首免，首次免疫4～5月龄后加强免疫一次，种鸭每年免疫两次，产蛋鸭在产蛋前和停产期进行免疫接种，免疫后一周可产生强大的免疫力。

（2）隔离消毒

一旦发生鸭瘟，鸭群应严格封锁和隔离。

（3）病鸭、可疑病鸭一律做无害化处理。

（4）对选留下来的鸭用2～4倍剂量的鸭瘟弱毒疫苗进行紧急加强免疫，接种1周后死亡停止。

（5）被病毒污染的饲料经高温消毒，饮水消毒用百毒杀、消毒王、抗毒威等按各自比例配制，污染的场地、垫料、用具等做全具清理并严格消毒。

（三）禽流感

禽流感是由A型流感病毒中的某些致病性血清亚型毒株引起的鸭的急性、烈性传染病。主要临床症状是两腿发软，共济失调，拉黄绿色稀粪，头、下颌、颈等皮下水肿，眼结膜潮红、出血，鼻腔黏膜充血、出血，头颈扭曲，有呼吸道症状，母禽产蛋量下降。病理变化以消化道黏膜、心肌、心内膜充血、出血为主。本病常引起鸭大批死亡，造成巨大的经济损失。

1.病原

鸭禽流感是由禽流感某些致病性亚型毒株引起的，禽流感病毒为正黏病毒科，正黏病毒属A型流感病毒。鸭禽流感主要是高致病性禽流感病毒引起的，而弱毒禽流感在鸭中不表现任何临床症状，但可带毒排毒。

流感病毒对热敏感，56 ℃用药30分钟、60 ℃用药10分钟或65～70 ℃用药数分钟即丧失活力，病毒对低温抵抗力强；一般消毒药对流感病毒均敏感，很快便可杀死禽流感病毒。

2.临床症状及病理变化

病鸭表现食欲下降、精神沉郁、两腿发软、头颈部肿大、流泪，后期眼角膜混浊、失明，病鸭流出带血鼻液，拉黄白色或黄绿色带黏液稀便，母鸭产蛋率下降及呼吸道症状等。临床症状及病理变化详见图8-19～图8-28。

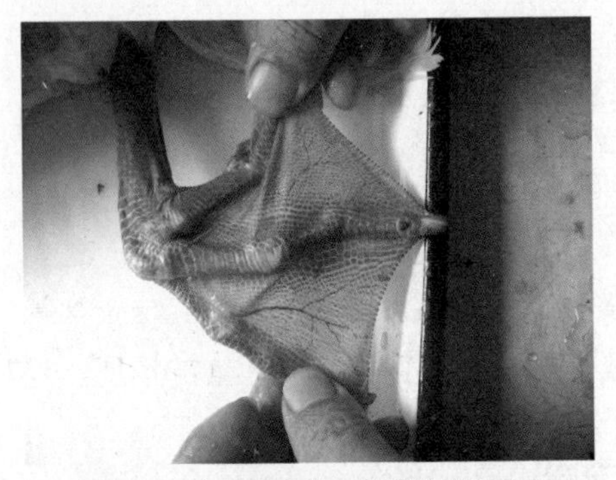

图8-19　禽流感感染，鸭蹼鳞片下出血

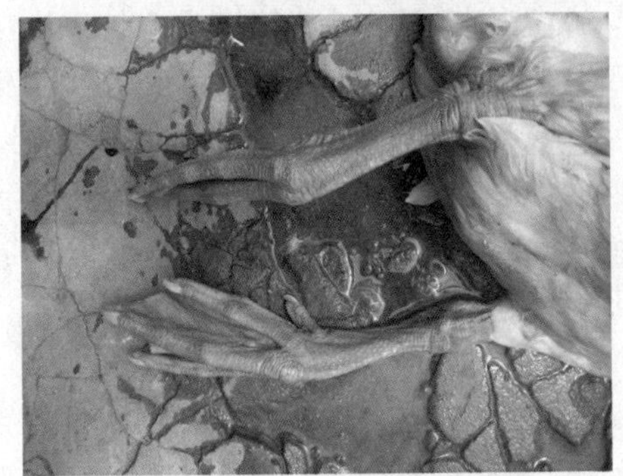

图8-20　禽流感感染，鸭蹼及胫部鳞片下出血

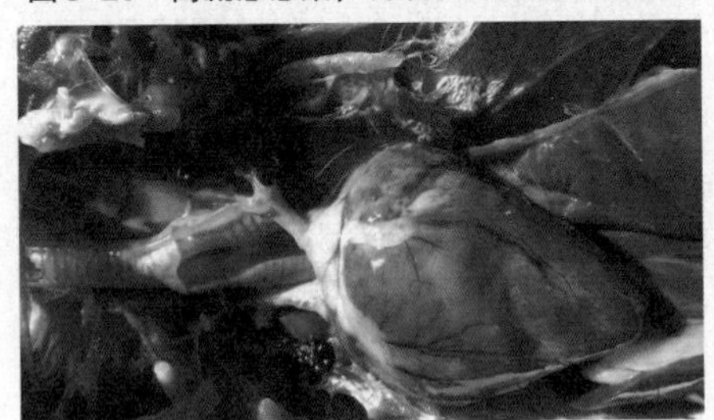

图8-21　禽流感感染，引起冠脂出血

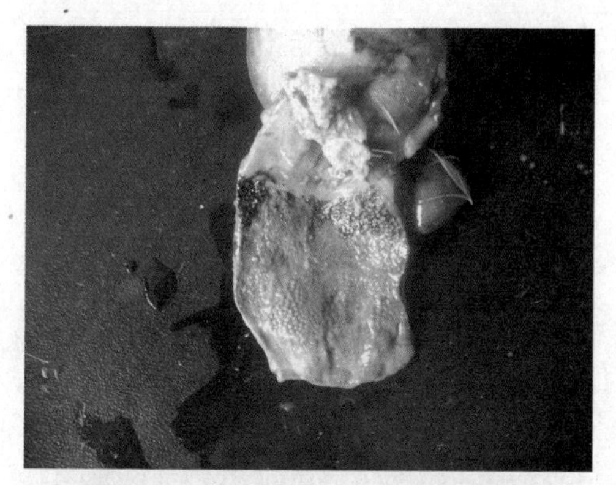

图8-22　禽流感感染，鸭腺胃乳头出血

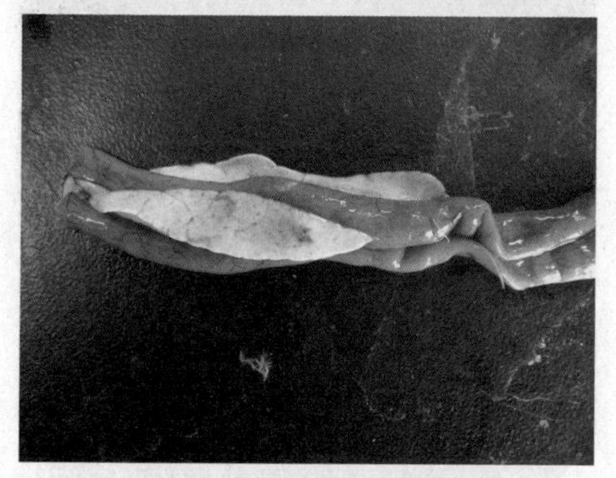

图8-23　禽流感感染，鸭胰脏出血

图8-24　禽流感感染，鸭后肠道淋巴滤泡肿胀

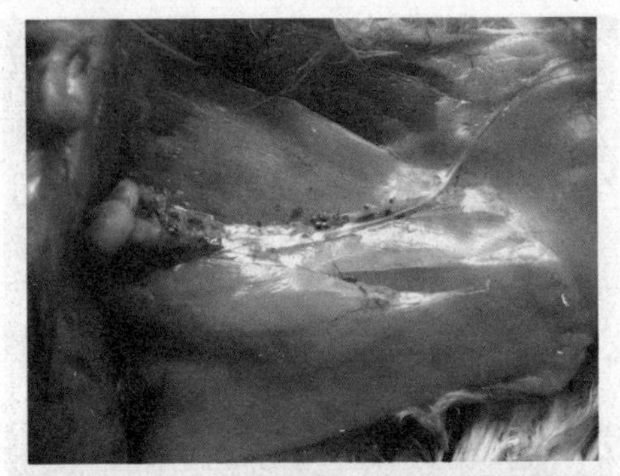

图8-25 禽流感感染，鸭腿部脂肪出血

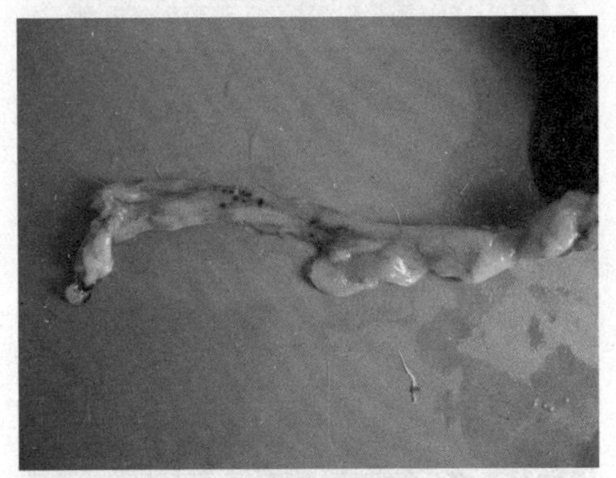

图8-26 禽流感感染，鸭腹部脂肪点状出血

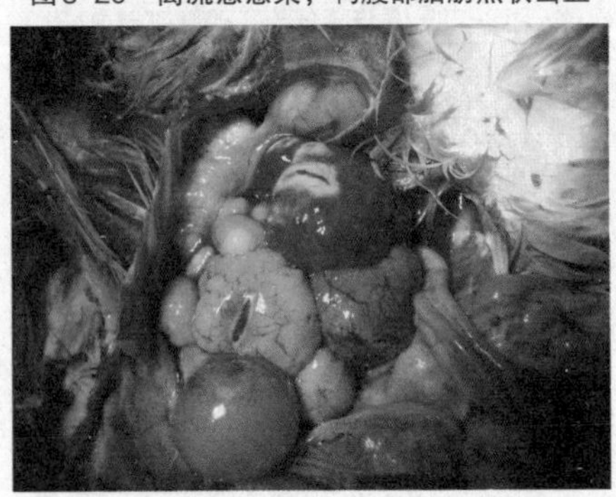

图8-27 禽流感感染，引起鸭卵泡萎缩、出血

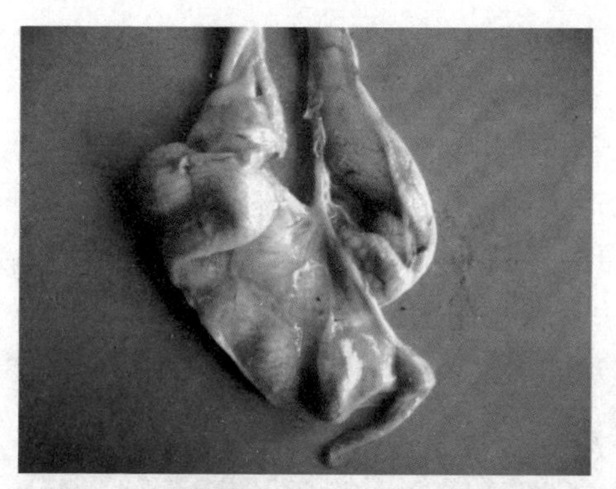

图8-28　禽流感感染，鸭输卵管及系膜水肿

3.防治

本病无有效的治疗药物，因此控制本病最主要的措施就是加强管理，提高鸭机体的抵抗力，加强卫生消毒，防止病原微生物入侵。加强免疫接种工作，提高特异性抵抗力。做好隔离工作，防止病原入侵。目前，在疫区普遍使用禽流感H5N1Re-4灭活油苗，首次免疫7～10日龄、2月龄第二次免疫、产蛋前15～20天进行第三次免疫，以后每隔半年或在鸭停产时再免疫一次。

（四）鸭黄病毒病

鸭黄病毒病又称鸭产蛋下降综合征，是由鸭黄病毒引起的一种急性病，临床特征为采食量急剧下降，并伴随着产蛋量骤降，其病理特点为卵巢出血、萎缩、破裂；肝脏肿大，有白色针尖样坏死；脾脏肿大。是近年来蛋鸭集中区流行的一种新病，给蛋鸭业造成了严重的经济损失。

1.病原

鸭黄病毒属黄病毒科，黄病毒属，该病毒可在鸭胚、鸡胚、鸭胚成纤维素细胞系中繁殖，经继代后可以起胚体死亡和细胞病变，主要通过呼吸道感染。往往是一舍内一栏或少数几栏首先发病，1~2天后发展到整栋鸭舍并迅速蔓延至鸭场的其他栋舍；另外，黄病毒属的大部分成员可经虫媒传播，特别是蚊虫传播。

2. 临床症状及病理变化

症状通常表现为急性，发热，减食，产蛋减少，腹泻，瘫痪。病程：产蛋鸭为10~14天，雏鸭7~10天。病鸭出现发热、羽毛蓬松、畏寒、采食量下降、产蛋率骤降、腹泻和瘫痪。临床症状及病理变化详见图8-29 ~ 图8-31。

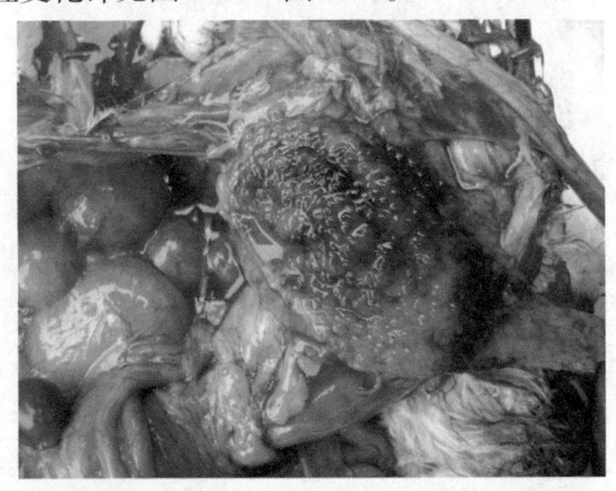

图8-29　患鸭黄病毒病鸭的子宫部水肿、出血

图8-30　患鸭黄病毒病鸭的子宫部水肿，形成水泡

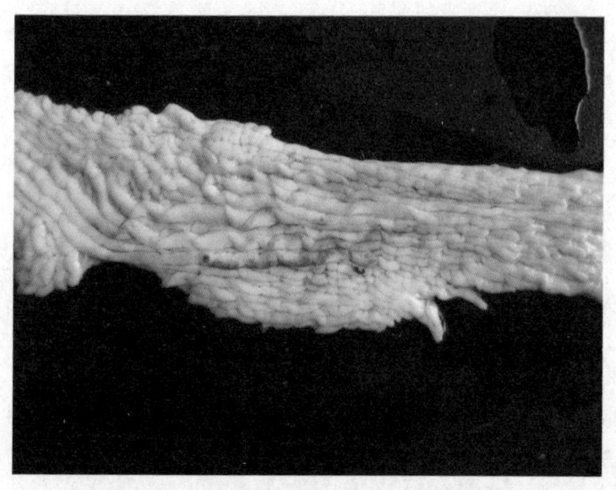

图8-31　患鸭黄病毒病鸭的输卵管出血

3. 防治

通常采取隔离和消毒进行防治。对场地和循环使用的蛋筐要进行消毒。发病时投喂抗菌药，防止继发感染，可用康复鸭卵黄抗体注射治疗，同时投解热药+抗菌药+糖+维生素饮水。目前，生物安全措施是最有效的防控手段，生物安全措施主要包括地域性隔离和养殖模式的转变。

二、细菌性传染病的防治

（一）鸭传染性浆膜炎

鸭传染性浆膜炎又称鸭疫里默菌病，是由鸭疫里默菌引起的、侵害雏鸭的一种慢性或急性败血型传染病。其特征是引起雏鸭精神萎靡、不食、眼和鼻孔有分泌物、下痢、共济失调和抽搐。病理变化为纤维性心包炎、肝周炎、气囊炎、关节炎和脑膜炎。本病广泛分布于世界各地，我国很多地方的养鸭场均会发生，给养鸭业造成了巨大的损失。

1. 病原

鸭疫里默菌为革兰氏阴性小杆菌，无芽孢、不运动，纯培养涂片可见单个，成对或丝状，菌体大小不一，瑞氏染色两极浓染。本菌对外界环境抵抗力弱，常用消毒药均能很快杀灭该菌。对氯霉素、红霉素、氟苯尼考及喹诺酮类药物均敏感，但须防止耐药菌株的出现。

2. 临床症状及病理变化

本病易感动物主要是鸭，2～5周龄雏鸭易感，2～3周龄鸭最易感。1周龄以内和5周龄以上鸭很少感染。本病无明显的季节性，但春冬季节多发。潜伏期为1～3天，急性病例临床表现精神沉郁，缩颈，嗜睡，嘴抵地面，腿软，不愿走动，行动迟缓，共济失调，食欲减退或不食，眼有浆液性或黏性分泌物，常使眼周围羽毛粘连脱落，鼻孔中也有分泌物，粪便稀薄，呈绿色或黄绿色，部分雏鸭腹胀，死前有痉挛、摇头、背脖和伸腿呈现角弓反张症状。慢性病例多呈现进行性消瘦、呼吸困难和神经症状，个别病例可见跗关节肿胀，喜伏卧地面。临床症状及病理变化详见图8-32～图8-40。

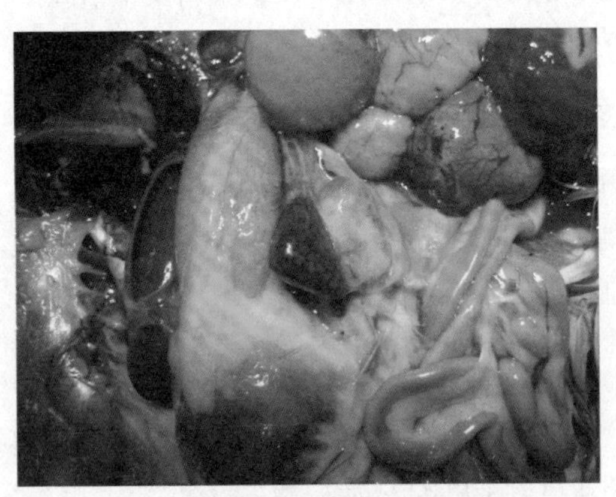

图8-32　患传染性浆膜炎的成鸭脾脏坏死、卵泡萎缩出血

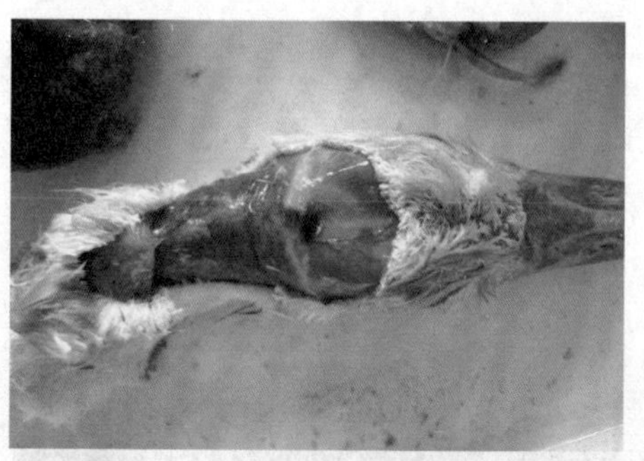

图8-33　患传染性浆膜炎的鸭皮下出血

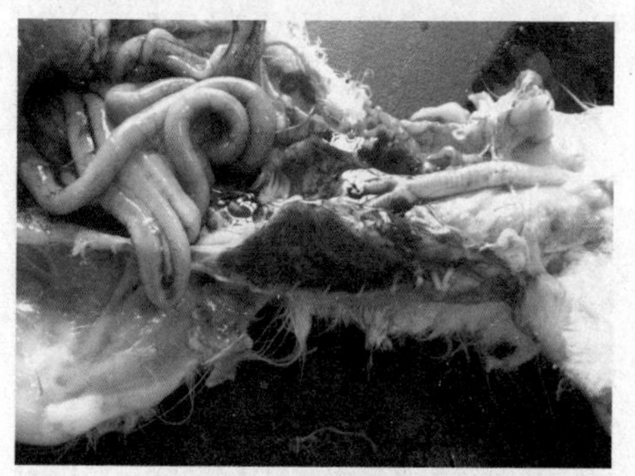

图8-34　患传染性浆膜炎的鸭肺部瘀血、出血

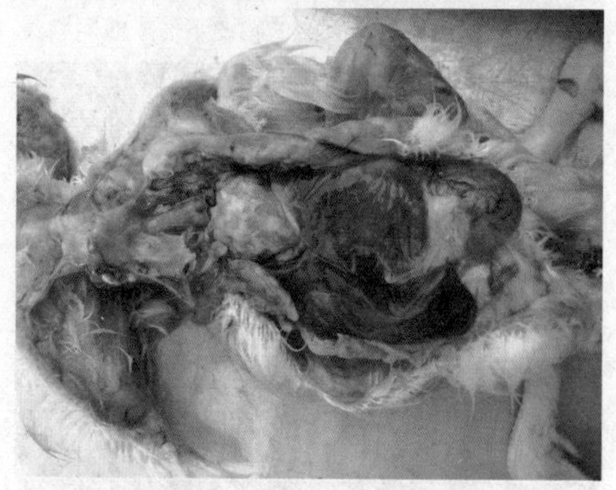

图8-35　患传染性浆膜炎的鸭肝脏被膜上形成黄色纤维性分泌物

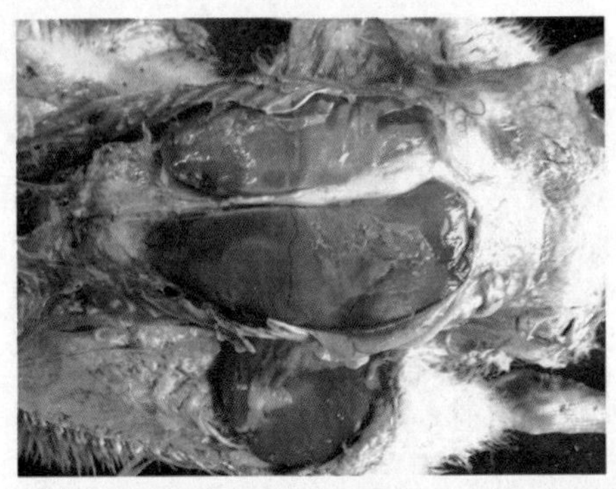

图8-36　患传染性浆膜炎的鸭感染肝周炎、心包炎

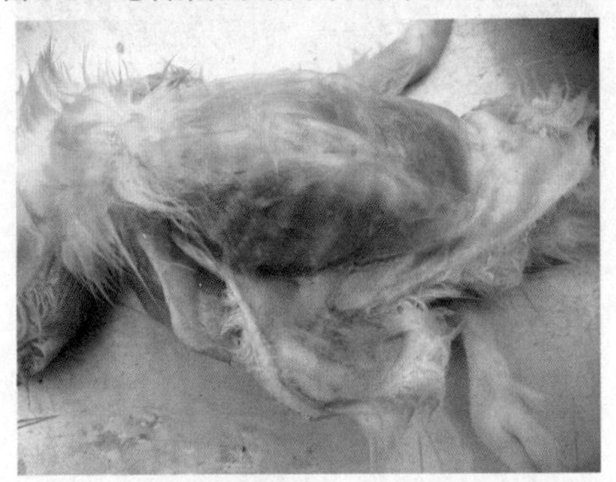

图8-37　患传染性浆膜炎的鸭皮下形成蜂网脂炎

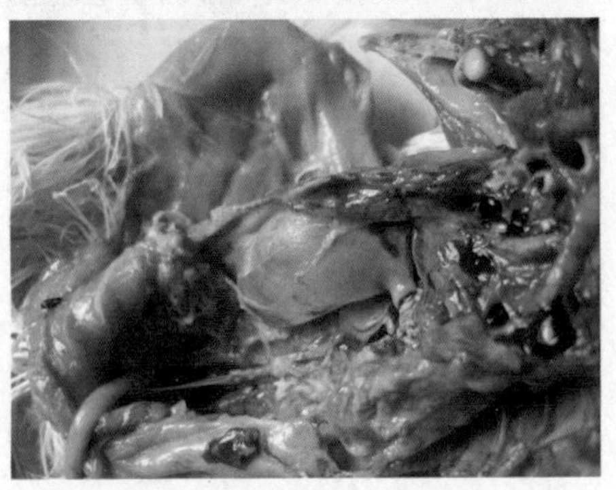

图8-38　患传染性浆膜炎的鸭气囊有黄色干酪样物

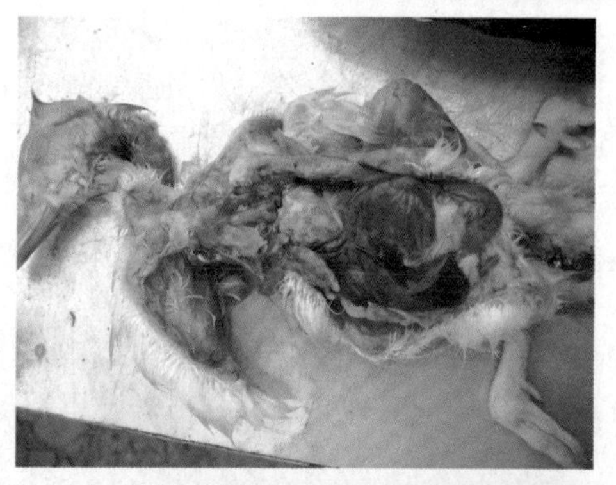

图8-39　患传染性浆膜炎的鸭心包内积有黄色干酪样物

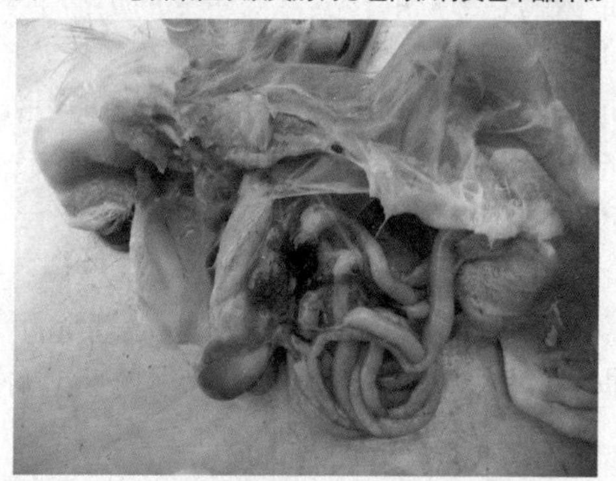

图8-40　患传染性浆膜炎的鸭脾脏形成斑驳状坏死

3.防治

（1）预防

首先加强饲养管理，注意鸭舍的通风，环境干燥、卫生清洁、防寒保温、减少饲养密度、勤换垫料、经常消毒，最好采用全进全出的饲养模式。

（2）药物预防

药物对本病有较好预防效果。临床上常用喹诺酮类、黏杆菌素类进行预防。

（3）免疫接种

目前，国内外主要有灭活油乳苗和弱毒疫苗两种，但该病血清型多，无交叉免疫功能，因此免疫效果不确切。

（二）禽霍乱

禽霍乱又叫禽出血性败血症或禽巴氏杆菌病，是由多杀性巴氏杆菌引起的一种烈性、接触性传染病，对鸡、鸭、鹅均致病。病禽常有剧烈下痢症状。各种年龄的鸭均可感染本病，但成年鸭多发，且成年鸭中以肥胖或产蛋量多的死亡率高，雏鸭也时有发生。

1.病原

病鸭和带菌鸭是本病的传染源。本病的传播主要是引进了带菌鸭，其临床症状不明显，但能不断排菌，污染环境。野鸟、鼠、猫等也可能带菌成为传染源。饲养管理不良，阴雨潮湿以及禽舍通风不良等，都能诱发本病发生和流行。呼吸道传染是经飞沫或尘埃感染，消化道传染途径是采食和饮水。

2.临床症状及病理变化

本病潜伏期为1～9天，通常为1～2天。最快的发病后数小时即可死亡。据病程将禽霍乱分为最急性型、急性型和慢性型3种。

（1）最急性型

出现于流行初期，多发生于肥硕体壮、高产的鸭，几乎看不到明显症状，突然表现不安、痉挛、抽搐，倒地挣扎，双翅扑地，迅速死亡。有的在前一天晚上无任何异常，次日早晨却发现已死在舍内。

（2）急性型

病鸭表现精神委顿，离群，不愿下水，若强行驱赶下水，则行动缓慢或马上上岸。病鸭羽毛松乱。两翅下垂，缩颈闭眼。厌食，甚至食欲废绝，口渴。口鼻流出泡沫样黏液。呼吸困难，为了将积在喉头的黏液排出，病鸭常摇头，故俗称本病为“摇头瘟”。剧烈下痢，排出黄色、灰白色或淡绿色稀粪。瘫痪，不能

行动，最后痉挛而死。一般发病后1~3天死亡，死亡率达到75%，耐过鸭只变为慢性型。

（3）慢性型

常见于流行后期，或急性病程不死而转为慢性。症状常局限在身体某些部位，如关节肿胀和化脓而发生跛行，鼻流黏液等。康复鸭可成为带菌鸭，成为主要传染源，必须严格处理。临床症状及病理变化详见图8-41~图8-45。

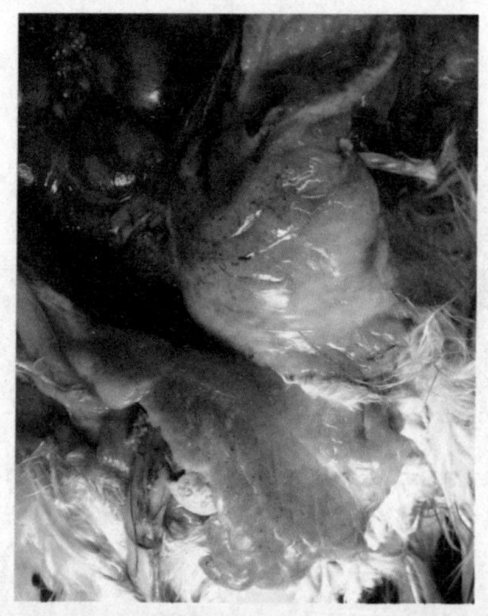

图8-41 禽霍乱引起鸭脂肪广泛性出血

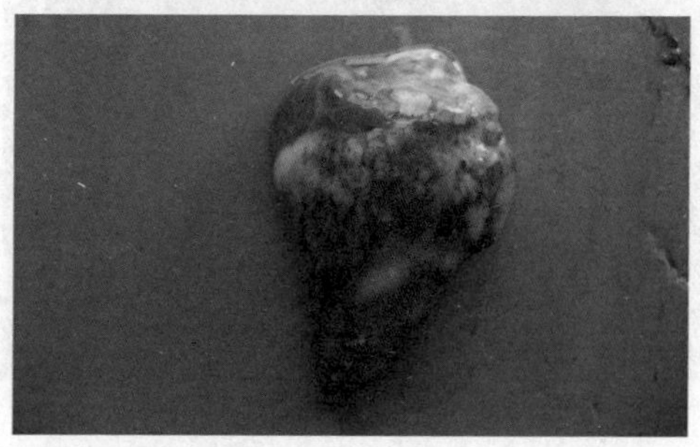

图8-42 禽霍乱鸭冠脂片状出血、心肌出血坏死

图8-43 禽霍乱鸭肠壁肿胀，弥漫状出血

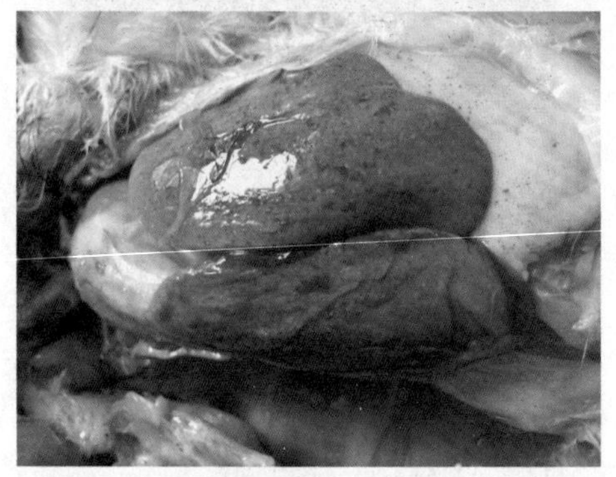

图8-44 禽霍乱鸭肝脏肿胀、有坏死点，腹脂出血

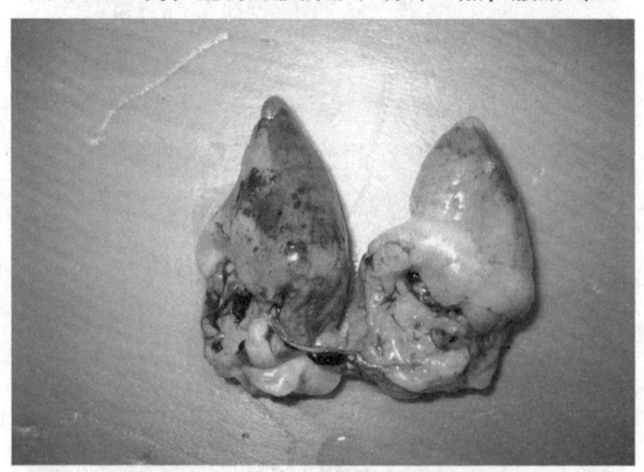

图8-45 禽霍乱鸭心冠脂肪出血

3.防治措施

（1）药物防治

可肌内注射链霉素5万国际单位/千克体重，每天2次，连用2天；青霉素3万国际单位/千克体重，每天注射1次，连用2天；磺胺二甲嘧啶（或磺胺二甲嘧啶钠）在饲料中用量为0.1%～0.2%，混在水中用量为0.04%～0.1%，连喂2～3天，磺胺嘧啶和磺胺噻唑的疗效较差些，磺胺连用3天（浓度0.5%）有毒性作用。若磺胺类药物同增效剂混用（按5∶1混合），磺胺用量可降为0.025%，能较长时间服用。

（2）免疫预防

鸭场若没发生过禽霍乱，无须用苗；若发生过，则应接种疫苗。常用的疫苗有弱毒活菌苗和灭活菌苗。

（三）鸭大肠杆菌病

鸭大肠杆菌病是由某些血清型的致病性大肠杆菌所引起疾病的总称。其临床表现多种多样，以引起败血症、心包炎、肝周炎、气囊炎、输卵管炎、脐炎及大肠杆菌肉芽肿等病变为特征。

1.病原

大肠杆菌广泛存在于自然界中，也是鸭肠道正常寄居菌之一，大肠杆菌为革兰氏阴性短小杆菌，为兼性厌氧菌，不形成芽孢和荚膜，有鞭毛能运动，在普通培养基上可以生长，在麦康凯培养基上生长出圆形、隆起的红色菌落，在伊红美蓝上培养，大多数菌落呈黑色。

大肠杆菌对外界环境抵抗力较强，特别是在干燥环境中（如鸭舍、垫料、孵化器、绒毛、蛋壳中），可存活数周或数月之久。成为环境中的常在菌，兽医上常用的消毒药可以有效杀死大肠杆菌。

2.临床症状及病理变化

当前对蛋鸭危害最大的大肠杆菌疾病，包括急性败血症、卵

黄性腹膜炎以及生殖器官疾病，分述如下：

（1）急性败血型大肠杆菌病

各种年龄的鸭都可以感染，1月龄前后雏鸭多发。患病雏鸭精神沉郁，怕冷，常挤成一堆，不断尖叫。下痢，粪便稀薄、恶臭，带白色黏液或混有血丝、血块和气泡，一般呈青绿色或灰白色。肛门周围污秽，羽毛沾满粪便，干结后使排粪受阻。食欲减退或废绝，饮欲增加。呼吸困难，最后衰竭窒息死亡。通常所称的鸭大肠杆菌病多数指这种类型。在特殊条件下，大肠杆菌可以突破血脑屏障侵入大脑，引起产蛋鸭发生脑型大肠杆菌病，病鸭表现沉睡或“半昏死”状态（即所谓睡眠病）。

（2）卵黄性腹膜炎及输卵管炎

患病母鸭常发生大肠杆菌性输卵管炎、卵巢炎及腹膜炎，表现患病母鸭初期精神沉郁，食欲减退，体温正常或升高。不愿行走，两脚紧缩，蹲伏地面，强赶下水，则常漂浮在水面上，或离群独处。行走时左右摇摆不定，呈企鹅步态。患病母鸭腹部膨大，产软壳蛋或畸形小蛋。肛门周围常沾有潮湿发臭的排泄物，并夹杂有蛋白、凝固蛋白或小块蛋黄样物质。病鸭脱水，脚蹼干燥、眼球下陷、消瘦，最后衰竭而死。

成年公鸭主要表现生殖器官病变，病初期阴茎严重充血，比正常肿大2～3倍，难以看清阴茎的螺旋状精沟。在阴茎表面可见到芝麻大至黄豆大的黄色干酪样结节。严重病鸭阴茎肿大3～5倍，表面形成黑色结痂，阴茎有一部分露在体外，表现有数量不等、大小不一的黄色脓性或干酪样结节，剥除结痂可见出血的溃疡面，阴茎不能缩回体内。这种病鸭已丧失交配能力。临床症状及病理变化详见图8-46～图8-52。

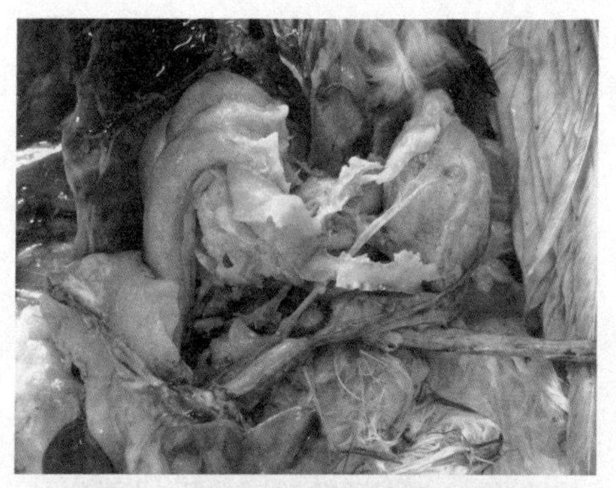

图8-46　大肠杆菌引起鸭卵黄性腹膜炎

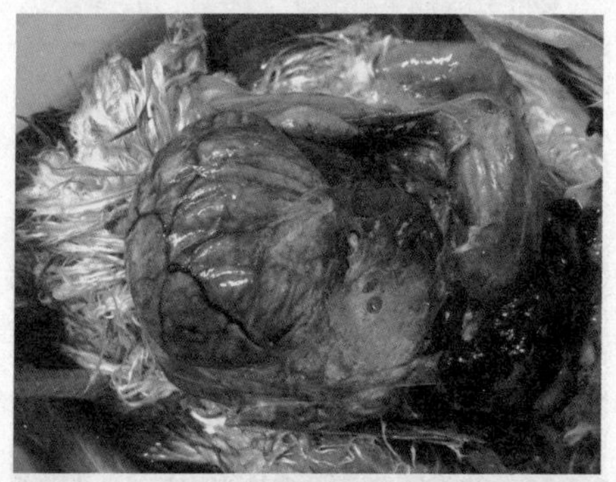

图8-47　大肠杆菌引起鸭输卵管内积有黄色干酪样物

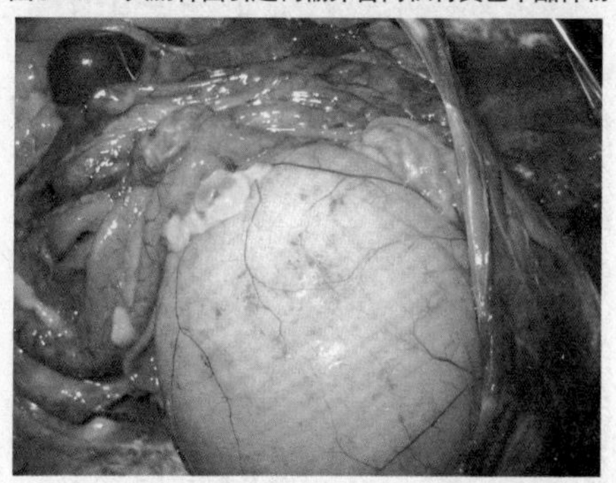

图8-48　输卵管炎型大肠杆菌引起鸭腹部变大，输卵管内积有大量的干酪样物

图8-49　大肠杆菌感染引起鸭肝脏表面产生黄色干酪样物

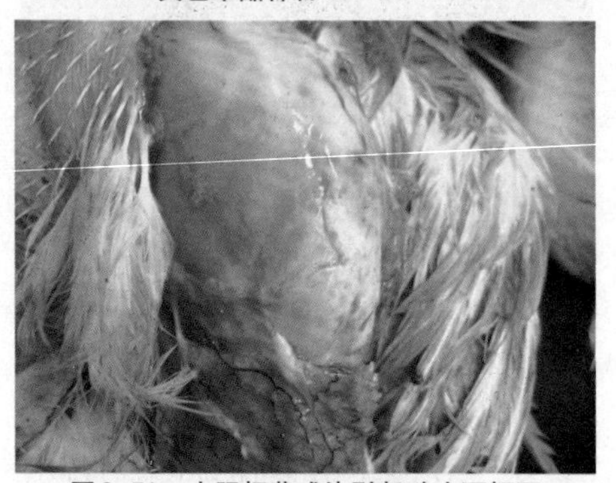

图8-50　大肠杆菌感染引起鸭皮下坏死

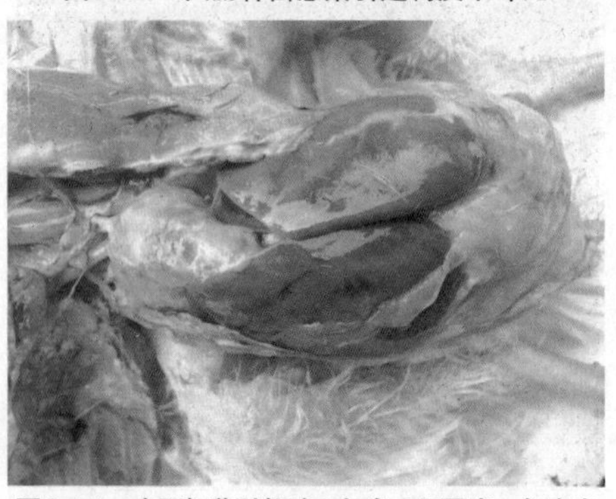

图8-51　大肠杆菌引起鸭心包炎、肝周炎、气囊炎

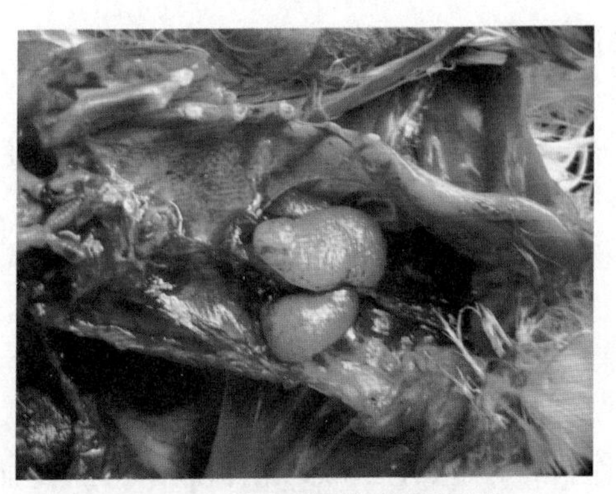

图8-52　大肠杆菌引起鸭睾丸水肿

3. 防治

（1）预防

做好孵化房、孵化器及育雏室的清洁卫生，防止细菌污染蛋壳后，进入胚胎造成胚胎受感染。放牧的水塘或水池应有一定的深度，防止污水和粪便流入池中，产蛋窝应保持清洁干燥，鸭舍及运动场要搞好卫生，经常更换垫料并定期进行消毒。药物预防对雏禽有较好的效果，一般可在雏禽开食时，在饮水中加0.04% ~ 0.06% 庆大霉素或者用微生态制剂拌料，7 ~ 10天为一疗程。

（2）免疫接种

疫苗接种是预防鸭大肠杆菌病的重要手段，各地大肠杆菌病流行菌株的血清型种类多而不同。我国已成功研制出大肠杆菌多价油乳剂灭活苗，有效期为6个月；免疫程序用大肠杆菌（13个血清型）多价油乳剂灭活苗。雏禽在7 ~ 10日龄，颈部皮下注射0.5毫升，种鸭7 ~ 10日龄首次免疫，2月龄时进行第二次免疫，每只1毫升。产蛋前15 ~ 20天进行第三次免疫，每只1.5毫升。以后每隔半年免疫一次，每只1毫升。首次免疫之后15天产生免疫力。该病严重发生的禽场，可分离自场毒株，制备灭活苗。

（3）治疗

大肠杆菌对多种抗菌药物都敏感，但随着抗生素的广泛应用，耐药菌株也越来越多，而各地分离的菌株，即使是同一个血清型，对同一种药物敏感性也有很大的差异。因此，在治疗之前最好用分离株做药敏试验，然后选用高度敏感的药物进行治疗，以收到较好的效果。

（四）葡萄球菌病

1.病原

鸭葡萄球菌病是金黄色葡萄球菌引起的急性败血性或慢性传染病。临床表现为急性败血症、化脓性败血症、化脓性关节炎、皮炎、脐炎和脚垫肿等。幼鸭感染本病，常呈急性败血症。成年鸭感染本病，常呈慢性经过的关节炎及脚垫肿。本病是水禽的常见病。

2.临床症状及病理变化

鸭易发生本病，其临床症状表现为急性败血型、慢性关节炎型、脐炎型及趾瘤型。

（1）急性败血型

幼鸭精神不振，食欲减退或废绝，两翅下垂，缩颈，眼半睁半闭呈嗜睡状，羽毛松乱，排出灰白色或黄绿色稀粪；还可见到鸭的胸腹部，大腿内侧皮下浮肿，滞留数量不等的血样渗出物，严重者可自然破溃，流出棕红色液体，污染周围羽毛。

（2）慢性关节炎型

鸭只患病后由于炎症表现多个关节肿胀，特别是跗、趾关节发炎肿胀，表面呈紫黑色，并结成污黑色结痂，有些病例出现趾瘤、脚底肿大、变硬，有些趾尖发生坏死，呈黑紫色。发生关节炎的病鸭表现运动障碍，跛行，不愿行动，多伏卧，一般仍有饮欲、食欲。由于行动不便，采食困难，饥饱不匀，病鸭日渐消瘦，最后衰竭死亡。

（3）脐炎型

主要见于雏鸭（尤以1～3日龄为多）。病鸭表现怕冷，两翅下垂，腹部膨大，脐部肿大发炎，局部呈黄红色或紫黑色，质稍硬，俗称“大肚脐”。病鸭一般在出壳后2～4天死亡。

（4）趾瘤型（脚垫肿）

本病多见于成年鸭或过重种鸭。由于体重负担过大，脚部皮肤皲裂，感染本菌，表现趾部或脚垫发炎、增生，导致趾部及其周围肿胀、化脓，变坚硬。

（5）眼型

可以单独发生，也可出现在败血型的后期。在临床上表现为上下眼睑肿胀，开始时半睁半闭，后期会由于分泌物的增多而使眼睛完全粘闭。将上下眼睑强行掰开，可见多量的分泌物，眼结膜红肿，有时还可以发现肉芽肿。随着病情的发展，眼球出现下陷，最后失明，病鸭多由于采不到料、喝不到水而饥饿或相互踩踏、衰竭而死。

（6）肺炎型

有些病鸭因感染了致病性葡萄球菌而发生肺炎型的葡萄球菌病，主要表现为呼吸困难等全身性症状。临床症状及病理变化详见图8-53～图8-57。

图8-53　关节型葡萄球菌使鸭翅部形成脓肿

图8-54　葡萄球菌感染引起鸭肌肉刷状出血

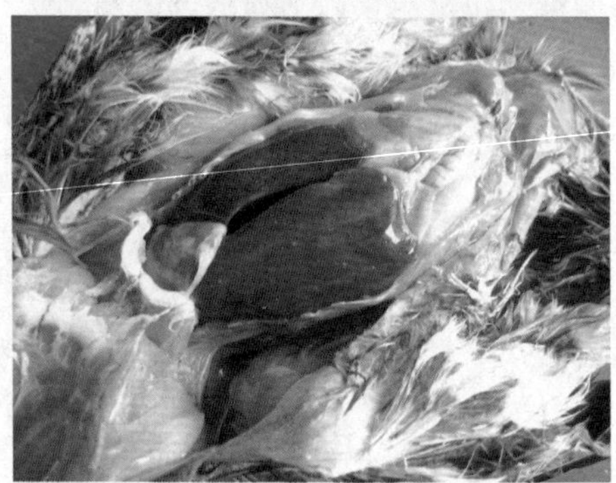

图8-55　葡萄球菌引起鸭肝脏肿胀、坏死

图8-56　葡萄球菌感染鸭引起蹼部肿胀

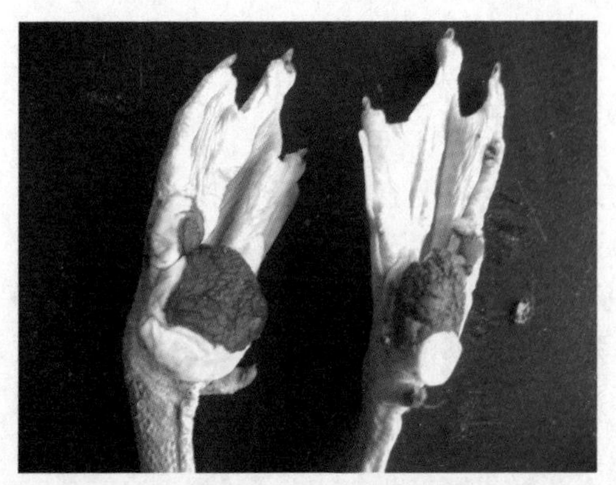

图8-57　葡萄球菌感染引起鸭掌部肿胀、坏死

3.防治

（1）预防

彻底清除鸭场内的污物、尖锐物体，以免刺伤鸭体的皮肤，防止感染。注意做好种蛋、孵化器及孵化全过程的消毒工作，减少污染。加强饲养管理，注意补充饲料的维生素和微量元素，防止相互啄毛而引起外伤。做好卫生清洁及消毒工作，减少环境中的含菌量，降低感染机会。

（2）免疫

本病严重发生的鸭场，给鸭群注射多价葡萄球菌铝胶灭活疫苗，14天后产生免疫力，免疫期可达2个月。

（3）治疗

一旦发现病鸭，立即进行隔离治疗，一般可使用以下药物：

胺卡那霉素：每千克体重用2.5万～3万国际单位（或5～10毫克），肌内注射，每天1次，连用3天。饮水，按每千克体重10～15毫克（每克含62万～72万国际单位）。

庆大霉素：按每千克体重3 000～5 000国际单位肌内注射，每日2次，连用3天。

红霉素：按0.01%～0.02%药量加入饲料中喂服，连服3天。

氨苄西林：每千克体重5～20毫克拌料，连用5天。

盐酸沙拉沙星：治疗量10克对100克水，连饮3天。

由于本菌容易产生抗药性，因此，必须选择本地区、本鸭场少用的药物或几种药物混合或交替使用。有条件的，可及时分离细菌做药敏试验，以决定选择何种药物。

（五）曲霉菌病

曲霉菌病是由曲霉菌引起的真菌病，本病的特征是在呼吸器官中（尤其是肺、气囊及支气管炎）发现炎症和小结节，故又称曲霉素性肺炎。雏鸭的发病率很高，多呈急性暴发，成年鸭常为个别散发。

1.病原

本病主要的病原体是烟曲霉菌，烟曲霉菌可产生毒素，对血液、神经和组织具有毒害作用。此外，黑霉菌、黄曲霉等具有不同程度的病原性。有时也可从病灶分离出青霉菌、白霉菌等。鸭感染曲霉菌之所以造成死亡，一方面是由于霉菌的大量繁殖，形成呼吸道机械阻塞，引起鸭窒息而死；另一方面则由于吸收了霉菌毒素而引起中毒死亡。

2.临床症状及病理变化

一般情况下，雏鸭出壳后感染曲霉菌后经48～72小时就开始发病，5～10日龄是本病的高峰期，以后逐渐减少，至2～3周龄基本不再致死。自然感染的潜伏期为2～7天，人工感染的为24小时。

幼鸭发生本病常呈急性经过，出壳后8天内的雏鸭，大多数在2～3天内发病，发病后2～3天内死亡，也有拖延到5天后才死亡的。雏鸭流行本病时，死亡高峰在5～15日龄，3周龄以后逐渐下降。日龄较大的幼鸭及成年鸭呈个别散发，死亡率低，病程较长。

患鸭食欲显著减少或完全废绝，精神沉郁，不爱活动，翅膀

下垂，羽毛松乱，嗜睡，对外界反应冷漠。随着病程的发展，出现呼吸困难，张口伸颈。当张口吸气时，常见颈部气囊明显胀大，一起一伏，呼吸时如打哈欠和打喷嚏样。病后期出现下痢，排出黄色或绿色的稀粪。

患鸭还会出现麻痹状态或阵发性抽搐，出现摇头或发生头颈向后弯，甚至因不能保持平衡而跌倒。临床症状及病理变化详见图8-58～图8-63。

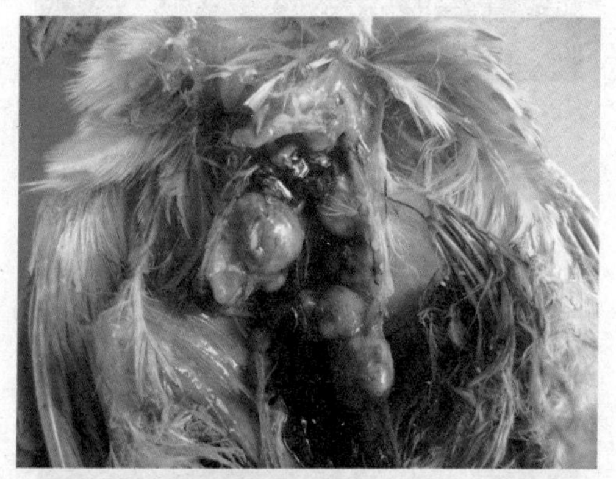

图8-58　受到霉菌感染，鸭气囊形成较大的干酪样物

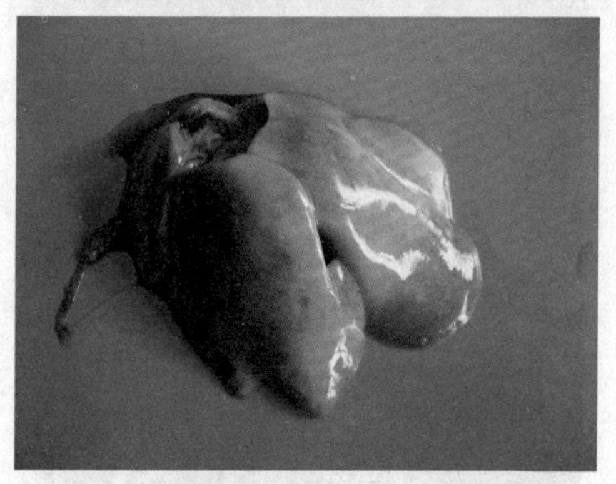

图8-59　受到霉菌感染，鸭肝脏呈土黄色

图8-60　受到霉菌感染，鸭气囊或肺上形成霉菌孢子

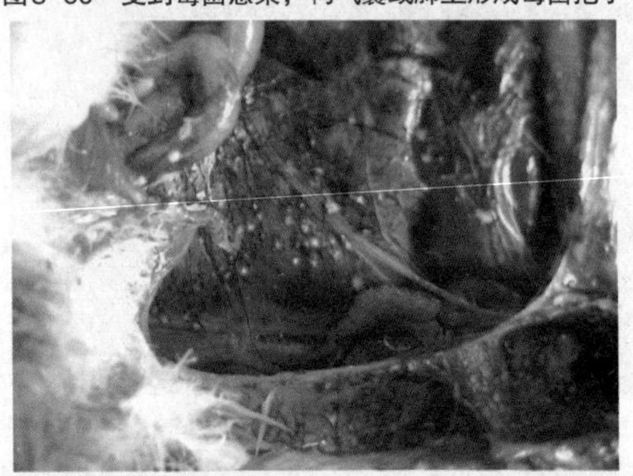

图8-61　受到霉菌感染，鸭肠系膜上形成霉菌斑

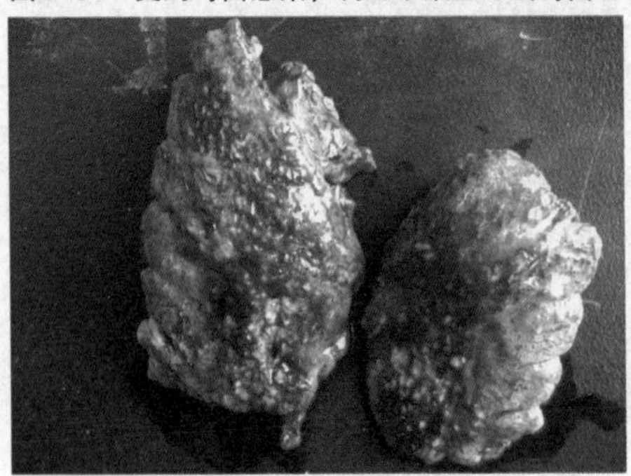

图8-62　受到曲霉菌感染，鸭肺部瘀血，肺上形成小米粒大小的结节

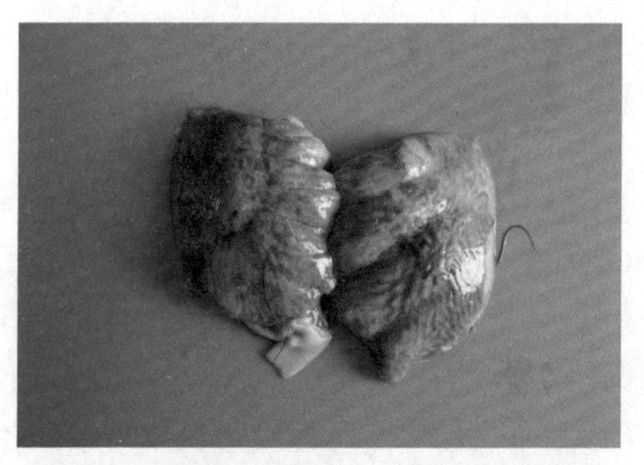

图8-63　受到曲霉菌感染，鸭肺部形成霉菌斑

3.防治

（1）预防

做好孵房及育雏室的清洁工作，不用发霉的垫草和饲料，用具要保持清洁，经常消毒或翻晒。育雏室应注意通风换气。保持室内干燥、清洁，注意卫生，经常消毒。垫草（料）经常在烈日下翻晒。饲料的贮藏要合理，防止饲料受潮出现霉变。

（2）隔离

发生本病时，应将病鸭及可疑病鸭立即隔离。在疾病发生期间，鸭舍、孵房、种蛋等应隔1～2天消毒一次。孵出的雏鸭应安置在与病鸭隔开的房舍内。

（3）治疗

对一些症状较轻微的病鸭，可试用下列方法进行治疗：

制霉菌素：每千克体重1万～2万国际单位，拌料喂服，每天两次，连用3天，也可采取灌服；或每只雏鸭每日用3～5毫克拌料，连喂3天，停2天，连续使用2～3个疗程。

硫酸铜溶液饮水：用1∶3 000硫酸铜溶液饮水，连用3～5天。

碘制剂饮水：将碘1克、碘化钾1.5克加蒸馏水1 300毫升，溶解后采用气管内或咽喉内注入，成年鸭4～5毫升/只，当日配制，当日使用，用时加热至25 ℃，一次注射。

克霉唑：每千克体重用50～100毫克。

（六）鸭沙门氏菌病

1.病原

鸭沙门氏菌病又叫鸭副伤寒，是由多种致病性血清型的沙门氏菌所引起的疾病的总称，是一种急性或慢性传染病。主要发生于小鸭。除鸭以外，其他家禽也能感染。本病的死亡率高，常成地方性流行，往往可以造成大批鸭只死亡。幼鸭多呈急性或亚急性经过，成年鸭则常为慢性或隐性经过，成为带菌者。其症状以腹泻、结膜炎和消瘦为特征。主要病变是肝肿大，呈古铜色，表面常有灰白色或灰黄色坏死灶。本菌还可以引发人食物中毒。

2.临床症状及病理变化

患病鸭表现食欲废绝，饮欲增加，精神委顿，怕冷，羽毛松乱。两翼下垂，离群独处。患鸭下痢，肛门周围有粪便沾污，干结后常阻塞肛门，导致排粪困难。眼结膜发炎，流泪，眼睛水肿。鼻流出浆液性分泌物，呼吸困难。

患病雏鸭较少出现神经症状，病愈后出现跛行，关节有炎症、肿胀和疼痛。成年鸭感染本病后多呈现慢性型。病鸭下痢，粪便中带血。鸭呈渐进性消瘦。关节肿大，跛行或轻瘫，甚至麻痹。病愈的成年鸭常成为慢性带菌者，无明显的临诊症状而呈阴性经过，较少死亡。临床症状及病理变化详见图8-64～图8-68。

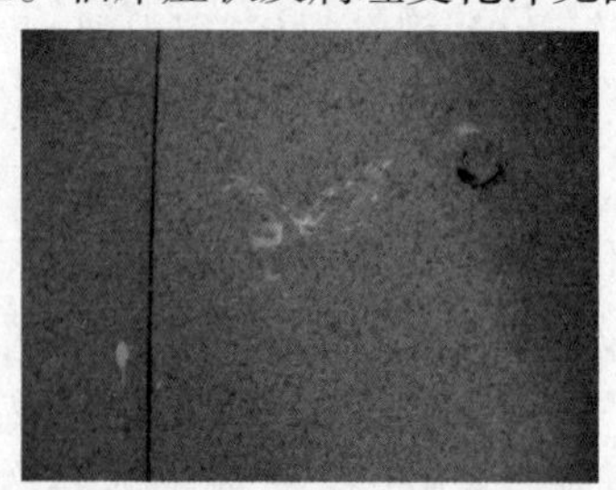

图8-64　患沙门氏菌病鸭拉白色稀便

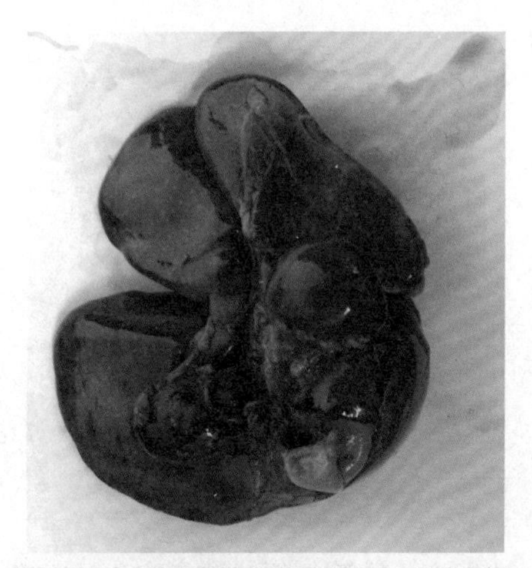

图8-65　患沙门氏菌病鸭胆囊肿大，肝脏坏死

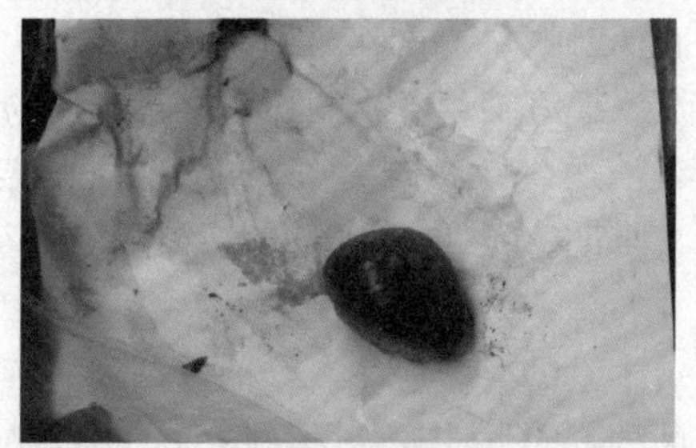

图8-66　患沙门氏菌病鸭脾脏肿大，点状坏死

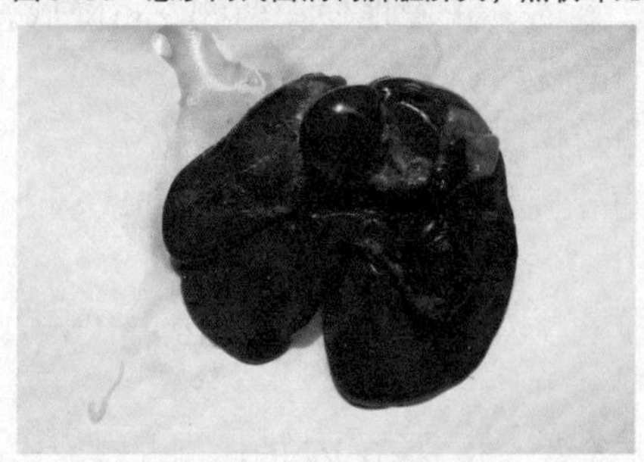

图8-67　患沙门氏菌病鸭脾脏肿大、坏死

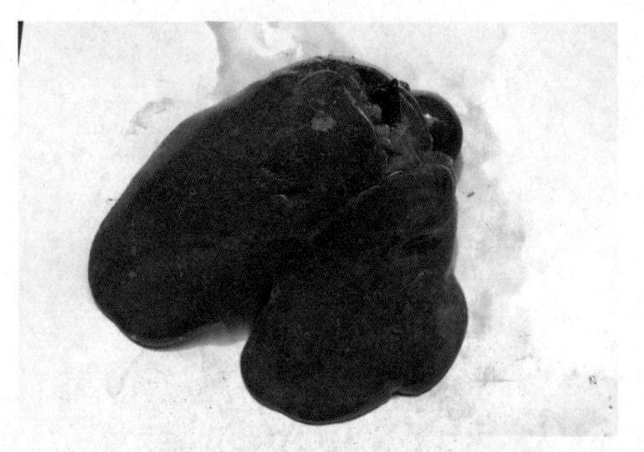

8-68　患沙门氏菌病鸭肝脏肿大，上面有点状坏死

3. 防治

（1）预防

严防种蛋被污染。幼鸭必须与成年鸭分开饲养，防止它们间接或直接的接触。雏鸭早期饲喂微生态制剂。患病种鸭所产的蛋不能留做种蛋用。搞好卫生消毒工作，接运雏鸭的用具及运输工具在使用前进行消毒，特别注意搞好饲槽、饮水器的清洁。及时清理粪便，防止早期感染。

（2）治疗

由于目前抗生素的广泛应用，沙门氏菌极易产生耐药性。因此，在使用抗菌药物时，应先做药敏试验，根据结果选择敏感抗生素进行治疗。及时、正确地使用药物，可降低患鸭的死亡率，有助于控制本病的发展和扩散。

常用的抗菌药物如下：

新霉素：每千克体重20～30毫克拌料或每千克体重15～20毫克饮水，连用3～5天。

盐酸沙拉沙星：10克盐酸沙拉沙星溶于100千克水，连饮3～5天。

氟苯尼考：含量5%，按0.2%的比例混料，连用5天。

卡那霉素：按15～30毫克/千克拌料。

三、其他疾病防治

（一）球虫病

鸭的球虫病是由不同种类的球虫引起鸭（尤其是幼鸭）的一种原虫病。一旦暴发本病，可引起幼鸭大批死亡。

1.病原

鸭的球虫种类较多，分属艾美耳科的艾美耳属、泰泽属、温扬属和等孢属，主要是毁灭泰泽球虫和菲莱温扬球虫。

2.临床症状及病理变化

病鸭食欲减少，精神委顿，羽毛松乱，下水后极易浸水，翅下垂。垂头闭目或离群呆立。喜欢蹲下，头部不由自主地左右轻缓或微微摆动。口腔积液，流涎，食管膨大部充满液体。患鸭下痢，初为稀糊状，后为白色稀粪或水样稀粪。重症者排出红色血粪，粪中充满黏液。病程稍长者，病鸭排出长条状的腊肠样粪，其表面呈灰色或灰白色或淡黄色。临床症状及病理变化详见图8-69～图8-73。

图8-69　堆氏球虫引起鸭肠壁变厚，形成假膜样坏死

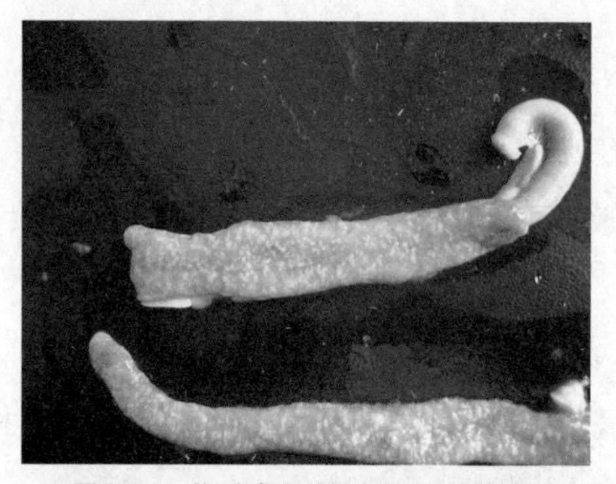

图8-70　堆氏球虫引起鸭肠道片状坏死

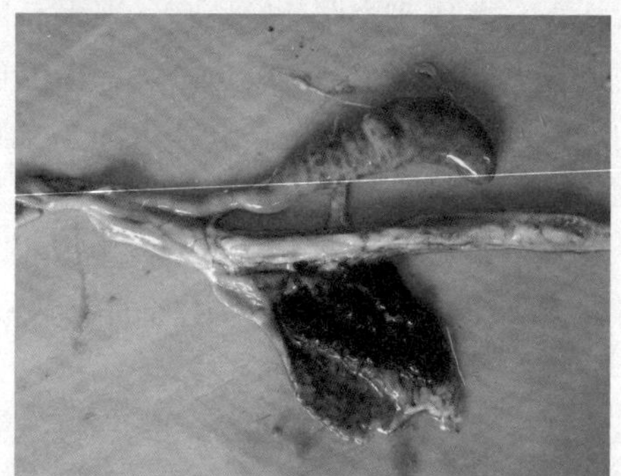

图8-71　盲肠球虫引起鸭盲肠壁肿胀，有点状出血

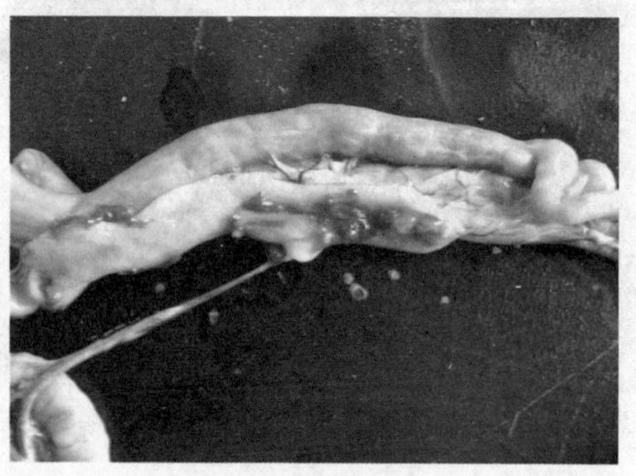

图8-72　小肠球虫感染引起鸭肠道形成西红柿酱样病变

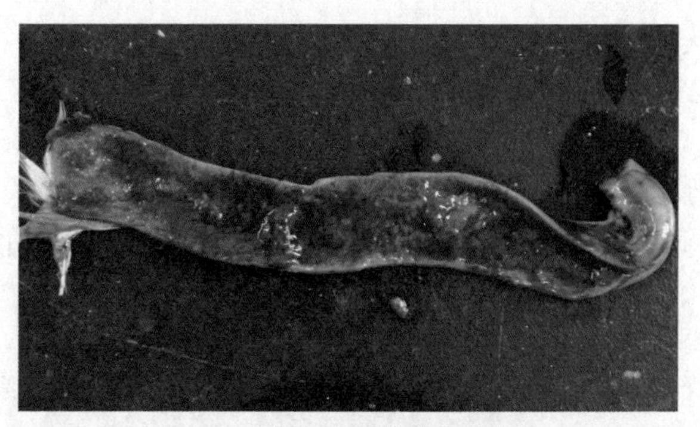

图8-73　小肠球虫引起鸭肠道出血

3.防治

鸭舍应保持干燥、清洁。鸭场应做好严格的消毒工作。粪便应每天清除，用生物热的方法进行消毒，以杀灭粪中的球虫卵囊，防止饲料和饮水被鸭粪污染，将雏鸭与曾患过球虫病的老鸭隔开。栏圈、食槽、饮水器及用具等要经常清洗消毒。运动场应勤换新土。常用药物及使用方法如下：

①阿的平：每千克体重用0.05～0.1克，将药物混于湿谷粒中喂给，每隔2～3天给药一次。喂完第三次后，延长间隔时间，每隔5～6天喂一次。共喂5次。通常在喂完第三次后，鸭粪中就找不到球虫卵囊，患鸭症状明显好转，基本停止死亡。

②氨基阿的平：每千克体重用0.05克，与湿谷粒拌和，每隔3天一次，共用药5次，鸭对氨基阿的平的中毒量为每千克体重1克，使用时注意不要过量。

③青霉素：雏鸭用5 000～10 000国际单位，用水溶解后，拌入饲料中喂给或滴服，每天1次，3天为一疗程。

④氨苯胍：每千克饲料中加入100毫克，均匀混料饲喂，连用7～10天。屠宰前5～7天停止喂药。预防减半。

⑤氨丙林：按每千克饲料中加入150～200毫克，或按每千克体重用250毫克拌料；或按每升饮水中加入80～120毫克饮服，

连用7天。用药期间，应停止喂维生素B_1。

⑥磺胺-6-甲基嘧啶（制菌磺，SMM）和TMP合剂：两者的比例为5：1，合剂的剂量为0.04%混入粉料中，连喂7天，停药3天后再喂3天。

⑦磺胺二甲基嘧啶：以0.5%混入饲料或以0.2%浓度饮水，连用3天，停用2天后，再连用3天。

⑧球痢灵：按0.025%浓度均匀混料，连喂3~5天。

⑨克球多：按每千克饲料中加250毫克均匀混料饲喂，连用3~5天。

⑩广虫灵：按每千克饲料中加100~200毫克，均匀混料，连用5~7天。

由于球虫很容易产生耐药性，故应经常换药，不可长期使用单一药物来防治，为了防止球虫产生抗药性，在使用球虫药物时采用交替、穿梭、联合使用的办法。

（二）住白细胞原虫病

1.病原

住白细胞原虫病又名住白原虫病、白细胞孢子病或嗜白细胞体病，它是由住白细胞原虫侵入鸭只血液和内脏器官的组织细胞而引起的原虫病。本病病原的传播媒介是蚋。鸭病愈后体内可以长期带虫，当传播媒介出现时，就可能在鸭群中传染疫病。

2.临床症状及病理变化

本病多发生于7月，雏鸭易感，本病的潜伏期为6~10天。雏鸭发病后，病情急，体温升高，精神委顿，食欲消失，渴感增加，体重下降，虚弱，流涎，贫血，下痢，粪便呈淡黄绿色，运动共济失调，两脚轻瘫，走路困难，摇摆不稳，常伏卧地上，呼吸急促，流泪，流鼻液，眼睑粘连，消瘦，肌肉苍白，肝、脾肿大呈淡黄色，暗淡无光，消化道黏膜充血，心包积液，心肌松弛，色苍白，全身性皮下出血，肌肉（尤其是胸肌、腿肌、心

肌）有大小不等的出血点，并有灰白色或稍带黄色的针尖至粟粒大的小结节。临床症状及病理变化详见图8-74～图8-78。

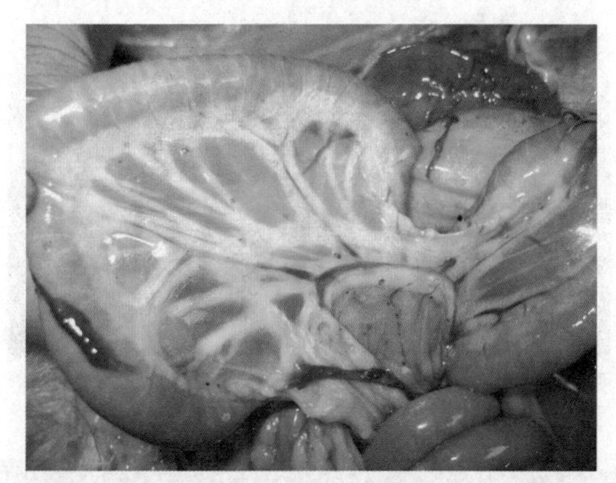

图8-74　住白细胞原虫病感染后，鸭肠系膜上形成点状出血

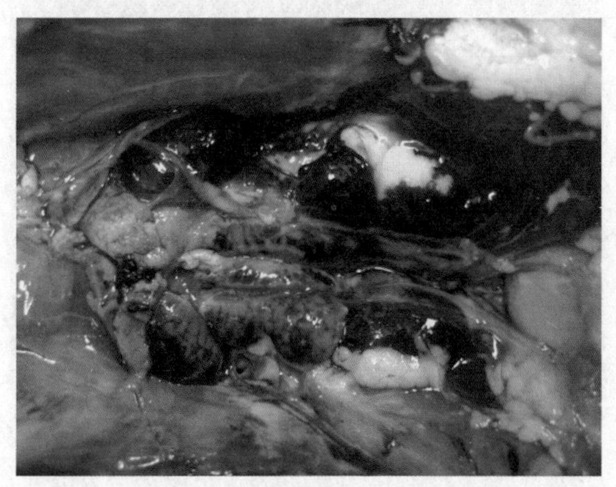

图8-75　住白细胞原虫病感染后，鸭肾被膜下广泛性出血

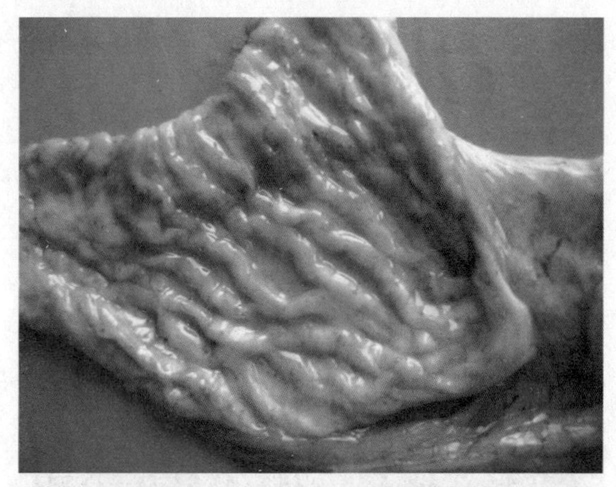

图8-76　住白细胞原虫病感染后，鸭输卵管内呈糠麸样病变

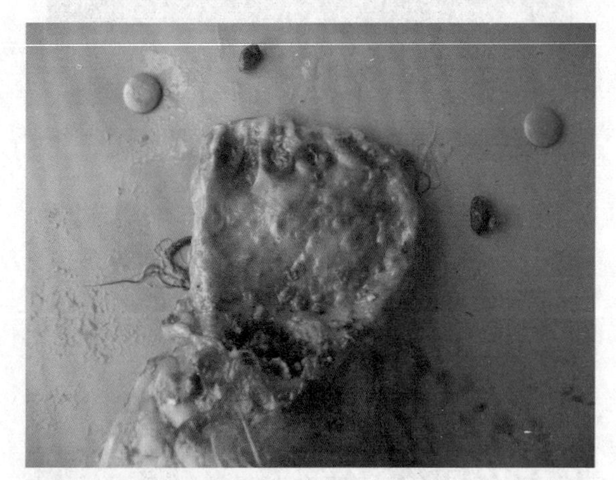

图8-77　住白细胞原虫病感染后，鸭腺胃黏膜广泛性出血

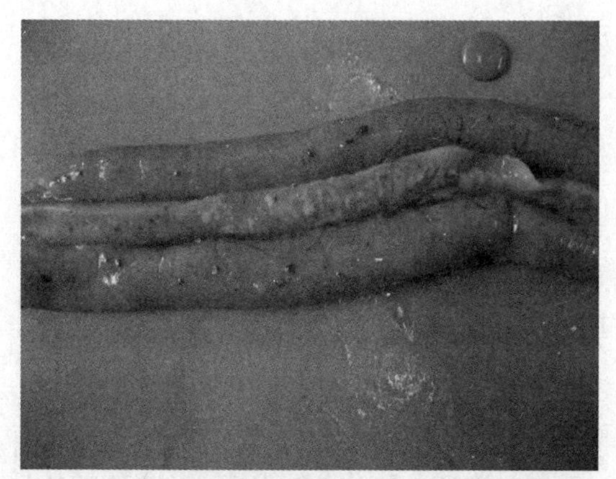

图8-78　住白细胞原虫病感染后，鸭胰脏肠浆膜外出现隆起状出血

3. 防治

（1）预防

设法消灭中间宿主——吸血昆虫，这是最重要的环节。可用0.2%敌百虫或0.5%～1%有机磷杀虫剂喷洒鸭舍，每隔6～7天喷洒一次。避免雏鸭和成年鸭混养。

（2）治疗

磺胺二甲基嘧啶：预防量用2.5×10^{-5}～7.5×10^{-5}。治疗量用5×10^{-4}混于饲料或饮水，混入饮水，连用2天。

百乐君：按每千克体重用0.15克，每天1次。连用3天。

复方新诺明：每只每天0.125克口服，连用3～5天，以后减半。为了防止药物耐药性的产生，可交替使用上述药物。

第九章　鸭产品

一、鸭肉及鸭肉制品

鸭肉是人们餐桌上的美味佳肴，适于滋补，是各种美味名菜的重要原料，也是人们进补的优良食品，一般人群均可食用。

鸭肉尤其适用于体内有热、上火的人；发低热、体质虚弱、食欲不振、大便干燥和水肿的人，食之更佳；同时适宜营养不良，产后、病后体虚、盗汗、遗精、月经少、咽干口渴者食用；还适宜癌症患者及放疗化疗后，糖尿病、肝硬化腹水、肺结核、慢性肾炎浮肿者食用。素体虚寒者，受凉引起的不思饮食者，胃部冷痛、腹泻清稀、腰痛及寒性痛经以及肥胖、动脉硬化、慢性肠炎者应少食；感冒患者不宜食用。鸭肉忌与兔肉、杨梅、核桃、鳖、木耳、胡桃、大蒜、荞麦同食。

（一）鸭肉的营养特点

（1）鸭肉中蛋白质含量比畜肉中高得多，而鸭肉的脂肪、碳水化合物含量适中，特别是脂肪均匀地分布于全身组织中。鸭肉中的脂肪酸主要是不饱和脂肪酸和低碳饱和脂肪酸，含饱和脂肪酸量明显比猪肉、羊肉少，脂肪酸熔点低，易于消化。有研究表明，鸭肉中的脂肪不同于黄油或猪油，其饱和脂肪酸、单不饱和脂肪酸、多不饱和脂肪酸的比例接近理想值，其化学成分近似橄榄油，有降低胆固醇的作用，对防治心脑血管疾病有益，对于担心摄入太多饱和脂肪酸会形成动脉粥样硬化的人群来说尤为适

宜。

（2）鸭肉中所含B族维生素和维生素E较其他肉类多，能有效抵抗脚气病、神经炎和多种炎症，还能抗衰老。鸭肉中含有较为丰富的烟酸，烟酸是构成人体内两种重要辅酶的成分之一，对心肌梗死等心脏疾病患者有保护作用。

（3）从中医角度来看，鸭子吃的食物多为水生物，故其肉性味甘、寒，入肺、胃、肾经，有滋补、养胃、补肾、除痨热骨蒸、消水肿、止热痢、止咳化痰等作用。凡体内有热的人适宜食鸭肉，体质虚弱，食欲不振，发热，大便干燥和水肿的人食之更为有益。据传，鸭是肺结核患者的“圣药”。《本草纲目》记载：鸭肉“主大补虚劳，最消毒热，利小便，除水肿，消胀满，利脏腑，退疮肿，定惊痫”。

每100克鸭肉中各种营养素含量见表9-1。

表9-1　每100克鸭肉中各种营养素含量

营养素	含量	营养素	含量	营养素	含量
热量	1 005千焦	蛋白质	15.5克	脂肪	19.7克
泛酸	1.13毫克	维生素A	52微克	硫胺素	0.08毫克
核黄素	0.22毫克	维生素B_3	4.2毫克	维生素E	0.27毫克
钙	6毫克	磷	122毫克	钾	191毫克
钠	69毫克	镁	14毫克	铁	2.2毫克
锌	1.33毫克	硒	12.25微克	铜	0.21毫克
锰	0.06毫克	胆固醇	94毫克	碳水化合物	0.2克

（二）鸭肉的贮存方法

鸭肉的储存方法一般采用低温保存，屠宰场备有专用冷库。家庭中可把鸭肉放入保鲜袋内，放入冰箱冷冻室内冷冻保存，一般情况下，保存温度越低，其保存时间就越长。

（三）鸭的加工产品

鸭的加工产品很多，鸭肉、鸭肝、鸭骨、鸭血、鸭蹼等均可食用。如老鸭汤、烤鸭、板鸭、香酥鸭、鸭骨汤、熘鸭片、熘干鸭条、炒鸭心花、香菜鸭肝、扒鸭掌。鸭肉与海带共炖食，可软化血管，降低血压，对老年性动脉硬化和高血压、心脏病有较好的疗效。鸭肉与竹笋共炖食，可治疗老年人痔疮下血。肥鸭还治老年性肺结核、糖尿病、脾虚水肿、慢性支气管炎、大便燥结、慢性肾炎、浮肿；雄鸭治肺结核、糖尿病。鸭肉、鸭血、鸭内金全都可药。

二、鸭蛋产品的加工贮存

鸭蛋营养丰富，可与鸡蛋媲美，鸭蛋含有蛋白质、卵磷脂、维生素A、维生素B_2、维生素B_1、维生素D、钙、钾、铁、磷等营养物质。鸭蛋中的蛋白质含量和鸡蛋相当，而矿物质总量远超鸡蛋，尤其铁、钙含量极为丰富，能预防贫血，促进骨骼发育。鸭蛋中脂肪的含量占总蛋重的14.5%，产热量7 700千焦/千克，均高于鸡蛋。

鸭蛋味甘、咸，性凉；入肺、脾经；有大补虚劳、滋阴养血、润肺美肤的功效；用于膈热、咳嗽、喉痛、齿痛、泄痢。鸭蛋适宜肺热咳嗽，咽喉痛，泻痢之人食用。脾阳不足、寒湿下痢，以及食后气滞痞闷者忌食；生病期间不宜食用；肾炎患者忌食皮蛋；癌症患者忌食；高血压病、高脂血症、动脉硬化及脂肪肝患者亦忌食；鸭蛋的脂肪含量高于蛋白质的含量，鸭蛋的胆固醇含量也较高，每百克约含1 522毫克，中老年人多食，易加快心血管系统的硬化。鸭蛋不宜与鳖、李子、桑椹同食。

鸭蛋表面往往比较脏，蛋表有害菌含量也较高，只有非常新鲜的鸭蛋才能食用，鸭蛋食用前一定要经过高温处理，鸭蛋在开水中至少煮15分钟才可食用。水煮后蛋变成蓝色，蛋黄则是橘红色。

（一）松花蛋加工

松花蛋也叫皮蛋、变蛋、彩蛋、碱蛋或泥蛋等，因蛋白中常有松针状的结晶或花纹而得名。松花蛋较普通鸭蛋有更多矿物质，脂肪和总热量却稍有下降，它能刺激消化器官，增进食欲，促进营养的消化吸收，中和胃酸，清凉，降压。具有润肺、养阴止血、凉肠、止泻、降压之功效。此外，松花蛋还有保护血管的作用。同时还有保护大脑的功能。它是我国传统的风味蛋制品。不仅为国内广大消费者所喜爱，在国际市场上也享有盛名。

松花蛋的加工方法很多，民间流传的加工方法更多，但各种方法大同小异，所用材料也基本相同，归纳起来主要有两种方法，即浸泡包泥法（加工溏心松花蛋）、包泥法（加工硬心松花蛋）。

1.浸泡包泥法

浸泡包泥法又称兼用法，先用浸泡法腌制成溏心松花蛋，再用含有料汤的泥巴包裹，滚稻后，再装箱密封（图9-1）。此法多用于加工出口松花蛋，也是我国北方常见的加工方法。

图9-1 松花蛋

（1）选蛋

选择新鲜、完整、蛋壳坚实的鸭蛋为原料。

（2）料液的主要原料

料液的主要原料包括食盐、生石灰、纯碱、茶叶、黄丹粉和植物灰。生石灰以纯度高、杂质少的白色灰为佳；黄丹粉以淡黄色的为佳。

（3）熬料法和冲料法

熬料法是先把纯碱、食盐、茶叶、清水倒入锅内加热煮沸，然后将它们倒入盛有黄丹粉和石灰的缸内，搅拌均匀，冷却后待用。冲料法是先把纯碱、茶叶放在缸底，再将水烧开倒入缸中，随即放入黄丹粉，经搅拌溶解后，再投放石灰，最后加入食盐，搅拌均匀，冷却后使用。

（4）装缸与灌料

在缸底铺上一层清洁的麦秸，将挑选过的原料蛋放入缸内。蛋要轻拿轻放，层层平放，最上层的蛋应离缸口15厘米左右，以便封缸，蛋下缸后，加上花眼竹箅盖，用木棍压住，以免灌进料汤后鸭蛋漂浮起来。

鸭蛋装缸后，将冷却的料液灌入缸内，直到鸭蛋在料汤中淹没为止。料汤的温度要随季节不同而异。春、秋季节，料汤的温度应控制在15 ℃左右，秋季控制在20 ℃左右，夏季应保持在25 ℃以下。

（5）成熟

灌料后进入腌制过程，直至松花蛋成熟，这一阶段的技术管理工作十分重要。

①严格掌握房间内温度：房间内温度要控制在20~24 ℃。不同地区对室温要求不同，在河南，夏天缸房内温度不应高于30 ℃，冬天保持在25 ℃左右。

②勤检查：为避免出现黑皮、白蛋等次品，要有专人负责检

查，每天检查蛋的变化、温度高低、料汤多少等，并随时记录。一般鲜蛋下缸后，要经过3次检查。第一次检查在鲜蛋下缸后，夏天（25~30 ℃）5~6天，冬天（15~25 ℃）7~10天即可进行检查；第二次检查一般在下缸后20天，可以看大样，亦可以少量抽查，剥开数枚观察；第三次检查，是在装缸30天左右进行，以确定出缸时间。

（6）出缸

一般情况下，鸭蛋入缸后经过40天左右即可成熟。夏季气温高，时间可短些；冬季气温低，时间可长些。为了准确了解成批鸭蛋腌制成熟与否，可在出缸前，在各缸中抽样检验。出缸时将成熟的鸭蛋捞出，置于另外的缸内，用冷开水冲洗，洗去附在鸭蛋上的碱液和其他污物后晾干。

（7）验质分级

出缸后的松花蛋必须及时进行质量检验和质量分级。

1）质量检验

以感官检验为主，也可结合灯光透视。即采取“一观、二掂、三摇晃、四照”的方法进行验质。

一观：观看蛋壳是否完整，壳色是否正常。剔出破损蛋、裂纹蛋、黑壳蛋及比较严重的黑色斑块蛋。

二掂：即手掂法。拿一枚松花蛋放在手上，向上轻轻抛起两三次，鉴定蛋的质量，掂在手里有震颤感且沉甸甸的为优质蛋。

三摇晃：当用手抛法不能断定其质量优劣时，可用手摇。即用手捏住松花蛋的两端，在耳边上下左右摇动两三次，听其有无水响声或撞击声。若听不到声音则为好蛋。

四照：用灯光透视，若蛋内大部分呈黑色或深褐色，小部分呈黄色或浅红色者为优质蛋。若大部分呈黄褐色透明体，则为未成熟松花蛋。

2）级别重量检验

经过上述一系列鉴别方法鉴别出的优质蛋按重量分级，分级后便可包泥封袋、装箱或包泥后直接装缸。

（8）涂泥包糠

松花蛋成熟后，蛋壳变薄变脆，为了防止破碎和变质，需涂泥包糠。在涂泥前先用冷水冲掉蛋上料液，晾干，然后将已用过的料液和黄土调成糊状，包在鸭蛋上，在稻壳中滚动一下，用手稍搓成团即可。包泥后的松花蛋可存放在缸内，如果密封，可存半年不变质。

（9）装箱（缸）

包好料的蛋要迅速装箱。装箱后要密封，保持包料湿润。若装入缸内，装满后用泥密封缸口，即可入库贮存。

（10）贮存

松花蛋贮存方法有以下三种：

1）原缸贮存

即延长已经成熟的松花蛋的出缸日期，继续存放在原缸，一般可贮存2~3个月。

2）包料后装缸贮存

即用全料包蛋，装缸后密封贮存，保存期可达6个月左右。

3）包料后装箱贮存

全料包蛋后装入尼龙袋内用纸箱包装，放入库内贮存，贮存期可达3~4个月，但在夏季气温高时一般不用纸箱贮存，最好装缸贮存。

松花蛋的贮存期还与季节有关，一般春季贮存期较长，夏季较短。由于松花蛋是一种风味食品，贮存时间不宜过久，库内的温度控制在10~20 ℃为宜，应将盛有松花蛋的缸（箱）置于凉爽通风处。切勿使其受日晒、雨淋等。

2. 包泥法

包泥法是将所用材料和成泥糊状，包在蛋上，再经过滚稻壳后装缸，密封，待成熟后贮存。此法所需时间较久，但成品质量较高，加工硬心松花蛋可采用此法。

（1）原料及比例

新鲜鸭蛋100枚、食盐350克、生石灰350克、纯碱200克、草木灰4 000克、茶叶20克、水1 300毫升、稻壳200克。

（2）制料

先将茶叶末置于锅内加水煮沸，再将生石灰投入茶汁内，待生石灰在其中作用达80%左右时，加入纯碱及食盐。生石灰充分作用后，将杂质、石灰渣捞出，并按量补足生石灰之后，进行搅拌。先将草木灰倒入搅拌机内，再将生石灰、纯碱、食盐、茶叶等材料在内的汤汁倒入，搅拌均匀。将混匀的料倒在地面上平摊约10厘米，使石灰与纯碱充分作用，冷却后待用。将冷却干燥的料泥投入到打料机内，开动机器，数分钟后即可达到料泥发黏纯熟状态。将打好的料倒出，盛于缸内待用。

（3）包蛋、装缸

将鸭蛋洗净晾干，外面包上一层糊状泥料，滚上稻壳，轻轻放入缸内。包蛋所用料泥一定要按规定标准来掌握其用量，一般春季每2枚鸭蛋上料32.5克（连同稻壳），而秋季上料可达33.5克。两手搓蛋要均匀，松紧要适宜，防止涂料厚薄不匀以及隔缝空白出现。搓好后，将包了料的蛋轻轻放入稻壳内。

（4）封缸

装缸后约过15分钟，再送入仓库加盖、密封、贴签，并注明时间、批次、级别、数量、搓蛋人员代号。封缸的方法有两种：一种是用软皮纸将缸和盖封在一起，缸和盖接缝处上下均匀刷血料（猪血与少量水泥或石灰拌和）。此法应用较为普遍。出口的松花蛋亦用此法封缸。另一种方法是用塑料薄膜盖住缸口，并用麻绳捆扎，上面盖上缸盖。此法密封效果也较好，且成本低。

（5）贮藏

贮存硬心松花蛋的仓库要求高大、凉爽，防止日光暴晒，20~25 ℃较适宜，入库的蛋缸必须堆码好，堆缸时要注意平稳，不宜堆得过高。一般30～40天，即可变成松花蛋。时间越久，松花越多，辣味也越轻。

3.松花蛋的质量要求

正常的松花蛋包料泥层和稻壳应薄厚均匀，不得有霉变，蛋壳应清洁完整。去壳后的蛋体应完整，有光泽，弹性好，有松花，不粘壳，溏心皮蛋呈溏心。

优质的松花蛋蛋白呈半透明的青褐色或棕色，蛋黄色泽多样，外层呈墨绿色，中层呈土黄色，中心为橙黄色。剥壳后的松花蛋应具有其特有的气味与滋味，气味清香浓郁，不苦、不涩、不辣、回味绵长。硬心皮蛋略带辣味，咸淡适中。

（二）咸蛋加工

咸蛋又名腌蛋、味蛋、盐蛋。我国生产咸鸭蛋（图9-2）的历史悠久，很早以前我国古代劳动人民便将禽蛋置于盐水中贮藏，后来发现经过盐水浸泡的蛋不仅可以长时间不变质，而且独具风味，后来此种用盐水贮藏禽蛋的方法变成了加工制作咸蛋的方法。咸蛋加工简单，成本低廉，加工技术容易掌握，产品风味独特，食用方便，备受欢迎。

图9-2　咸鸭蛋

我国各地均有咸蛋生产活动，尤以长江流域生产的最为著名。咸蛋具有“鲜、细、嫩、松、沙、油”的特点。咸蛋中的蛋白质和脂肪经过腌制，盐分进入蛋内，蛋白质因盐的作用，发生了缓慢的变性凝固变化，脂肪从蛋白质中挤出，因而切开咸蛋断面黄白分明，蛋白细嫩和松，蛋黄细沙状，呈微红色起油，中间无硬心，味道鲜美。咸鸭蛋味甘性凉，入心、肺、脾经；有滋阴、清肺、丰肌、泽肤、除热等功效；中医认为，咸蛋清肺火、降阴火功能比未腌制的鸭蛋更胜一筹，煮食可治愈泻痢。其中咸蛋黄油可治小儿积食，外敷可治烫伤、湿疹。

咸蛋作为传统的再制蛋品，不仅在内地销路极广，而且还远销我国港澳地区和东南亚各国。近几年来，国内一些食品公司利用我国传统的咸蛋加工技术结合现代食品贮藏加工手段，生产出色、香、味俱佳的速食方便咸蛋，很受市场欢迎。

咸蛋的加工方法有很多种，主要有草灰法、盐泥涂布法、包泥法、泥浸法和盐水浸渍法等。

1.草灰法

草灰法是我国出口咸蛋采用较多的一种腌制加工方法。

(1) 配料

1 000枚鸭蛋用草木灰15~25千克，食盐5~7千克，清水13~15千克。

加工咸蛋时，配方的分量要准确，所使用的食盐、草木灰、清水都必须过秤称量，不能凭估计配料。尤其要严格控制食盐的用量，一般以既保证达到防腐作用，又可以增加蛋的风味为准。食盐以再制盐为好，草木灰以纯干草灰为宜。

(2) 打浆

打浆时先将食盐溶于水中。草灰分几次打入打浆机中，大约先加入2/3，在打浆机内搅拌均匀，再逐渐加入剩余部分，直到搅拌均匀为止。灰浆要不稀不稠，熟细均匀。将手放入灰浆中，手取出后皮肤色黑，发亮，灰浆不流，不起水，不成块，不成团下坠；灰浆放入盆内不起泡。灰浆质量达到上述标准，放置一夜次日即可使用。

（3）提浆、裹灰

提浆即将已挑选好的原料蛋，在经过静置搅熟的灰浆内翻转一下，使蛋壳表面均匀地粘上一层约2毫米厚的灰浆。裹灰是将提浆后的蛋尽快在干燥草灰内滚动，使其粘上2毫米厚的干灰。裹灰时要注意干草灰不可敷得过厚或过薄。如果过厚，则会降低蛋壳外面灰料中的水分，影响咸蛋腌制成熟时间；过薄，则使蛋壳外面灰料发湿，易造成蛋与蛋之间的互相粘连。

裹灰后还要捏灰，即用物将灰料紧压在蛋壳上。捏灰要松紧适宜，滚搓光滑，厚度均匀一致，无凸凹不平或厚薄不均现象。

（4）点数入缸（篓）

经过裹灰，捏灰后的蛋即可点数入缸或篓内。出口咸蛋一般使用尼龙袋或纸箱包装。向缸内放蛋时，必须轻拿轻放，放稳放平，最后将盖盖好，用塑料布和绳子将缸密封好。至此，便可将缸（篓）或入箱的蛋转入成熟室或蛋库内分级堆码，等待腌制成熟。

（5）腌蛋的成熟及管理

腌蛋的成熟快慢主要由食盐的渗透速度决定。而食盐的渗透速度又主要受温度的影响，所以要适当控制成熟室内的温度、湿度。其成熟期在一般情况下，夏季需20~30天，春、秋季需40~50天。

（6）贮存

要经常检查腌制成熟的咸蛋质量状况。咸蛋要及时投放市场销售。出口咸蛋应及时组织调运，一般在贮存温度不超过25 ℃下，贮存期不应超过2~3个月。夏季腌制的咸蛋，由于原料的质量不及春、秋季蛋的质量新鲜，所以最好及时组织销售，不能贮存过久。贮存咸蛋的库房内温度应在25 ℃以下，相对湿度85%~

90%，以防止咸蛋被风干。

2. 裹泥法

裹泥法主要是用食盐加黄泥调成泥浆来腌制咸蛋。

（1）泥料配方

1 000枚鸭蛋需要食盐6~7.5千克，干燥黄土6.5千克，冷开水4~4.5千克。

（2）加工方法

先将食盐放入木桶中，加清水使其溶解以后，加入干燥清洁无腐殖质的细粉黄土，用木棒搅拌，使其调制成糨糊状，有条件的可用搅拌器将泥料调和均匀。泥料的浓稠程度可用鸭蛋试验进行检验：将蛋放入泥浆中，蛋的一半浮在泥浆上面，而另一半浸入泥浆内，则表明泥浆的浓稠程度合适。然后将通过照检、敲蛋、分级的新鲜鸭蛋，放在调配好的泥浆中（每次放3~5枚），使蛋壳上面全部粘满盐泥，接着取出放入缸或箱中，同时清点蛋数，装满后加盖。

3. 盐水浸泡法

盐水浸泡法主要是用食盐和开水，有时加入少量花椒、大茴香或草灰以改善咸蛋风味，提高辛辣度。其加工方法是：将50枚鸭蛋洗净晾干后放入坛内，再用750克盐和适量的花椒、茴香，加清水煮沸，凉透后倒入坛内（以刚好淹没鲜蛋为宜），蛋要摆平、压实，以防鸭蛋上浮。最后紧密地封好坛口。经20天即可取出煮食。如想让蛋黄多出油，可在盐水中加50 ~ 100克的烧酒。

盐水浸泡法腌制的咸蛋，成熟期比草灰法、盐泥涂布法要短一些，这主要是由于盐水对鲜蛋的渗透速度要快一些，但盐水腌蛋1个月后，会使蛋壳上出现黑斑，而且此种咸蛋不耐久贮，且贮期越长，咸度越高。

4.真空熟咸蛋的加工方法

浙江省农业科学院研发了“咸蛋腌制剂”，采用“咸蛋腌制剂”加工的咸蛋生产周期短，能有效预防蛋黄变黑现象，提高了咸蛋的品质。

（1）配料配方

1）腌制盐水蛋配方

水100千克，食盐25~30千克，咸蛋腌制剂0.2千克。

2）腌制黄泥（灰包）蛋配方

水100千克、食盐100~150千克、灰泥100千克、咸蛋腌制剂0.25千克。

（2）配料操作规程

先在拌料缸内放入咸蛋腌制剂粉料包，再放盐，用水搅拌至完全溶解，再放咸蛋腌制剂颗粒料包，搅拌均匀后马上腌制咸蛋（若腌制泥灰包蛋则需加泥灰后搅拌均匀）。

（3）盐水重复使用方法

在配料缸内放入咸蛋腌制剂粉料包，加适量盐，把已经用过的盐水先经过滤，再倒入咸蛋腌制剂颗粒料包搅拌均匀马上腌蛋。如此反复，在使用过程中要始终保持盐水清洁、无味。

（4）日常管理

以盐水法腌制咸蛋，应严格控制室内温度不超过30℃，避免阳光直射，并保持腌制车间卫生，用泥灰法腌制咸蛋时应将滚过泥浆的蛋层层平放在竹筐内，并扎紧尼龙袋子，尽量避免漏气。夏季成熟期为15~20天，春、秋季为25~30天，冬季为30~35天。

（5）清洗蛋壳表面

若用灰泥裹包法腌制咸蛋，等成熟后先浸泡在水内。灰泥逐渐脱离蛋壳表面，再用清洁球清洗蛋壳表面，直至完全洁净，并晾干蛋壳表面水分。

（6）真空包装

把腌制成熟的生咸蛋装入专用咸蛋袋内进行真空包装，真空包装时封口温度一般控制在170～190 ℃，袋内真空度不小于0.08兆帕。

（7）高温杀菌后贮存

包装后的咸蛋要经过高温杀菌，经杀菌后的熟咸蛋应尽快把温度冷却至40 ℃左右，并晾干表面水分，挑除破袋后装入外包装，贮放在通风、干净、凉爽、无异味的仓库内，真空熟咸蛋的贮存期为6个月。

5. 咸蛋的质量要求

质量正常的咸蛋，蛋壳完整，无裂纹。透视时蛋体透明透亮，气室小，蛋黄鲜红，靠近蛋壳；将蛋转动时，蛋黄随之转动，所见蛋白应清晰如水，旋转流动；打开蛋壳，蛋白与蛋黄分明，蛋白呈水样无色透明，富有黏性，蛋黄坚实呈红黄色。煮熟以后蛋白鲜嫩洁白，富有弹性，蛋黄松沙出油呈红黄色，咸味适中，鲜美可口。

理化指标：单枚重量≥70克；水分含量60%~68%；总脂肪≥12%；食盐（以氯化钠计）2%~4%；挥发性盐基氮≤10毫克/100克；氟≤1毫克/千克；铜≤5毫克/千克。

产品安全指标必须达到国家对同类产品的相关规定。

（三）糟蛋加工

糟蛋是优质鲜鸭蛋经优良的糯米酒糟糟制而成的一种再制蛋。糟蛋成品的蛋壳全部或部分脱落，仅剩蛋壳膜包裹着蛋的内容物，形似软壳蛋，所以人们称之为软壳糟蛋。它的蛋质细嫩、蛋白呈乳白色胶冻状、蛋黄呈橘红色的半凝固状态、气味芬芳、滋味鲜美、风味独特、食后余味绵长而著称。我国著名的糟蛋是浙江省的平湖糟蛋（图9-3）和四川省的宜宾（叙府）糟蛋。

图9-3　平湖糟蛋

鸭蛋在酒酿发酵过程中，分解为多种氨基酸，并产生鲜味，此鲜味与醇香、脂香融合为一种复杂的鲜美滋味。据测定，糟蛋由于经过独特工艺加工，其主要营养成分含量均明显高于其他蛋类。其中蛋白质比鲜鸭蛋高1.1倍，钙、铁分别高出4.7倍、0.5倍，维生素B_3比咸鸭蛋高5~6倍。如果说蛋类因其营养成分齐全而被称为全营养食品之冠，那么糟蛋就是冠中之冠的营养食品。

1.糟蛋的加工原理及材料的选择

（1）糟蛋的加工原理

糟蛋是用鸭蛋与酒糟、盐封入缸内糟制后，盐和酒糟中的醇通过渗透和扩散作用进入蛋内，使蛋白和蛋黄发生变化。但这种变化是缓慢的，需要较长的时间，糟蛋才能成熟供人食用。

酒糟由糯米制成。糯米中含有淀粉，淀粉经过复杂的变化产生乙醇、乙酸、糖等物质，同时一部分乙醇和乙酸可以酯化形成芳香的酯类。糟渍鸭蛋时加有盐、乙醇、乙酸、糖和酯等进入蛋内，对蛋起氧化分解作用。其中乙醇和乙酸要使蛋白和蛋黄发生

凝固和变性作用。乙酸还能使石灰质硬蛋壳中的碳酸钙溶解，使蛋壳脱落或变软，与蛋壳膜逐渐分离，形成软壳糟蛋。由于盐具有咸味，乙醇具有酒香味，乙酸具有酸味，酯具有香味，从而形成糟蛋特有的风味。以上物质进入蛋内，使蛋白膨胀、凝固呈洁白饱满状，蛋黄红色出油。

在糟制过程中，醇的浓度虽然不很大，但由于糟渍的时间在4~6个月之久，蛋中的微生物特别是致病性沙门氏菌，均可被杀死。

（2）材料的选择

加工糟蛋的主要原料是鲜鸭蛋，一般情况下，蛋的大小以每100枚鸭蛋重达6.5千克以上为宜。不同产地所用材料不同。平湖糟蛋的加工需要糯米、酒药、食盐等，而加工宜宾（叙府）糟蛋，除以上材料外，还需要红砂糖、白酒等。

按鲜鸭蛋120枚计算，需用优质糯米50千克（熟糯米饭75千克），食盐1.5千克，甜酒药200克，白酒药100克。

1）糯米

糯米是加工糟蛋的主要原料。要求糯米米粒大小均匀，颜色洁白，淀粉含量多，脂肪及蛋白质含量少，不含杂米粒，无异味，以当年生产的糯米为好。

2）酒药

酒药也称酒曲，是酿酒用的菌种，是将多种菌种培养在特殊培养基上，而培育成的一种发酵剂和糖化剂。酒药有绍药、甜药和糠药。

①绍药是酿制著名的绍兴酒所用的菌种，是用糯米粉配合辣蓼粉、芦黍粉、辣蓼汁调和而成。绍药是加工酿造绍兴酒所用的酒药，用此药酿成的酒糟，香气极佳，但酒性过强。纯用此药酿成的酒糟加工做糟蛋，虽然能缩短制成糟蛋的时间，但糟味较猛，酒性强而带辣味，风味差，影响糟蛋的色泽，使其品质下

降。因此，必须用甜药配合酿糟，以减弱绍药的辣味。

②甜药色白，为球形，是以面粉或米粉配合草本植物一丈红的茎、叶制成。甜药药性弱，单独使用成熟时间长，味甜，糟中的乙醇含量不足，且不易久存，所以不能单独使用。

③糠药是用无锡白泥、芦黍粉、辣蓼草、一丈红等制成。酿成的酒糟，性较醇和，味略甜，性能处于绍药和甜药之间。可以单独使用。

以上几种酒药决定着酒糟质量的高低。因酒药无规格标准，所以在制糟前应先进行小量试验，以确定制糟时酒药的用量。目前加工糟蛋多采用绍药和甜药混合使用，一般每100千克糯米用绍药165～215克，甜药60～100克，发酵温度低，总用药量增大。

3）食盐

加工糟蛋所用的食盐，要求质量纯。一般采用符合食盐卫生标准的海盐。

4）红砂糖

加工宜宾（叙府）糟蛋时须使用红砂糖。选用的红砂糖要符合标准，即为赤褐色或黄褐色，总糖分不低于89%。

2.糟蛋的加工方法

糟蛋的加工季节主要在鸭的产蛋旺季，即在3~4月进行，但制糟应在2月开始。

（1）平湖糟蛋的加工

1）酿酒制糟

主要包括浸米、蒸饭、淋饭、制糟等工序。

浸米：先将选好的糯米淘洗，然后放入缸内用冷水浸泡，浸泡的时间要根据气温的高低和米的品质而定。一般气温在12 ℃时，浸24小时，如果气温升降，浸米时间也要减少或增加。

蒸饭：把浸好的糯米捞出，用清水冲洗干净，倒入蒸桶内摊

平。在开始蒸煮时，不加木盖，当热蒸汽透过米面时，用竹帚在饭面上撒一次热水，使米饭蒸涨均匀，防止上层米因水分不足，米粒不涨，出现僵饭。泼水后盖上木盖，再蒸10分钟左右拉开木盖，用木棒将米搅拌1次，再盖木盖蒸5分钟左右，使饭熟透。此过程也称糯米的熟化。糯米熟化后要求呈粒状，熟而不烂，透而不黏，无硬心。

淋饭：将饭置于淋板架上，用清水冲淋2～3分钟，使热饭降至30 ℃左右。

制糟：淋水后的蒸饭，沥去水，倒入缸中，撒上预先研成细末的酒药，拌药时的饭温以30 ℃左右为宜。用药量要根据气温高低略有增减。加酒药后要搅拌均匀，拍平、拍紧，表面再撒一层酒药，中间挖一直径30厘米的潭，上大下小。潭穴深入缸底，潭底不要留饭。

淋饭落缸后，缸外需要采取适当的保温措施，缸口应选用清洁干燥的草盖盖好，以促进淀粉的糖化作用和酒精发酵。随着糖化和发酵的进行，温度逐渐升高，经1~2天，温度可达35 ℃。此时有液体流集于缸中央的潭穴内，当潭内酒酿有3～4厘米深时，应将草盖用竹棒撑起12厘米高，以降低温度，防止酒糟热伤、发红、产生苦味。

另一方面，应防止醋酸菌的侵入而影响酒糟的质量。因此要加强管理，保持适当的温度，以使酒糟发酵正常进行。待满潭时，每隔6小时，将液体用勺洒在糟面上及周围缸壁，使糟充分酿制。经7天后将酒汁灌入坛内，静置14天待变化完成、性质稳定时，即可使用。品质优良的酒糟色白、味香、带甜味，乙醇含量为15%左右。如发现酒糟发红，有酸辣味，则不可使用。

2）选蛋击壳

通过感官鉴定和灯光透视法，挑选新鲜、完整、大小均匀的优质鲜鸭蛋为原料蛋。剔出各种次、劣蛋。在糟制前1～2天，将已选好的鲜鸭蛋逐个洗干净，再用清水漂洗，然后置于通风处晾干蛋壳。为使糟渍过程中产生的醇、酸、糖、酯等成分易于渗入蛋的内容物中，应将蛋壳击破。击蛋时，将蛋放在左手掌中，右手拿竹片，对准蛋的纵侧从大头部分轻轻一击，然后将蛋转过来，仍在蛋的纵侧击，使蛋壳略有裂痕，而内壳膜与蛋白膜不能击破。击蛋后，蛋壳裂痕由蛋的大头至小头连成一线，且很均匀，从而使糟渍后成熟蛋的蛋壳易于脱落。

3）装坛

糟蛋坛必须坚实、耐用，无裂痕，无微生物和其他脏物污染。所以糟蛋坛在使用前要进行清洗和蒸。取经过消毒的糟蛋坛，将酿制成熟的酒糟铺于坛底，摊平后，将击破蛋壳的蛋放入。装坛时将蛋大头朝上插入糟内，四面排紧，蛋间间隙不宜过大，以蛋四周均有糟且能旋转自如为宜。装蛋结束后，上面再铺上一层糟，然后均匀地撒上1.6～1.8千克食盐。

4）封坛

封坛的目的是防止乙醇和乙酸挥发及细菌的侵入。蛋入糟后密封，标明日期、蛋数、级别、糟的质量等，以便检查糟蛋在成熟过程中的质量变化情况。

5）成熟

糟蛋的成熟期为4.5～5个月。由于时间较长，所以要逐月抽样检查，以便控制糟蛋的质量。5个月时，蛋已糟渍成熟，蛋壳大部分脱落，或虽有部分附着，只要轻轻一剥即脱落。蛋白呈乳白胶冻状，蛋黄呈橘红色的半凝固状，此时蛋已糟渍成熟。

（2）宜宾（叙府）糟蛋的加工

宜宾（叙府）糟蛋原产于四川省宜宾市，已有120年的历史。宜宾（叙府）糟蛋工艺精湛、蛋质软嫩、蛋膜不破、气味芳香、色泽红黄、爽口助食。其加工用的原辅料、用具等与平湖糟蛋大致相同，但其加工方法与平湖糟蛋略有不同。

1）选蛋

选蛋、洗蛋和击破蛋壳与平湖糟蛋加工方法相同。

2）配料比例

150枚鸭蛋装一坛，备甜酒糟7千克，68°白酒5千克，红砂糖1千克，陈皮25克，食盐1.5千克，花椒25克。

3）装坛

将击好的鸭蛋放入制好的甜酒糟中，一层糟一层蛋，直至装满坛。最后加入剩下的甜糟在上面铺平，用塑料膜密封坛口，在室温下存放。

4）白酒浸泡

糟蛋在室温下糟渍3个月左右，将蛋翻出，逐枚剥去蛋壳，保留壳内膜。这时的蛋已成为无壳的软壳蛋。将剥去壳的蛋放入缸内，加入高度白酒（150枚需4千克），浸泡1～2天。这时蛋白与蛋黄全部凝固，以蛋壳膜膨胀而不破裂为合格。

5）加料装坛

在原有的酒糟中再加入红糖1千克、食盐1.5千克、陈皮25克、花椒25克、熬糖2千克（红糖2千克，加适量的水，熬成拉丝状，冷却后即成）充分搅拌均匀。按以上装坛方法，将用白酒浸泡的蛋，逐枚取出，一层糟一层蛋，装入坛内。最后加盖密封，贮藏于干燥而阴凉的仓库内。

贮存3～4个月时，须再次翻坛，使糟蛋均匀浸渍。同时，剔出次劣糟蛋。翻坛后的糟蛋，仍应浸渍在糟料内，加盖密封，贮于库内。从加工开始直至糟蛋成熟，需10～12个月。成熟后的糟蛋蛋质软嫩，蛋膜不破，色泽红黄，气味芳香，可存放3～5年。

3.糟蛋的质量要求

糟蛋蛋壳与壳膜完全分离，全部或大部分脱落，糟蛋大而丰满，色泽乳白色洁净而有光泽，蛋白呈胶冻状，蛋黄呈橘红色半凝固状，蛋黄与蛋白可明显分清，具有糯米酒糟的香味，并略带有甜味，无酸味和其他异味。

三、羽绒生产及加工

鸭的羽绒是养鸭生产中的一项重要产品，鸭羽绒具有柔软、弹性好、防潮性能好及保暖性强等特点，经过简单加工后是一种天然、高级的填充料，是制作羽绒服、羽绒被等高档防寒服装和卧具的很好材料。长期以来，羽绒生产一直是我国水禽业发展的一个重要组成部分。

（一）羽毛的类型和特征

1. 正羽

正羽是覆盖鸭体表绝大部分的羽毛，在层次上看生长在最外部，形状呈片状。分布于翼、尾、头、颈和躯干等部位。成熟的正羽又分为飞翔羽(含翅膀上的主翼羽和副翼羽)、尾羽和体羽。体羽生长在躯干、颈、腿等部位。正羽的结构形态包括羽轴和羽片两部分。

（1）羽轴

羽轴为羽毛中间硬而富有弹性的中轴，分为羽根和羽茎两部分。羽根位于羽轴的下端，基部生长在皮肤羽囊中，质地粗而硬。羽茎位于羽轴的上端，较尖细，两侧生长有羽片。

（2）羽片

羽片由许多相互平行的羽枝构成，羽枝上又生有左右两排小羽枝，小羽枝上生有小钩，相互勾连交织起来形成羽片。羽片的下段是羽绒着生的地方。

2. 绒羽

位于正羽下层，被正羽所覆盖。绒羽在构造上与正羽有明显的区别，绒羽的羽茎短而细，甚至呈核状，部分羽枝直接从羽根部长出。绒羽羽枝较长，蓬松而柔软，呈放射状生长。绒羽的羽小枝没有小钩或者小钩不明显，因此羽枝间互不勾连，看上去很像一个绒核放射出细细的绒丝，呈现朵状，故称绒朵。

绒羽主要分布在胸、腹部，位于正羽的下层，背部也有一定的分布。绒羽由于形态、结构的不同，可以分为朵绒、伞形绒、毛形绒和部分绒等几种类型。绒羽是商品羽绒的最主要成分，也是品质极优的羽毛。

3.纤羽

纤羽纤细如毛，又称毛羽，着生在羽内层无绒羽的部位。其特点是细而长，外形呈毛发状，表现为单根存在的细羽枝或在羽轴顶部2~3根的羽枝。

（二）商品羽绒的构成

商品羽绒是体表多种羽毛的混合物（除去翅膀和尾部较大的羽翎），羽绒根据生长发育程度和形态的差异，又可分为以下几种类型：

1.毛片

毛片（图9-4）是羽绒加工厂和羽绒制品厂能够利用的正羽。其特点是羽轴、羽片和羽根较柔软，两端相交后不折断。生长在胸、腹、肩、背、腿、颈部的正羽为毛片。毛片是鸭、鹅羽绒重要的组成部分，长度一般在6厘米以下。

图9-4　毛片

2. 绒朵

绒朵又称纯绒（图9-5）。羽根或不发达的羽茎呈点状，为一绒核，从绒核放射出许多绒丝，形成朵状。绒朵是羽绒中品质最高的部分。

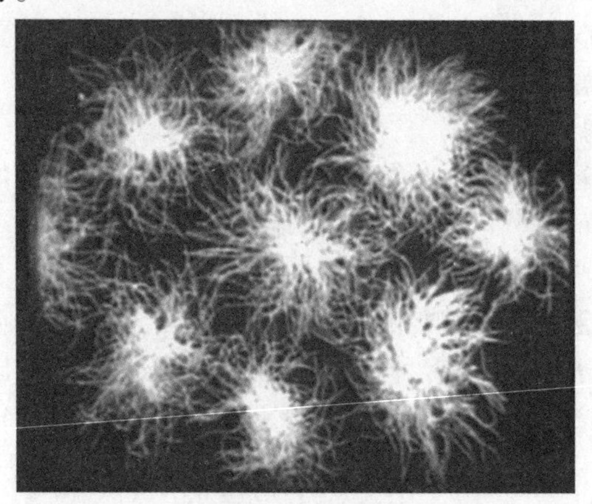

图9-5　绒朵

3. 伞形绒

伞形绒是指未成熟或未长全的朵绒，绒丝尚未放射状散开，呈伞形。

4. 毛形绒

毛形绒指羽茎细而柔软，羽枝细密，具有羽小枝，小枝无钩，梢端呈丝状且零乱。这种羽绒上部绒较稀，下部绒较密。

5. 部分绒

部分绒系指一个绒核放射出两根以上的绒丝，并连接在一起的绒羽。部分绒看上去就像是绒的一部分。

6. 劣质羽绒

生产上常见以下几种劣质羽绒：

（1）黑头

指白色羽绒中的异色毛绒。黑头混入白色羽绒中将大大降低羽绒质量和货价。出口规定，在白色羽绒中黑头不得超过2%，故拔毛时黑头要单独存放，不能与白色羽绒混装。

（2）飞丝

即每个绒朵上被拔断了的绒丝。出口规定，“飞丝”含量不得超过10%，故飞丝率是衡量羽绒质量的重要指标。

（3）未成熟绒羽

指绒羽的羽管内虽已没有血液，但绒朵尚未长成，绒丝呈放射状开放。未成熟绒羽手触无蓬松感，质量低于纯绒。

（4）血管毛

指没有成熟或没有完全成熟的羽毛。

（三）活体拔羽绒技术

随着人民生活水平的不断提高，国内、国际市场对优质羽绒的需求量逐年增长，优质产品供不应求。鸭的活体拔毛技术是充分利用鸭羽毛新陈代谢的规律，对成年健壮鸭定期拔取毛绒。这项技术不仅能够提高羽绒的产量和质量，而且省工、省时，设备投资少，有利于鸭的综合利用，增加生产效益。

蛋用型鸭产羽绒性能不如肉用型品种，种公鸭在休产期及淘汰前可以进行活体拔毛绒。

1.活体拔毛前的准备工作

（1）人员准备

在拔毛前，要对初次参加拔毛的人员进行技术培训，使其了解鸭羽绒生长发育的规律，掌握活体拔毛的正确操作技术，做到心中有数。

（2）鸭的准备

选择适于活体拔毛的鸭群，并对鸭群进行检查，剔除发育不良、消瘦体弱的鸭。拔毛前几天抽检几只鸭，看看有无血管毛，当发现绝大多数羽毛的毛根已经干枯，用手试拔容易脱落，表明已经发育成熟，适于拔毛。若发现血管毛较多，且不易拔脱，就要推迟一段时间，等羽毛发育成熟后再拔。拔毛前一天晚上要停止喂料和饮水，以免在拔毛过程中排粪污染羽毛。如鸭体羽毛脏污，应在拔毛前几小时让鸭下水洗浴，羽毛洗净后，在干净、干燥的场地晾干羽毛后再拔毛。拔毛应在晴朗干燥的日子进行。

为了给初次拔毛的鸭消除紧张情绪，使其皮肤松弛，毛囊扩张，易于拔出，可在拔毛前10分钟左右给每只鸭灌服5~10毫升白酒。方法为：用玻璃注射器套上10厘米左右的胶管，然后将胶管插入鸭食管上部，注入白酒。

（3）场地和设备的准备

拔毛必须在无灰尘、无杂物、地面平坦、干净(最好是水泥地面)的室内进行。拔毛过程中将门窗关严，以免羽绒被风吹走和四处飞扬。非水泥地面应在地面上铺一层干净的塑料布。室内摆好足量的木桶、木箱、纸箱或塑料袋以及保存羽绒用的布袋。备好镊子、红药水或紫药水、脱脂棉球，以备在拔破皮肤时消毒使用。另外，还要准备拔毛人员坐的凳子和工作服、帽子、口罩等。

2.活体拔毛的操作方法

（1）适于拔毛的部位

胸部、腹部、体侧和尾根部是绒朵含量较高的部位，是主要的拔毛地方，其次为颈下部和背部。翼羽和尾羽不宜拔。

（2）拔毛鸭的保定

拔毛者坐在凳子上，将鸭体翻转过来，使其胸腹部朝上，背置于操作者腿上，头朝操作者。用两腿同时夹住鸭的双翅，使其不能动弹。此法容易掌握，较常用。拔毛时，一手压住鸭皮，一手拔毛。两只手还能轮流拔毛，可减轻手的疲劳，有利于持续工作。

也可采用卧地式保定，即操作者坐在较矮的凳子上，双手抓住鸭颈部和双脚，使其横卧在操作者面前的地面上。用一脚踩住鸭颈肩交界处及翅根部，然后进行拔毛。此法保定牢靠，但鸭体容易受伤。

（3）拔毛方法

拔毛一般有两种方法：一种是毛片和绒朵一起拔，混在一起出售，这种方法虽然简单易行，但出售羽绒时，不能正确测定含绒量，会降低售价，影响到经济效益；另一种是先拔位于体表的毛片，放入专用容器，然后紧贴皮肤拔取绒朵，使其与毛片分开存放。毛片价低，绒朵价高，而且相差很大，分开出售能增加经济收入。

在正式拔毛前要先拔去黑头或灰头等有色毛绒，予以剔除，以免混合后影响售价。

拔毛的基本要领：腹朝上，拔胸腹，指捏根，用力匀，可顺逆，忌垂直，要耐心，少而快，按顺序，拔干净。

具体拔法是：先从颈的下部开始，依次拔胸部、腹部，由左到右，用拇指、食指和中指捏住羽绒，一排挨一排，一小撮一小撮地往下拔。切不要无序地东拔一撮，西拔一撮。拔毛时手指紧贴皮肤毛根，每次拔毛不能贪多(一般2～4根)，特别是第一次拔毛的鸭，毛囊紧缩，一撮毛拔多了，容易拔破皮肤。胸腹部拔完后，再拔体侧、腿侧、肩和背部。除头部、双翅和尾部以外的其他部位都可以拔取。因为鸭身上的毛在绝大多数的部位是倾斜生长的，所以顺向拔毛可避免拔毛带肉、带皮，避免损伤毛囊组织，有利于毛的再生长。拔毛时，应随手将毛片、绒朵分开放在固定的容器里，绒朵一定要轻轻放入准备好的布袋中，以免折断和飘飞。放满后要及时扎口，装袋要保持绒朵的自然弹性，不要揉搓，以免影响质量和售价。

为了缩短拔毛时间，提高工作效率，可安排3人拔毛，1人抓鸭交给拔毛者，也就是4个人为1组。初拔者，拔1只鸭的毛大约需要15分钟，熟练者10分钟左右即可完成。4个人每天工作8小时，平均每人每天拔50只。

（4）拔毛时的注意事项

①降低“飞丝”含量：在拔毛特别是在拔绒朵的过程中，要防止将毛拔断。因为拔断的绒丝成为“飞丝”，“飞丝”多了会降低羽绒的品质。出口规定，“飞丝”的含量超过10%，要降低售价。

②防止皮肤感染：拔毛时若拔破皮肤，要立即用红药水或紫药水涂擦伤部，防止感染。

③防止攻击：刚拔毛的鸭，不能放入未拔毛的鸭群中，否则会引起“欺生”等攻击现象，造成伤害。

④拔毛时机：遇到血管毛太多的部位，应延缓拔毛，少量血管毛应避开不拔。

⑤减少肉质毛根：在拔毛时可能会发现少数鸭毛根部带有肉质，此时应放慢拔毛速度；若是大部分带有肉质，表明营养不良，应暂停拔毛。

3.拔毛后的饲养管理

活体拔毛对鸭来说是一种较大的外界刺激，一般刚拔毛后会出现精神委顿、愿站立不愿卧下、活动量减少、行走时步态不稳、胆小怕人、翅膀下垂、食欲减退等不良反应。个别鸭出现体温升高、脱肛等不良反应。上述反应在拔毛后的第二天即见好转，第三天基本恢复正常，通常不会引起发病和死亡。为了确保拔毛后的鸭群尽快恢复正常，应注意以下几点：

（1）饲养环境

拔毛后的鸭放在事先准备好的安静、背风保暖、光线较暗、地面清洁干燥、铺有干净柔软垫草条件的圈舍内饲养。

（2）营养供给

每天除供给充足的优质青绿饲料和饮水之外，还要给每只鸭补喂配合饲料150 ~ 180克，增加含硫氨基酸和微量元素的供应，促进鸭体恢复健康和羽毛的生长。

（3）下水洗浴

拔毛后鸭体表裸露，对外界环境的适应力减弱，3天内不要在烈日下放养，7天内不要让鸭下水洗浴或淋雨。7天后，鸭的毛孔已基本闭合，可以让其下水洗浴，多放牧，多吃青草。经验证明，拔毛后恢复放牧的鸭，若能每天下水洗浴，羽绒生长快，洁净有光泽，更有利于下次拔毛。

（4）公母分群

种鸭拔毛后，最好公母分开饲养放牧，防止公鸭踩伤母鸭。

4.活体拔毛绒的包装和贮藏

（1）毛绒的包装

鸭活体拔下的毛绒属高档商品，其中最珍贵的是绒朵，它决定着羽绒的质量和价格。绒朵是羽绒中质地最轻的部分，遇到微风就会飘散，所以要特别注意，操作时禁止在有风处进行，且包装操作必须轻取轻放。包装袋以两层为好，内层用较厚的塑料袋，外层为塑料编织袋或布袋。先将拔下的羽绒放入内层袋内，装满后扎紧内袋口，然后放入外层袋内，再用细绳扎实外袋口。

（2）毛绒的贮藏

拔下的羽绒如果暂时不出售，必须放在干燥、通风的室内贮藏。由于羽绒的组成成分是蛋白质，不容易散失热量，保温性能好，且原毛未经消毒处理，若贮藏不当，很容易结块、虫蛀、发霉。特别是白绒若受潮发热，会使毛色变黄。因此，在贮藏羽绒期间必须严格防潮、防霉、防热、防虫蛀。贮藏羽绒的库房，一定要选择地势高燥、通风良好的地方修建。贮存期间，要定期检查毛样，如发现异常，要及时采取改进措施。受潮的要晾晒，受热的要通风，发霉的要烘干，虫蛀的要杀虫。库房地面一定要放置木垫板，这样可以增加防潮效果。不同色泽的羽绒、毛片和绒朵，要分别做标志，分区存放，以免混淆。当贮藏到一定数量和一定时间后，应尽快出售或加工处理。

参考文献

[1]侯水生. 2017年水禽产业发展现状、未来发展趋势与建议［J]. 中国畜牧杂志，2018，54（3）：144-148.

[2]侯水生. 2016年水禽产业现状、技术研究进展及展望［J]. 中国畜牧杂志，2017，53（6）：143-147.

[3]黄炎坤. 家禽生产［M]. 郑州：河南科学技术出版社，2017.

[4]范佳英. 养蛋鸭关键技术招招鲜［M]. 郑州：中原农民出版社，2013.

[5]黄炎坤. 轻轻松松学养鸭鹅［M]. 北京：中国农业出版社，2010.